三维导电木材

王　丽　张晓涛　著
王喜明　审

中国林业出版社

图书在版编目(CIP)数据

三维导电木材／王丽，张晓涛著.—北京：中国林业出版社，2023.4
ISBN 978-7-5219-2193-9

Ⅰ.①三… Ⅱ.①王… ②张… Ⅲ.①木材-非金属导电材料 Ⅳ.①TM242

中国国家版本馆 CIP 数据核字(2023)第 083614 号

策划编辑：杜 娟
责任编辑：陈 惠 杜 娟

出版发行：中国林业出版社
(100009，北京市西城区刘海胡同 7 号，电话 83223120)
电子邮箱：cfphzbs@163.com
网址：www.forestry.gov.cn/lycb.html
印刷：北京中科印刷有限公司
版次：2023 年 4 月第 1 版
印次：2023 年 4 月第 1 次
开本：787mm×1092mm 1/16
印张：14
字数：320 千字
定价：80.00 元

前 言

人类历史发展的长河中，木材作为一种绿色、天然、可再生的结构材料，在众多领域中发挥着重要作用，但其含水率受环境的影响，且木材加工过程产生的废料及实际使用中淘汰的废料存在占地面积大、难降解、易滋生大量有害微生物等弊端，这也极大地影响着木材的应用范围。同时，随着社会的进步，木材作为一种绝缘性材料，也极大地限制了其在导电领域的应用。因此，在科技飞速发展的今天，将废弃木质材料进行资源化利用，如赋予其导电性能是一个极具历史使命的任务。

现有导电材料中的金属，其资源日益枯竭，且具有冶炼过程中的环境问题较严重、加工较难、成品质量重、对电磁波的强烈反射作用易引起二次干扰等缺点，限制了它的适用性。导电聚合物、炭系材料及表面活性剂易发生凝聚，需借助其他基质材料加工制作。因此，为缓解不可再生资源的压力，减缓日益严重的环境问题，探索绿色无污染的导电材料迫在眉睫。

木材是一种具有微米至纳米级多尺度结构的绿色绝缘材料，具有可再生、隔声、调温调湿及装饰性能等优点，其天然的骨架形态可作为生成其他材料的基质模板，多孔通道表面富含大量的活性位点(碳自由基)和基团(游离性羟基、羧基等)，可进行一系列的物理、化学反应。废弃木质材料赋予木材导电性能后，其除可作为抗静电材料、电磁屏蔽材料、电热材料、储能材料应用于绿能电子、生物装置系统、超级电容器、太阳能电池、集成电路模板等微电子元件领域外，还可应用于数据传感、医学、有机半导体等领域，且也避免了废弃木质材料带来的一系列环境问题。

本书共分为 3 部分。首先，以实体人工林杨木为基质模板，将氧化石墨烯(GO)前驱体进行浸渍处理，采用绿色化学法、间歇式机械力热压法、隔氧热还原法致使还原性氧化石墨烯(rGO)在木材基质模板中原位生长，制备出 3 种新型三维导电木材，并对 rGO 在 3 种条件下的生长机理、材料的导电机理、材料的电磁屏蔽—吸波性能及物理力学性能进行了探讨。其次，以速生林北京杨为试材，硫酸铜为金属盐，乙二胺四乙酸二钠和酒石酸钾钠为双络合剂，次亚磷酸钠为还原剂，硫酸镍为催化剂，氢氧化钠为 pH 调节剂，利用真空浸渍法和基于活立木蒸腾作用的点滴注射法将前驱体溶液导入试材内部，制备新型的金属络合物改性木材，赋予实体木材导电性能。测量不同工艺条件下金属络合物改性木材的导电性能，确定最佳工艺，且通过 X 射线衍射仪(XRD)、傅立叶红外光谱仪(FTIR)、扫描电子显微镜(SEM)和光电子能谱仪(EDX)对金属络合物改性木材的结构形貌进行表征。最后，以杨木为基质模板，氧化石墨烯(GO)为分散液，并以溶液共混的方式配制得到 $GO\&CuSO_4$分散液，利用化学还原和物理热还原相结合的方法，制备出 3 种新型实体木材电热材料，对制备的 rGO@ 木材、rGO&Cu@ 木材和 rGO/Cu/rGO@ 木材 3 种电热材料进行电、热、力学—尺寸稳定性能及电热机理分析。

本书的出版来源于各项系列基金的支持，包括：内蒙古自治区自然科学基金(2022MS03001，2019LH03025)；内蒙古重点研发项目(2022YFHH0134)；内蒙古农业大学学科交叉研究基金(BR22-15-02)等，在此一并表示感谢。本书由王丽、张晓涛共同讨论和完成编写，贡献相同。全书共分 8 章，其中第 1~5 章由王丽博士(约 18 万字)撰写，第 6~8 章由张晓涛教授撰写(约 14 万字)。全书由张晓涛教授统稿。

在本书出版之际，衷心感谢内蒙古农业大学王喜明教授的精心指导和培养，感谢宁国艳、武静等研究生同学协助完成部分实验。限于笔者知识水平和精力，书中难免有疏漏欠妥之处，敬请同行专家和广大读者原谅并批评指正。

著者

2023 年 1 月

作者简介

王丽，女，工学博士，硕士研究生导师。全国分析测试中心协会会员、包头市检验检测与认证专家。主要从事废弃木质材料的资源化利用、绿色储能材料、木质功能吸附材料及木质材料的微波热解处理技术及产品利用的研究工作。主持参加国家自然科学基金、内蒙古自治区自然科学基金、内蒙古直属高校科研业务项目、内蒙古大型仪器平台项目、内蒙古自治区应用技术研究与开发资金项目、内蒙古科技大学科研启动项目等，在国内外高水平期刊发表论文20余篇，其中，以第一作者在*Materials Today Sustainability*、《材料导报》(EI收录)、《安全与环境学报》等期刊发表论文10篇，本书的内容被授权了3项发明专利。

张晓涛，女，教授，博士，博士研究生导师。全国木材科学学会委员、内蒙古自治区化学学会理事、内蒙古自治区科技厅入库专家、内蒙古自治区高新技术企业评审专家、内蒙古人才发展集团智库专家等。主要从事林业科学领域中木质纤维素基功能吸附材料、木质基导电材料、生物质环境材料的构筑及光催化降解多种污染物的研究工作。获梁希林业科学技术奖二等奖、内蒙古自治区自然科学奖二等奖各1项，内蒙古自治区"草原英才"工程青年创新人才。主持并参加国家"十三五"重点研发项目、国家自然科学基金等。在国际知名期刊JMCA等发表学术论文40余篇，其中以第一作者及通讯作者发表SCI收录论文26篇。授权国家专利22件、国际专利3件。参与起草国家林业行业标准1项、内蒙古自治区地方标准1项、内蒙古自治区行业标准1项、内蒙古自治区团体标准1项。编著学术专著2部，规划教材3部。登记内蒙古自治区科技成果2项。研发内蒙古自治区新产品2项等。指导学生获中国研究生乡村振兴科技强农+创新大赛二等奖，第八届中国"互联网+"大学生创新创业大赛国家铜奖，第八届内蒙古自治区"互联网+"大学生创新创业大赛自治区金奖，第七届中国"互联网+"大学生创新创业大赛校赛金奖等。

目 录

绪 论 1

1.1 木材概述

木材，在社会发展中占有重要的地位，与钢铁、水泥、塑料一样，都是制备各类产品的原材料，是唯一一种绿色可再生、加工过程简单、环境适应性强、可自然降解、无环境污染的材料，从人类起源开始就被广泛应用于日常生活及各类交通、建筑环境、园林美化、新型材料制备等领域中。

1.1.1 我国木材资源与利用现状

我国是世界上木材资源相对短缺的国家，森林覆盖率只相当于世界平均水平的五分之三左右。近年来随着我国生态环境保护力度的不断加强，森林面积在不断增加，但在森林消耗方面却严格控制，我国木材产量虽然有所增加，却无法满足国内需求。随着经济的快速发展和人民生活水平的不断提高，我国木材需求量保持持续增长，2014 年以来，我国进口木材数量超过了国产木材产量。我国近年来木材进口情况如图 1-1 所示，2021 年，我国木材进口量连续两年下降，“原木+锯材”合计 10452 万 m^3(原木材积)，同比下降 2.8%。其中，进口原木 6357.6 万 m^3，同比增长 6.9%，进口锯材 2882.8 万 m^3，同比下降 14.9%，进口金额为 194.45 亿美元，同比增长 21.2%。同时，从国外形势来看，受 2019 年中美贸易摩擦的影响，进口木材价格将会上涨，行业面临的又是一系列进出口关税成本等问题，不少木材出口国为了保护森林资源，纷纷在 2017 年发布禁伐令，使国内木材资源更加紧缺。俄罗斯森林法第 29 条的修订：“自 2020 年 1 月 1 日起，至 2030 年 12 月 31 日，采伐针叶类林木只能用于在俄罗斯境内加工。”根据中国满洲里海关进口数据显示，近年来我国从俄罗斯进口的木材不断减少，严重制约了原木进口的数量。从 2019 年底开始的新冠肺炎疫情，影响了全球的经济贸易，一方面，国外疫情多点爆发并快速传播，各国政府随之采取居家办公、关闭边境等抗疫措施，进而影响了木材采伐及运输；另一方面，国内木材加工厂按惯例，平时备料很少，进口木材运费上涨。中国锯材行业目前存在木材需求量急剧上升，禁伐令导致国内木材产量大幅度下降，难以满足市场需求，原材料紧张和环保政策不断升级导致木材价格上升的现状。因此，上述现状均显示出我国木材的进口局势更加紧张，国内可利用木材日趋减少的形势。

近年来，国内大力培育人工林，大大缓解了我国木材的供需矛盾。据中国林业网最新数据显示，我国现有人工林面积(含灌木林)为6900万hm^2，人工林蓄积24.83亿m^3，人工林平均蓄积量(不含灌木)53m^3/hm^2，木材产量为7800万m^3，年平均出材量为1.13m^3/hm^2，人工林面积仍居世界第一，为后续木基导电材料的发展提供了大量原材料。速生树种以杨木、桉木、杉木为主，材质较差，尤其是我国西北地区的林木资源品种单一、数量较少、材质变异性大。如果将人工林木材发展为一种导电材料，不仅是发展了一种新型绿色导电材料，更提高了速生材的应用价值。

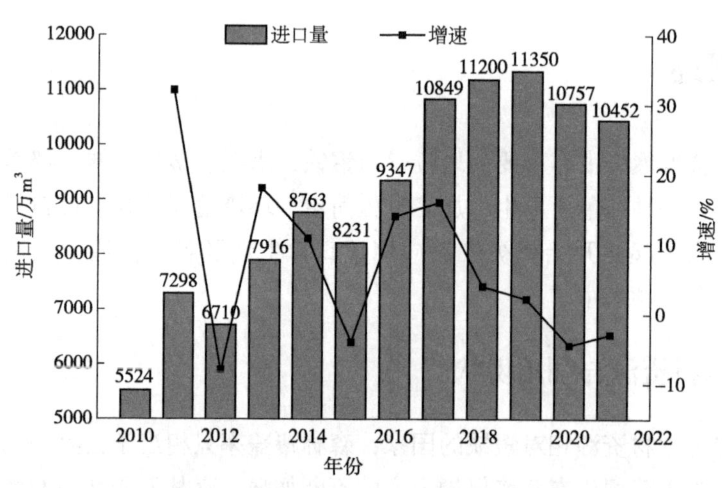

图1-1　2010—2021年我国木材(原木+锯材)进口情况

(资料来源：中国海关，华经产业研究院整理。)

1.1.2　人工林杨木及其功能性改良

我国长期致力于培育的速生杨木，具有生长速度快、分布范围广、环境适应性强以及一般10年左右即可成材的优势，已在全国范围内大力发展，但是，其具有密度较低、木质结构松软、物理力学强度较差、含水率高、三维各向异性程度大易导致开裂等缺陷，从而限制了速生杨木的应用领域。相比其他木材品种，杨木的纤维较长，长宽比高达35~45，壁腔比小于1，综纤维素含量高于80%，木质素含量较低，非纤维杂质少，材色白净，易漂白，得浆率高等，是一种较好的造纸原料，多用来生产纸浆、一次性筷子等低经济附加值产品，在高附加值工业领域的应用较少，目前处于产量丰富，利用价值及应用领域小的现状。同时，杨木属于散孔材，管孔较多，管孔内杂质很少，这种多孔连通特性结构为后续功能化研究中改性剂进入到木材内部提供了良好的渗透途径，可提高杨木的综合利用价值，拓宽其应用领域，实现速生杨木资源的高效化利用。目前，速生杨木的改性技术有：

(1)化学改性技术：可大幅度提高木材的尺寸稳定性。该技术主要包括通过加热手段去除掉木材结构中的游离态亲水基团羟基，并通过酯化、醚化手段取代亲水基团的处理；通过与细胞壁结构中的纤维素、半纤维素及木质素发生接枝共聚、开环聚合等处理。但化学改性处理因处理药剂的成本及环保问题而发展受限。

(2)高温热处理技术：能够使木材的吸水性大幅度降低，最终提高材料的尺寸稳定性。与此同时，随着处理温度的提高和处理时间的延长，细胞壁中起骨架支撑作用的结构物质纤维素和半纤维素会降解，从而降低了木材的力学强度和韧性。

(3)压缩处理技术：是通过在一定压力、温度及时间条件下对实体木材进行压缩(热压)处理的技术。通过此技术可获得的一种密实化材料，此材料的特点是密度大、强度高、耐磨性好，尺寸稳定性也可得到提高。

实际研究中，往往是将上述技术综合叠加进行木材的改性处理，以达到功能性改良的目的。

天然木材作为一种低成本且来源丰富的可再生材料，一直被作为结构型材料广泛应用于建筑领域，但随着社会的发展，天然木材的机械性能(强度和韧性)已难以满足社会的需求，为了提高木材的机械性能，Song 等人以一定比例 NaOH 和 Na_2SO_3的混合溶液在煮沸条件下去除天然木材中部分木质素和半纤维素，之后再进行热压，使得天然木材中的细胞壁完全坍塌，原有高度排列的纤维素变为完全致密化，这种高性能结构材料的比强度、韧性和抗冲击性比天然木材增加了 10 倍以上，明显高于大多数金属和合金，并且尺寸稳定性也明显提高，使其成为低成本、高性能、轻质的新型材料。

透明木材因其独特的层次结构、高比强度和良好的光效应特性而被人们关注，主要用于节能材料开发领域。由于光散射和木质素的吸光效应差，Zhu 等人从木材中去除木质素，黄色木材变为白色，之后在木材中的导管腔填充折射率匹配的聚合物，从而形成高度透明的木材复合材料。在此基础上，为减轻脱木素工艺消耗大量化学品和能源的问题，Xia 等人通过太阳能手段改变木材中木质素结构的方式来提高其吸光效应，并使其作为黏合剂存在于木材中，为聚合物的填充提供坚固的木质骨架结构，从而得到力学性能更好的透明木材。

近年来，水环境中的原油污染问题较为严重，Chao 等人通过两步化学处理选择性去除木质素和半纤维素，制造了一种高压缩木质海绵(海绵木)，进一步用还原氧化石墨烯进行原位修饰，实现光热转换产热，以降低原油黏度，获得更好的流动性和可处理性的原油，海绵木的可压缩特性使其能够通过机械压缩简单地回收吸附的原油，从而实现对高黏度原油的高效吸附和回收。

除上述处理方法外，为缓解传统不可再生导电材料引发的能源危机，赋予木材导电性能也是木材改性技术的一大亮点。赋予木材导电性能，不仅提高了木材的力学性能及尺寸稳定性，也大大提高了木材的应用价值。

1.2 导电材料概述

导电材料是指专门用于输送和传导电流的材料，一般分为良导体材料和高电阻材料两类，其主要功能是传输电能和电信号，广泛用于电磁屏蔽，以及制造电极、电热材料、仪器外壳等。导电材料按照化学成分主要有以下 3 种：①金属材料。这是主要的导电材料，电阻率为 $10^{-6}\sim10^{-5}\Omega\cdot cm$，具有良好的导电性能，常用的有银、铜和铝等。②合金材料。电阻率为 $10^{-5}\sim10^{-3}\Omega\cdot cm$，如黄铜、镍铬合金等。③无机非金属材料。电阻率为 $10^{-6}\sim10^{-3}\Omega\cdot cm$。如石墨在基晶方向电阻率为 $4\times10^{9}\Omega\cdot cm$。绝缘体的电阻率为 $10^{11}\sim10^{22}\ \Omega\cdot cm$，导电性能极差。而导电性介于上述两者之间的半导体，其电阻率为 $10\sim10^{11}\Omega\cdot cm$。现有导电材料的划分及功能如图 1-2 所示。

图 1-2 导电材料分类图

国内外研究结果表明，金属纤维具有优良的导电性能，且机械力学和导热性能良好，用金属纤维填充的复合材料具有较好的电磁屏蔽效果。常用的金属纤维有黄铜纤维、铁纤维、不锈钢纤维等，用金属纤维填充制备的复合材料具有成型过程中易产生缠绕折断，金属纤维易被氧化腐蚀、密度大、价格贵等缺点。

碳纤维、碳化硅纤维等填充制备的复合材料具有密度小、比强度高、化学稳定性好、成型性好等优点，在导电领域受到了重视。碳纤维与共聚物制得的复合材料可形成良好的导电网络，使得在碳纤维填充量较小的情况下仍具有良好的电磁屏蔽性能。

1.3 木基导电材料研究现状

现有导电材料中的金属，其资源日益枯竭，具有冶炼过程中的环境问题、加工较难、成品质量重、对电磁波的强烈反射易引起二次干扰等缺点，限制了它的适用性。导电聚合物、炭系材料及表面活性剂易发生凝聚，需借助其他基质材料加工制作。因此，为缓解不可再生资源的压力，减缓日益严重的环境问题，探索绿色无污染的导电材料迫在眉睫。

木材是一种具有微米至纳米级多尺度结构的绿色绝缘材料，具有可再生、隔声、调温调湿及装饰性能等优点，其天然的骨架形态可作为生成其他材料的基质模板，多孔通道表面富含大量的活性位点(碳自由基)和基团(游离性羟基、羧基等)，可进行一系列的物理、化学反应。木材通过与导电材料(导电聚合物如聚吡咯 PPy、聚苯胺 PANI 等；碳系材料如碳纳米管 CNTs、石墨烯 GE 等；金属系材料如银、金、镍、铜及其氧化物氧化锡、氧化铅、二氧化钛等；表面活性剂如氯化-1-烯丙基-3-甲基咪唑盐等)的结合，可将其发展成一种极具前景的绿色导电材料，同时，木材本身的吸湿性、各向异性、易腐裂等性能可以明显改善，实现了木材的高性能化和功能化，提高了木材的附加值。

1.3.1 木基导电材料的制备方法

木材是自然界产量最大的可再生生物质材料，具有来源丰富、可持续、可生物降解等优点。近年来，人们对天然木材的结构、性能和功能进行了广泛研究。其在扫描电镜下的微观形貌如图 1-3(a)、(b)所示，可以看出由于亿万年的不断演变，木材形成了复杂、精细的三维立体多通道结构，成为具有多层级孔道结构的一类前驱体，为后续功能化改良提供了结构支撑。其三维立体模型结构如图 1-3(c)所示，图中显示出木材机体中含有大量垂直排列的微米级通道(20~140μm，管胞、纤维细胞、导管)，用于传输水分、离子和养分。构成上述通道的木材细胞壁由纤维素、半纤维素及木质素组成，纤维素分子紧密排列成结晶的基本纤丝，其直径为 3~5nm，长度为 30~60nm，作为力学增强相分布在细胞壁的初生壁和次生壁 S_1、S_2、S_3 层中，这些基本纤丝围绕木材细胞内腔逐层缠绕、沉积，使得细胞壁具有多层的结构，力学性能增强，如图 1-3(d)所示。

常温条件下，绝干木材的电阻率为 10^{16}~10^{18} Ω · cm，属于绝缘体。其具有的三维立体多通道结构可作为良好的基质模板，与导电成分通过涂层(电镀、磁控溅射、气相沉积等)、复合(叠层压制、混合、原位还原、聚合、离子交换等)方式有机结合，制成具有导电能力的复合材料(图 1-4)。复合材料导电能力的大小与制备方法密切相关，根据制备方法的不同，复合材料的导电机理分为表层型和填充型。表层型的导电能力与导电材料的性质密切相关；填充型的导电能力由导电材料、木材本身及二者间的界面效应共同决定，有通用有效介质方程、量子力学隧道效应理论和场致发射效应理论，具体内容如下所述。

1.3.1.1 *表面导电法*

表面导电法是将导电成分以贴覆金属箔和金属网、金属熔融喷射、电镀、化学镀、磁控溅射、真空喷镀、气相沉积和导电涂料喷涂等工艺，使绝缘木材表面覆盖一层或多层高导电薄层，从而达到表面具有抗静电或电磁屏蔽的效果的方法。该方法的缺点是木材的天然纹理会被覆盖，且镀层易脱落，材料不具有整体均匀导电性能。

(1)表面化学镀和电镀：是采用非电解法在绝缘木材表面涂镀一层金属层以达到表面导电或电磁屏蔽性能的效果。根据使用金属种类的不同，金属导电填料可分为银系、铜系、镍系和合金系类材料。最早在 20 世纪 80 年代，日本的长泽长八郎等采用化学镀镍的方式在木材刨花表面形成导电镍层，制得的导电刨花板密度在相同导电条件下是导电塑料的一半，且具有较低的表面电阻率和体积电阻率，在 200~1000MHz 范围内，屏蔽效能可

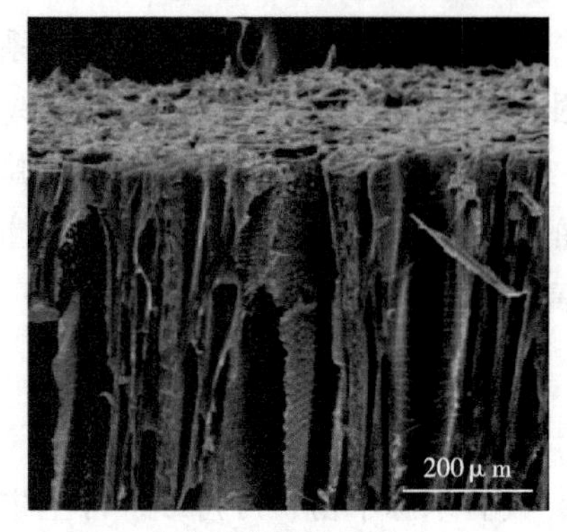

(a) 木材的侧切面

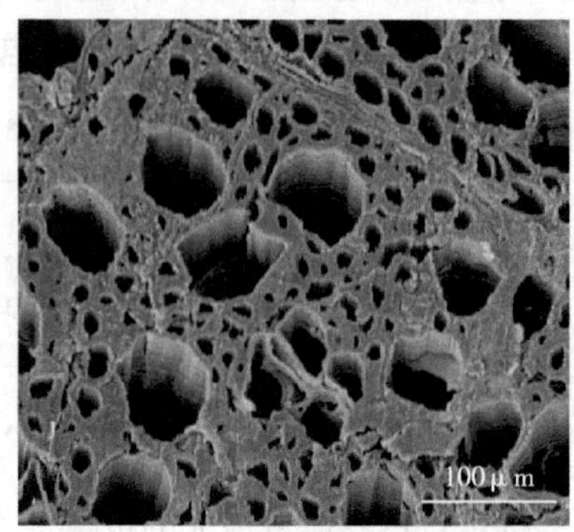

(b) 木材的横截面

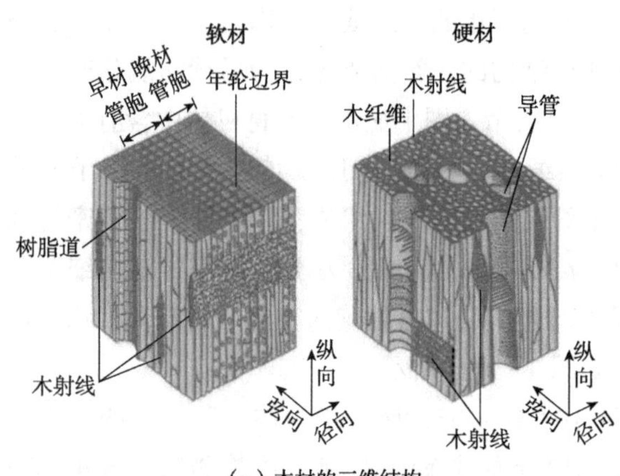

(c) 木材的三维结构

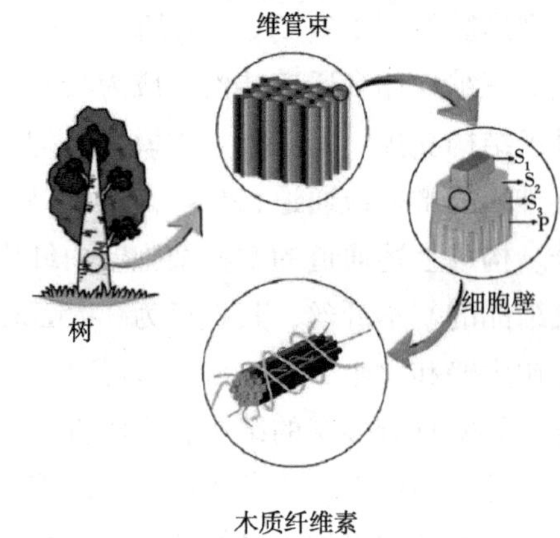

(d) 不同层次的木材结构

图 1-3 木材微结构断面图

达到 30dB 以上。在 1000MHz 时，电磁屏蔽效能变化量最少。国内学者王丽等以非洲白梧桐单板为基材，在木材表面化学镀镍-铁-磷(Ni-Fe-P)三元合金，制备好的单板电磁屏蔽效能可达到 45dB 以上，磁学效能优良，且镀层表面均匀、连续、具有金属光泽。贾晋等利用化学镀铜/镍(Cu/Ni)的方法对木材表面进行金属化处理，发现化学镀后的木材孔隙结构没有发生改变，表面涂覆着一层致密且均匀的金属镀层，且随着单板厚度的增加，电磁屏蔽效能在高频段呈现下降的趋势。因此，化学镀是一种不受材料形状限制，能在材料表面获得均匀致密和高导电层的木材金属化技术。制备的复合材料表面电阻率高、成分结合机理较为简单，但在使用过程中，存在表面金属层易剥落、二次加工性能较差、表面不平整、涂层前处理工艺繁琐以及材料整体导电不均匀的缺点，一定程度上限制了导电木材的应用。

(2)贴金属箔和金属网：是将金属板材与木芯板、木层压板、高压纤维板和刨花板进行黏接复合，使复合板兼具了金属和木材的优点，静曲强度明显增大，耐冲击、耐腐蚀等性能增强。朱家琪等采用紫铜网和不锈钢网与木材单板进行复合，树脂胶作为胶黏剂进行

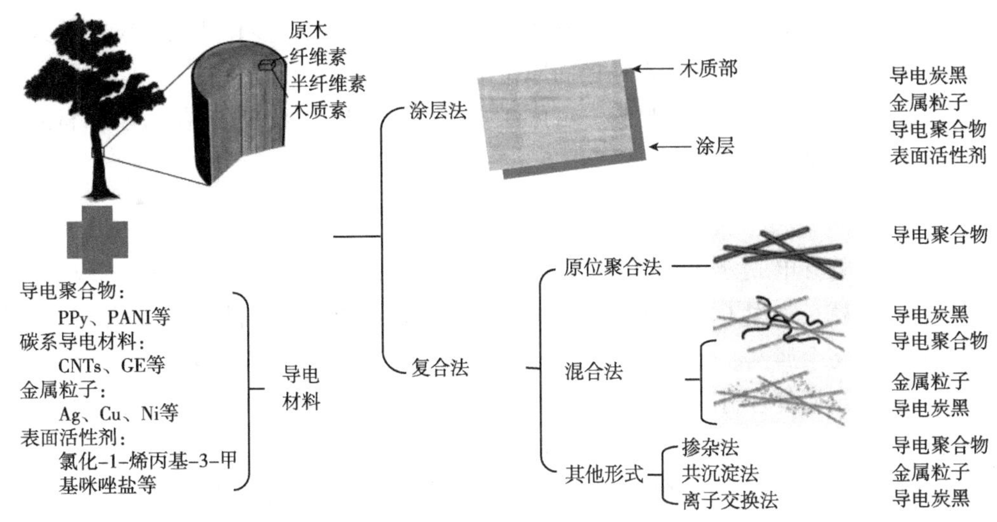

图 1-4　木基导电复合材料的制备流程图

胶合，制备的复合材料的电磁屏蔽效能达到 40dB 以上，当胶合的金属网不连续时，复合材料的屏蔽效能会降低许多，金属网的层数与厚度对电磁屏蔽效能的影响很明显。李景奎等将铜丝网加入施胶纤维中，制造了木材纤维/铜丝网复合中密度纤维板，复合材料的电磁屏蔽效能可达到 60dB。傅峰等在木质板上下表面分别设活性剂黏接板，又在上下表面黏接板外侧分别粘贴一层装饰贴面层，使复合材料抗静电效能增加，且其抗静电作用不受外界影响，使用寿命大大延长。此类贴金属箔和金属网的复合板主要用作建筑和车辆等的装修和装饰，如箱板材料、工棚材料以及装潢用材料、窗户等。其优点是工艺相对简单，成本也相对较低，导电性能优良；缺点是不能形成复杂壳体材料，不仅对基体的形状有要求，而且木材天然的纹理会被覆盖。

(3)气相沉积：可用于制备金属、半导体、绝缘体等薄膜材料，包括磁控溅射和真空喷镀等方法，是一种利用高温或光辐射等能源，在反应器内使气态的化学物质在气相状态界面经化学反应形成固态沉积物的手段。徐风娇等以樟子松单板为研究对象，采用磁控溅射的方法在木材单板表面沉积铜，发现当溅射时间超过 150s 时，材料的表面电阻值随着镀膜时间的延长而降低，导电性能增强。该工艺的优点是产品成膜纯度高、附着力强、易控制，缺点是成本相对较高、耗能大。

国内外学者一直致力于化学镀法的研究及工艺改进，通过引入非金属元素磷，克服了一元、二元金属镀层导电、耐腐蚀性能单一，镀层不均匀、易脱落等缺点，构建出镀层均匀、耐腐蚀、与木质机体化学键合、导电性能优越的三元导电复合体系。李坚课题组在木材表面电镀镍-铜-磷(Ni-Cu-P)、镍-铜-磷(Ni-Fe-P)涂层，获得耐腐蚀、性能稳定的复合材料，其电阻率为 0.2 Ω · cm，比传统的一元、二元金属镀层法提高了 5 倍以上。

同时，镀层的成分也不仅仅局限于金属材料，傅峰课题组在薄木切片表面原位聚合苯胺获得导电稳定性优良的可弯折木基柔性导电材料，电阻率为 0.38 Ω · cm，且聚苯胺成功均匀附着于细胞壁表面，没有堵塞细胞腔，保留了木材的天然多孔性质。Wan 等人利用一步水热法和层层自组装技术在木材表面原位沉积石墨烯纳米片层材料，获得具有低电阻率、超疏水、耐风化腐蚀的复合材料，可广泛应用于户外及严峻环境，扩大了木材的应用领域，提高了木材的使用寿命。

1.3.1.2 填充法

填充法是指将导电成分分散到木质机体内部的方法，包括叠层法和浸渍法。填充型木基导电复合材料就是利用了木材的多孔性结构，将低熔点合金或金属元素以熔融状态渗入木材细胞中，或将金属网、金属纤维、金属络合物和导电聚合物与木材单元结合或叠层，共同构成木材—金属复合材料。一般常用的抗静电添加剂分为抗静电剂和导电填料。早期的研究中，叠层法的研究较多，是在脲醛树脂胶中加入不锈钢纤维、金属纤维、超细铜粉(Cu)、超细镍粉(Ni)以及石墨粉(CP)等导电单元。此法制备三层结构的落叶松复合胶合板导电复合材料，存在导电成分不均匀、导电率低等缺点。

在国内，李坚等以熔融合金或金属注入木材内部得到木材—金属复合材料，复合材料密度增加 2~6 倍，力学强度提高 2~4 倍，可用作地板和墙板等，具有防辐射功能。傅峰等使用 4 种抗静电填料(阳离子季胺盐、金属粉、甘油和石墨)生产导电刨花板，结果发现，所加入的 4 种抗静电填料都可以提高刨花板导电性能，且抗静电剂阳离子季胺盐对刨花板导电性能的提高尤为显著。徐高祥等采用低温水热法在木材基质内将醋酸分别原位还原得到粒径细小的金属铜，其均匀分布在木材细胞壁内部，与木材细胞壁结合紧密，且复合材料的导电性能良好，电阻率为 2.78×10^{9} Ω · cm，弹性模量和抗压强度明显增强(图 1-5)。姚晓林等以速生林木材为基体，采用水热法在木材基质内将铜盐和镍盐原位还原得到金属铜和镍的木材复合材料，电阻率显著降低，力学性能也相应提高。娄志超等通过化学共沉淀法在木材机体中合成四氧化三铁，制备出可控型电磁屏蔽材料。

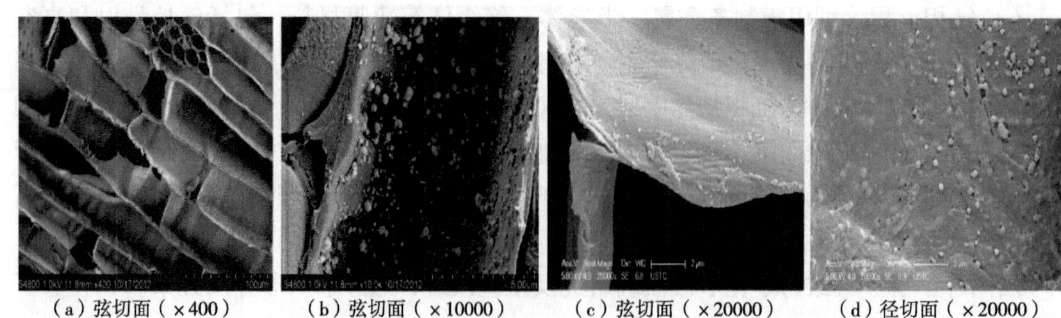

(a) 弦切面(×400)　(b) 弦切面(×10000)　(c) 弦切面(×20000)　(d) 径切面(×20000)

图 1-5　复合材料的切面图

在国外，Park 等利用碳纤维束加入木质纤维制备出中密度纤维板，结果发现，当加入的碳纤维束含量达到 25%时，所制备的中密度纤维板的电磁屏蔽效能大于 30dB。Trey 等在木板内部原位聚合生成导电聚苯胺，制得的导电复合材料的疏水性、阻燃性明显提高，电阻率低至 $10^{-9}\Omega \cdot cm$(图 1-6)，该工艺制备的木基导电复合材料具有质量轻、柔韧等优点，可广泛应用于建筑、家具、装饰和包装用屏蔽材料。

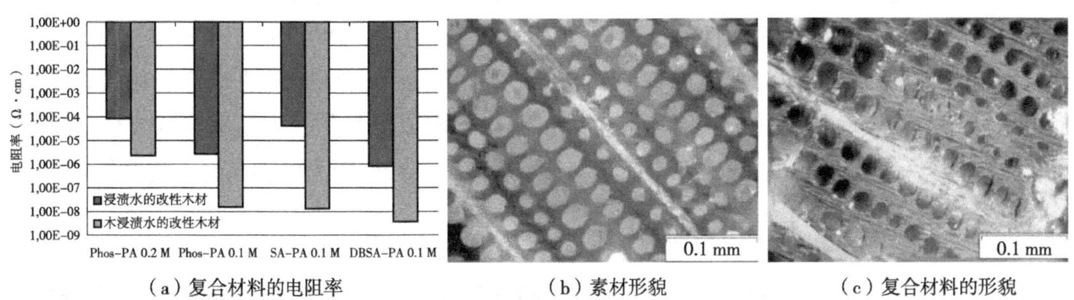

（a）复合材料的电阻率　（b）素材形貌　（c）复合材料的形貌

图 1-6 复合材料的电阻率及形貌分析图

1.3.1.3 炭化法

炭化法是指在无氧高温环境下处理木质或木质复合材料的制备方法，炭化型导电复合材料具有较好的导电及电磁屏蔽效能。近年来，研究炭化型导电复合材料的高导电性能和新型功能材料特性受到人们的广泛关注。

石原茂久用炭化率为 67%的木炭和 32%的树脂胶黏剂混合制造薄板时发现，当炭化温度超过 800℃时，薄板具有优良的电磁屏蔽效能；当炭化温度超过 1200℃时，薄板的电磁屏蔽效能比标准铁板的屏蔽效能还要好。蔡旭芳等用相思树木炭粉和泡桐木炭粉分别制备具有电磁屏蔽效能的木炭板，结果发现，相思树木炭粉所制备的木炭板的电磁屏蔽效能均很高，且电磁屏蔽效能随木炭层的厚度增加而增大。Wang 等研究了不同树种在不同炭化温度和氮气条件下的炭化，结果发现，随着炭化温度的升高，木材的体积电阻率降低了 6 个数量级，其导电性能大大提高。邵千钧等研究了竹炭的炭化过程，发现随着炭化温度的升高，竹炭的体积电阻率不断降低，当温度在 600～800℃时，体积电阻率有一个突变过程；当温度达到 800℃时，其体积电阻率达到 $6.42\Omega \cdot cm$；当温度超过 800℃时，其体积电阻率变化缓慢；当温度达到 1000℃时，其体积电阻率低至 $3.85\Omega \cdot cm$。吴荣兵等以木质素为原料，对高温炭化制备的焦炭进行酸洗，得到的材料具有良好的导电性能及孔隙结构，发现酸洗后的焦炭电阻率可以降到 $0.076\Omega \cdot cm$。胡娜娜等将马尾松木粉在氮气保护环境下以温度为变量进行炭化实验，结果发现，炭化温度在 1100℃以上时，木质导电炭粉的电阻率可降至 $0.17\Omega \cdot cm$，其导电性能与导电粒子数量的增加和微晶结构的石墨化直接相关。

1.3.1.4 复合法

复合法是指将两种或两种以上的不同材料组合而成机械工程材料的方法。各种组成材料在性能上能互相取长补短，产生协同效应，使复合材料的综合性能优于原组成材料，从而满足各种不同的要求。

Ohzawa 等将木材在 1000℃的氩气环境下处理 4h，获得木质陶瓷，之后将气化钛利用压力脉冲化学气相法渗入其中，复合材料的导电率低至 10^{-4} Ω · cm。Youssef 等利用苯胺单体在纤维素表面的氧化聚合反应生成导电聚苯胺，并在氧化过程中负载银，制备出低成本、低反应温度、高机械力学性能、电阻率为 8.9×10^{8} Ω · cm 的纸基复合材料，且复合材料的抗菌效果良好，可作为食品类物质的包装材料。Fugetsu 等将碳纳米管利用层层自组装技术在纤维素表面构建共价网络连通机构，获得导电成分均匀、电阻率为 0.5 Ω · cm 的纸基复合材料(图 1-7)。Teng 等将木质素与碳纳米管结合并进行静电纺丝，获得的复合材料电阻率为 1.25×10^{-3} Ω · cm。

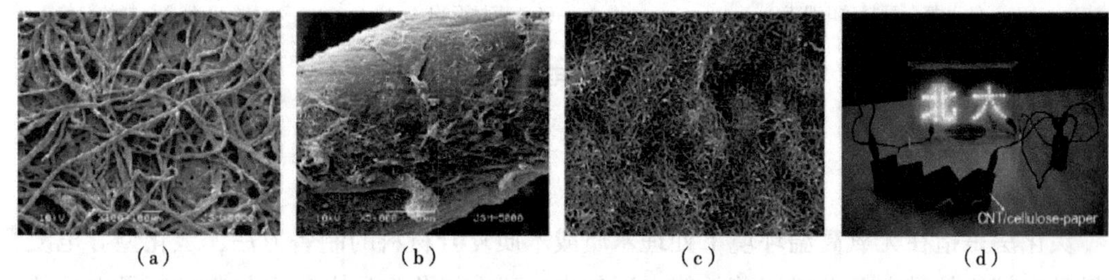

(a) (b) (c) (d)

图 1-7　复合材料的形貌及导电性图

1.3.2　导电机理的分析

1.3.2.1　木炭的导电机理

影响木炭导电性能的因素很多，目前国内外学者关于木炭的导电机理研究主要集中在木材的炭化工艺过程，如炭化温度、树种、树龄、升温速率和保温时间等。大家普遍认为，木炭具有良好导电性能的原因与其部分石墨化和富含钠、钾、硅、钙等金属离子的特性直接相关。

(1)离子导电：木材主要由纤维素、半纤维和木质素三大成分组成，除此之外，木材中还含有一些其他物质，如树脂、脂肪、蛋白、灰分、鞣料等。木材炭化后残留的灰分成分主要有铁、铝、钙、镁、锰等金属元素以及磷、砷等一系列其他元素。Wang 等探究炭化温度与电阻率的关系时发现，随着炭化温度的升高，木质导电炭粉的导电性提高，其导电机理可能是随着炭化温度的升高，炭粉中的氢元素和氧元素析出，促进炭粉内非定型碳结构中离子基的缔合，导电粒子的数量增加，有效地降低了体积电阻率，提高了导电性能。其次，炭化温度的升高，导致无序碳及单个网平面层比例降低，微晶进一步成长为规则石墨状，从而导电性能增加。张文标等研究了炭化温度对电阻率的影响，结果表明，炭化温度低于 900℃时，随着炭化温度不断升高，材料的电阻率逐渐减小，这是因为竹材薄壁细胞中一些挥发物质挥发后留下孔隙，增大导电离子离解时所需要的能量，产生极化，在一定范围内增加了电荷迁移的频率，提高了导电性能。

(2)石墨导电：炭化温度超过1100℃时，木材会产生石墨化结构，此时其导电机理主要由石墨导电解释。Ohzawa等将木材在1000℃的氩气下高温处理4h，获得孔隙率高达80%的多孔材料，其电导率高达10^4S/cm。Du等对不同温度下的介孔碳进行吸波研究，结果表明，石墨化程度与材料微波吸收性能有关，当石墨化程度越高，石墨环孔缺陷越少，阻抗就越大，且导电性能就越好。

1.3.2.2 填充型导电复合材料的导电机理

填充型导电复合材料包括基体和填料两个部分，这种类型的导电复合材料导电机理较为复杂，一直以来都是该领域研究的重点及难点。体积电导率在导电填料达到某一临界值时突然升高，变化幅度可达10个数量级，之后随着填料含量的增加，电阻率的变化趋于平缓。该理论被称为渗流理论，也是导电通道理论，可以解释电阻率骤变现象，导电填料的这一临界含量被称为逾渗值，也就是导电填料的最高值。导电通道理论认为填料浓度的增大，使填料粒子间的距离从很远几乎接触不到的距离变短接触机会变大，形成部分导电网络，材料的导电率缓慢上升，当填料含量达到逾渗值即临界值时，导电粒子间的接触形成有效网络通道，电阻率到最低值，导电率达到最大并趋于稳定，之后电阻率便不再随着填料浓度继续增大而有明显的变化。

首先，当导电填料含量较低时，由于高分子绝缘层的阻隔作用，填料之间不能很好的互相连接。量子力学表明，虽然此时自由电子的能力小于高分子势垒，但也有一定的概率穿过高分子势垒，完成导电过程，该电子传输的机制被称为隧道效应理论。其次，同样发生于导电填料的含量较低时，高分子绝缘材料的导电机理还存在另一种电子传输机制，即场致发射理论。该理论指的是利用加在纳米填料表面的强外加电场作用，使自由电子激发跳跃至较高能级，利用隧穿效应，此时自由电子穿过高分子势垒的概率会大大增加，跳跃迁移到邻近导电颗粒上，发生固体表面发射电子现象，形成场致发射电流，具备导电性能。

这三种理论机制在实际发挥效用过程中是相互结合的，当导电填料含量较高时，具有高电导率的导电高分子复合材料的电子传输应该是导电通道理论、隧道效应理论和场致发射理论这三种导电理论机制共同作用的结果，后两者的效果要低于导电通道理论；当导电填料含量较低时，可能是隧道效应理论和场致发射理论共同作用的结果。

1.3.3 木基导电复合材料性能评价与表征技术

以木质材料为模板，经涂刷、填充等方法引入导电成分获得的新型材料具有导电能力。目前木基导电复合材料的评价指标有导电率、表面电阻率、体积电阻率、电磁屏蔽效能、比电容等，具体内容见表1-1。

表 1-1 木基导电复合材料的性能表征

评价指标	表征技术	计算公式	测试范围	适用范围
电阻率	电阻率仪	$Pv=Rx \cdot A/h$ Pv：体积电阻率，Ω · cm Rx：体积电阻，Ω A：电极接触的有效面积，mm^2 h：试样的平均厚度，mm	10^2 ~ 10^{18} Ω	纯木质材料或导电性能较差的木基复合材料
	万用电表	$\sigma=L/(R \cdot S)$ σ：表面电阻率，Ω L：电极的间距，mm R：电阻，Ω S：横截面积，mm^2	2×10^2 ~ 2×10^8 Ω	具有静电或电磁屏蔽效应的木基导电复合材料
	四级探针仪	$R_s=R/(L \cdot d)$ R_s：表面电阻率，Ω R：电阻，Ω L：探针间距，mm d：电板直径，mm	10^{-3} ~ 10^5 Ω	具有较好导电性能的木基复合材料
比电容	循环伏安法	$C_s=\varepsilon_0\varepsilon_r A_e/d$ C_s：比电容，F ε_0：自由空间介电常数，F/m ε_r：电解质材料的相对介电常数，F/m A_e：电极几何表面积，m^2 d：电极间距，m		纳米导电膜电极、超级电容器和太阳能电池的复合材料
电磁屏蔽效能	高性能射频集成矢量网络分析仪	$SE=E_1-E_2$ SE：电磁屏蔽效能值，dB E_1：试验自身装置的衰减量，dB E_2：为屏蔽后的衰减量，dB	30kHz ~ 6GHz	木基导电复合材料

1.3.4 木基导电复合材料的功能与应用

木基导电复合材料在保留木质材料原有的高强重比、良好的声学和美学性能的前提下，将木质机体的机械模板作用和导电材料的高效导电性能充分结合，又在一定程度上改善了木质材料尺寸不稳定、易腐朽、易燃等缺陷，极大地拓宽了其应用领域。

1.3.4.1 抗静电材料

木材作为绝缘体，截留于其机体内部的静电荷累积到一定程度后，其产生的静电作用对人体和电子设备有严重的影响，可能会产生严重电击；静电荷还会吸引灰尘、烟雾、溶胶颗粒，引起电子元件功能性失调及化学实验室内易燃易爆溶剂类颗粒爆炸。部分高聚物摩擦后产生的静电电压值见表 1-2；各种电子器件对静电放电(ESD)的敏感度见表 1-3；根据抗静电效果和包装内容物对抗静电的要求，抗静电塑料依据电阻率的分类见表 1-4。

Detlef Kleber 通过研究发现，人类的感知电压阈值是 2kV，在超过 4kV 后，会感知到疼痛，人体与常规木质建筑大量接触，可能会受到 25kV 的电压，在能量接近 350mJ 时会产生静电火花，使人产生疼痛，甚至会带来火灾危险。木质材料通过与导电物质结合，可制成具有逸散静电或电子、减少火灾事故发生的新材料。常德龙等运用磁控溅射法在薄木板上镀钛镍合金，获得具有静电装饰性的木材，其可应用于防静电工作台、防静电电烙铁、台垫等领域。计算机的普及，对机房抗静电地板有极大的需求，Roessler 等在地板表面用紫外固化技术涂层氯化-1-烯丙基-3-甲基咪唑盐得到的防静电地板，符合 EN 1815 标准。Tao 利用纤维素可弯折、舒适性好及质轻的优点，制备了抗静电运动服、军事用便携式装备，大大提高了木质材料在抗静电领域的应用价值。

表 1-2　部分高聚物摩擦静电压值(20℃，相对湿度 65%)

种类	硬聚氯乙烯	软聚氯乙烯	高密度聚乙烯	低密度聚乙烯	聚丙烯
静电压/kV	2~4	1~3	1~3	0.4~0.8	2~4

表 1-3　各种电子器件对静电放电的敏感度

器件类型	敏感度范围/V
功率场效应管(VMOS)	30~1800
金属一氧化物半导体场效应晶体管(MOSFET)	100~200
砷化镓场效应晶体管(GaAsFET)	100~300
计算机储存器(EPROM)	100
结型场效应管(JEFT)	140~7000
发射极耦合逻辑集成电器(ECL)	500~1500
互补金属氧化物半导体(CMOS)	250~3000

表 1-4　抗静电塑料的电阻率

种类	表面电阻率/(Ω/□)	体积电阻率/(Ω·m)
静电屏蔽材料	10^4以下	10^{12}以下
静电导电材料	$10^3\sim1\times10^8$	$10^2\sim1\times10^5$
静电扩散材料	$10^5\sim1\times10^{12}$	$10^4\sim1\times10^{11}$
绝缘材料	10^{12}以上	10^{11}以上

资料来源：江谷．抗静电包装材料[J]．中国包装工业，2002(11)：26。

1.3.4.2　电磁屏蔽材料

电磁波带来了通信便利，使人们的生活更快捷也更方便，但同时也带来了电磁干扰和电磁辐射等不可避免的污染，遍及人们生活的每一个角落。生活中存在的电磁辐射如图 1-8 所示，家用电器、电子设备等产品在使用过程中都会产生不同波长和频率的电磁波，这些电磁波看不到、摸不着、无色无味、穿透力却很强，属于一种新型的污染物，会引发不同程度的多种病症，损害人体健康。有学者研究表明，电磁辐射磁场在超过 2mGs 时，人群患白血病的比例是正常人的 2.93 倍，患肌肉肿瘤的比例是正常人的 3.26 倍。电磁污染被国际社会公认为是继大气污染、水质污染、噪声污染、固体废物污染后的第五大污染，严重影响了人们的生活、工作及身体健康。为减少电子设备的电磁能量泄露，防止电磁污染，防止紫外辐射污染，保护环境和人体健康，开发“防电磁、防紫外辐射、抗静电的屏蔽材料”具有重要的现实意义，这也得到社会各界人士的一致关注。木材作为四大传统原材料之一的天然材料，是唯一一种可再生资源，且始终无法被完全取代。赋予木材电磁屏蔽性能或抗静电性能，可大大地拓宽木材的使用范围，提高其应用价值。

图 1-8　生活中存在的电磁辐射

木质材料优异的机械力学强度和天然的三维多尺度通道结构备受欢迎，国内外研究者将其作为一种基质支撑材料，结合其他导电材料进行了大量木基导电电磁屏蔽复合材料的研究工作，这也是木基导电复合材料最大的功能化优势。传统的一元、二元涂层技术，存在金属涂层易发生腐蚀，丧失导电及电磁屏蔽效能的缺点，基于此，Shi 等结合钨的熔点高、硬度强、抗张能力大及可提高镍-磷结晶度的特点，对桦木胶合板进行电镀处理，获得涂层致密、均匀、表面导电率高(5.7×10^{6}S/m)、电磁屏蔽效应强(60dB)、耐腐蚀、疏水性能良好的木基镍-钨-磷复合材料(图 1-9)。

He 等将木材的机械性能和聚苯胺的导电性能采用原位聚合法有机结合，具体如图 1-10 所示，此种复合材料的导电率为 9.23×10^{-5}S/m，电磁屏蔽效能在 30~60dB，符合普通工业和商业电子设备的标准。

Gan 等利用水热法在木材多孔结构中原位生长出磁性颗粒，与木材中的羟基充分结

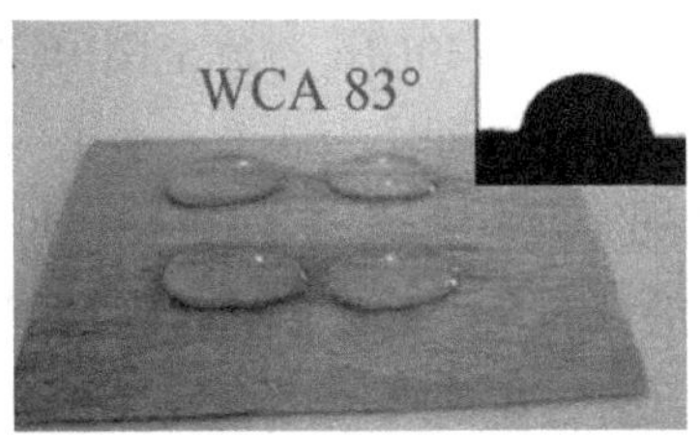

(a) 涂层前后复合材料的表面润湿度

(b) 涂层前后复合材料的表面润湿度

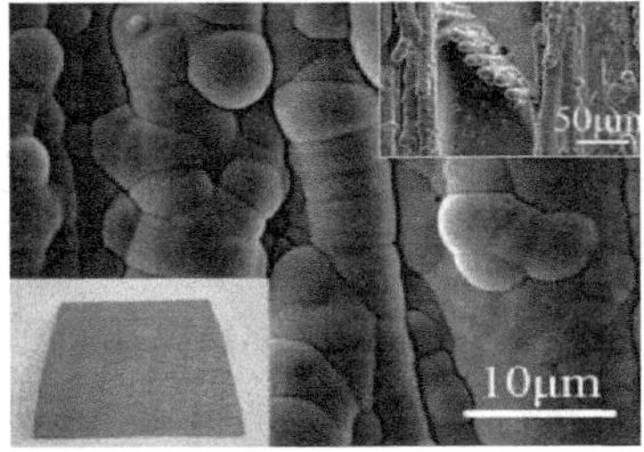

(c) 涂层后的表面形貌

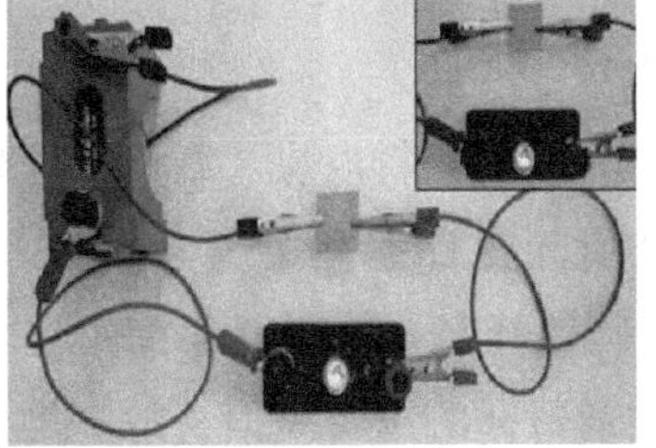

(d) 涂层后的导电像

图 1-9 木基镍-钨-磷复合材料涂层前后复合材料的表面润湿度

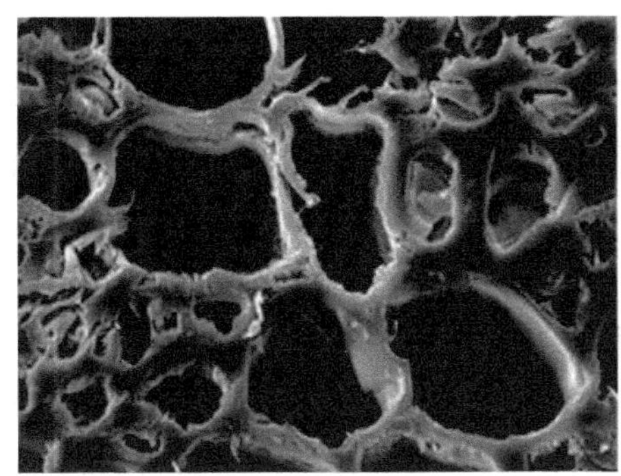

(a) 木材单板的横截面一

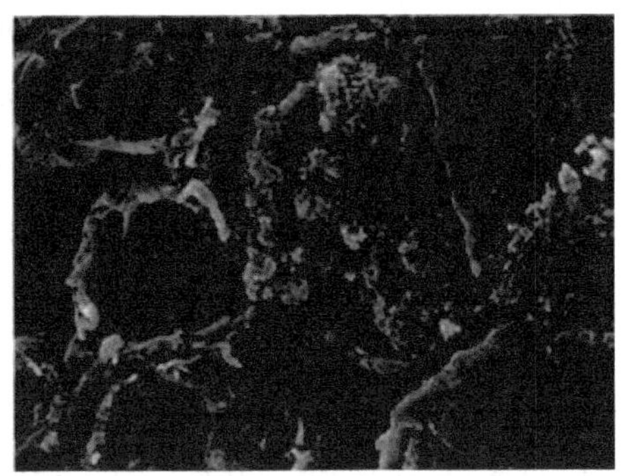

(b) 木材单板的横截面二

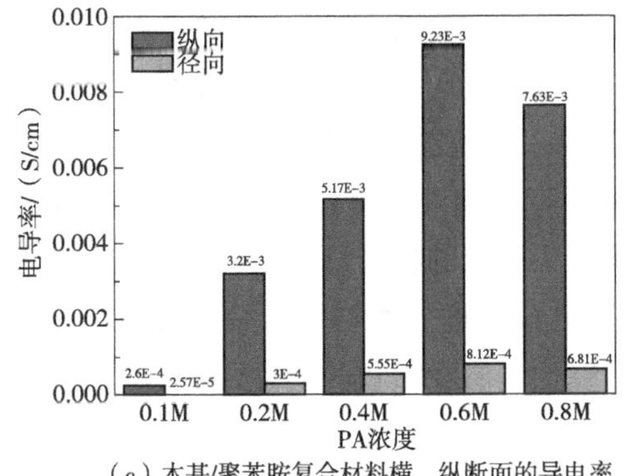

(c) 木基/聚苯胺复合材料横、纵断面的导电率

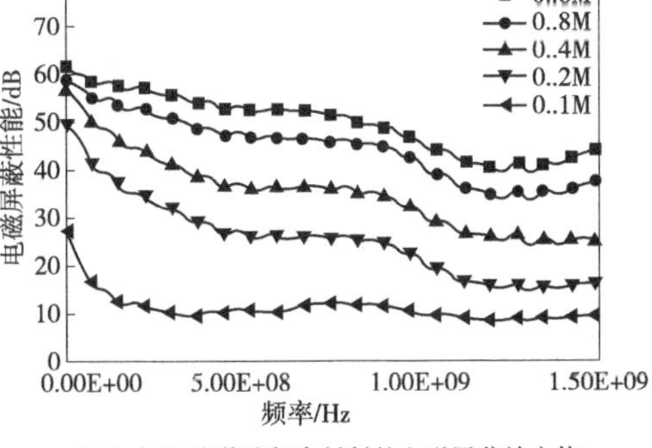

(d) 木基/聚苯胺复合材料的电磁屏蔽效应值

图 1-10 木基/聚苯胺复合材料

合，可使木材具有电磁屏蔽效能。Fugetsu 将多层碳纳米管与纤维素复合制得坚韧可弯折的基电磁屏蔽材料，体积电阻率为 0.53Ω·cm，在 15~40GHz 频率范围内均具有良好的屏蔽效能。总之，多种方法制备的电磁屏蔽木基复合材料可作为装饰、电磁污染防护、室内电磁信号泄密/失密防护功能的材料，具有较好的发展潜力。后续研究中可优化材料的有效活性成分和多孔性连通结构，提升导电网络的分布率。改进填充材料的制作工艺技术和条件，进行多种组分、多种功能、多种结构的复合，提高两相及多相材料界面结合率，最终提高复合材料的电磁屏蔽效能，获得可屏蔽电磁波的人工智能宽频带多功能新材料。

1.3.4.3 电热材料

目前，采暖的主要原料以煤、石油、天然气和电力为主，当今社会发展进程加快，资源短缺和生态环境问题日益突出。为构建人类可持续发展的绿色生态环境，我国提出在 2030 年前实现“碳达峰”，在 2060 年前实现“碳中和”的远景目标。其中，节能减排、控制碳排放是实现远景目标的重要举措，故多地开始实行“煤改电”措施来控制碳排放量，将传统的用“火”取暖改为用“电”取暖，新供热理念由此而产生，社会对电热材料的需求也大幅增加。同时，这也对新型电发热材料提出更高要求。鉴于此，环境友好型电热材料的研发迫在眉睫。

电热材料的种类和形式繁多，根据发热机理的不同，电热材料可分为电阻型、远红外型、光波型、微波型和电磁感应型。根据化学组成不同，其可分为金属电热材料和非金属电热材料，金属电热材料主要是加工为合金丝、金属网、金属管和化学金属镀器件以供使用。

(1)金属电热材料

电热合金丝是应用最为广泛的电热材料，杨华兴利用电渣重熔冶金法来生产制备铁铬铝合金丝，其电阻为 0.9Ω，在 1400℃条件下连续使用寿命为 74.69h。彭兰清等人将石墨烯加热元件与金属丝加热组件分别进行了热性能测试，结果发现，石墨烯加热元件性能较好，在初始环境温度 30℃条件下，通电 30s 后的石墨烯加热元件温度迅速上升并逐渐趋于平缓，温度稳定至 114℃，而金属电阻丝通电 51s 后温度逐渐趋于平缓，温度稳定为 107℃。电热合金丝具有用量大且环境适应性强的特点，但其氧化之后易烧断，使用寿命较短，使用过程中易产生感抗效应，这些缺点会影响它的使用效果。

高宇以 304 不锈钢金属网作为电阻加热元件，把玻璃纤维增强聚苯硫醚(CF/PPS)层合板作为焊接试样基体，聚苯硫醚薄膜用作焊接接头区域的树脂增添剂，形成结构完整且质量良好的焊接接头。张英杰研究发现金属网的电流密度分布与温度分布有较高的相似性，注入点周围的电流密度和温度较高，分别向接地方向逐渐衰减，且克重较低的金属网相比克重高的金属网烧蚀情况更为严重。

金属管状电热元件是以金属管为外壳，合金电热丝为发热体，矿物为绝缘材料组合而成的器件，其中主要应用于“热得快”、电热水器和烤箱中。金属管长时间使用后其表面由于污垢富集变得粗糙；当处于高温状态时，其受热膨胀会发生伸长弯曲等变形。

银是金属良导体，具有很好的导电性，被广泛用于电子器件的功能性镀层。张舒研究了铜波导上银镀层的电性能及腐蚀性，发现普通电镀法形成的银镀层太薄且不均匀，导致了电镀元件易腐蚀的问题，因此需要提高工艺要求，可通过改进电镀方法提升镀层厚度来解决。

金属电热材料虽使用范围较广，但其存在价格昂贵、局部易断烧、易腐蚀、难熔或镀层金属形成条件极端，且必须在真空或可控环境中操作等弊端。基于此，非金属电热材料应时而生。

(2)非金属电热材料

非金属电热材料在耐热、耐腐蚀和抗氧化等方面具有较大优势，主要包括非金属陶瓷材料、碳系材料和聚合物类材料。

① 非金属陶瓷电热材料：具有熔点高和抗氧化性能好的特性，得到广泛的研究和应用。朱峰以钨和锰为主要金属原料，向金属中添加无机氧化物，后经过印刷、热压、化学镀镍和焊接等方式制备出电阻值约为42Ω 的高强度金属陶瓷发热体。有学者还研究了钙掺杂陶瓷材料铬酸锂($CiCrO_3$)所形成薄膜的稳定性，结果表明，在直流电的驱动下，薄膜沉积在纯度为99.5%的氧化铝基底上温度基本恒定在800℃，而薄膜沉积在纯度为95.3%的氧化铝基底上温度发生波动，且加热温度会随加热时间的变化而增加，其中温度波动值为0.0037℃/h，这是由于掺杂钙离子后，其在不同纯度基底上的迁移速率不同导致。Yang等人利用等离子喷涂法在钢辊上喷涂电热复合涂层，该复合涂层从里到外第一层为镍铝粘结层，第二次为铝酸镁绝缘层，第三层为二硅化钼——三氧化二铝加热层，喷涂后的钢辊通电后发热。在二硅化钼中添加30%的三氧化二铝形成加热层，在150~160W 电功率下发热钢辊表面温度最高可达320℃。

② 碳系电热材料：因碳系材料具有质轻、比表面积大的优势，国内外研究人员优先选用炭黑、碳纤维、碳纳米管、石墨烯等作电热材料。

炭黑：刘太奇等人以水性聚氨酯为基体，导电炭黑为填料，采用物理混合法制备出环保型聚氨酯炭黑的电热碳浆，对电热碳浆的力学、导电及电热性能进行了测试，结果表明，当添加13%~15%的炭黑时，碳浆的膜片具有良好的力学性能，其电导率为(3.03~3.47)$\times10^{-8}$S/cm，在220 V 电压下表面温度可达70~81℃。Apsar则利用溶液共混法将聚偏氟乙烯(PVDF)与超导电炭黑(SCB)混合，制备出聚偏氯乙烯/超导电炭黑电热膜，透射电镜观察到超导电炭黑具有独特串珠状的支链结构。此外，该团队还研究了不同超导电炭黑含量在不同电压下的加热性能。结果表明，所制备的聚偏氯乙烯/超导电炭黑电热膜具有良好的电热性能和运行稳定性。此外，其还具有良好的柔韧性，它的断裂伸长率达300%。导电炭黑常采用共混的形式填入复合材料中，大多以物理复合为主赋予材料导电发热性能。

碳纤维：段英杰在碳纤维外依次裹附绝缘层、PVC 层和金属网制成碳纤维导电元件，其通电后可将电能转化为热能。把碳纤维导电热能元件安装在沥青混凝土路面的中层，可实现沥青混凝土路面的自融雪功能。60K 的碳纤维发热材料，在220V 电压下通电5~10min，其温度峰值为130℃；安装于沥青混凝土路面中层5 min 时能看出明显的融雪现象，30 min 时碳纤维导电元件铺装区域不再有积雪。Liu 等研究发现碳纤维含量 45%的聚酰胺-6 的层压板复合材料，在电流密度为 1A/mm^2时 200s 后表面温度超过 50℃，在电流密度为 2A/mm^2时 200s 后表面温度超过 130℃，增大电流密度可有效提高材料升温速率。碳纤维因其自身纤维状结构，在构建导电发热网络时需要考虑其纤维间的搭接状态，形成纤维间有序的排列可有效提高其性能。

碳纳米管：随着碳材料的使用和发展，人们构建出尺寸更小、性能更佳的导电体——碳纳米管。张梦杰利用碳酸锂改性碳纳米管，将改性后的碳纳米管和硫铝酸盐水泥混合压成改性碳纳米管-水泥基复合材料，其在 30V 电压下 47min 时可将 100g 冰完全融化成水并升温至 12℃ 。田文祥将少量的碳纳米管包裹在具有优异阻燃性能聚磷酸铵的表面，最终形成碳纳米管包裹的聚磷酸铵，然后将其与导电炭黑和乙烯-醋酸乙烯酯混和制备出具有良好电热和阻燃性能的电热复合材料，这种复合材料的电导率提升了 10 倍，在 18V 电压下表面温度可达到 100℃。Ma 等将羧基碳纳米管分散于 7%的氢氧化钠和 5%的尿素溶液中，再加入纤维素进行高速搅拌混合得到稳定且均匀的纤维素/碳纳米管复合纺丝涂料，通过湿法纺丝工艺获得直径为 50 μm 的纤维素/碳纳米管复合纺丝，其电导率为 0. 64～12. 74 S/cm，在 9V 外加电压下，15s 内可达到 55℃以上。碳纳米管具有炭黑和碳纤维不能比拟的载流子迁移率，但其很少直接使用，多数需化学试剂分散或接枝基团，同时其自身卷曲的形态也会影响电荷传输效果。

石墨烯：人们在胶带纸上一次偶然的发现，一种二维超导电、导热且具有超高强度的碳的同素异形体——石墨烯问世。Kim 采用传送带熔融沉积模型 3D 打印技术制备石墨烯/聚乳酸纤维，在 30V 电压下，蜂窝状石墨烯/聚乳酸纤维的表面温度约为 94. 9℃，当将其印在棉织物上时，蜂窝状石墨烯/聚乳酸纤维/棉花的电导率约为 9.71×10^{-11} S/cm，施加 30V 电压时，棉花样品的表面温度可达 80℃，且形状保持稳定。毛健等人则以水性丁苯橡胶为基体，选取石墨烯纳米片为填料，制备出具有定向排列性的石墨烯@丁苯橡胶复合材料，并探究了导电性能和外加电压对复合材料电热性能的影响。试验结果显示，添加质量分数为 3%的石墨烯，材料的导电性能较好，此时电导率达 0. 53S/cm，在此基础上外加 12V 电压时，表面温度最高可达 88℃。石墨烯超高的电子迁移率，让其在碳材料中享有王者地位，但其自身昂贵的价格让许多人望而却步，于是许多研究者开始创新制备方式来节约成本以期大规模生产。

③聚合物：聚吡咯是无毒无色的高导电聚合物，且具有良好的生物相容性，其与柔性基体结合还具有模拟金属电导率的优点，Xie 则将湿法和原位聚合法相结合制备了一种柔性聚氨酯（PU）/聚吡咯（PPy）电加热器，研究结果表明，当聚氨酯与氯化铁的摩尔比为 1 ∶ 2 时，制备的 PU/PPy 复合膜具有良好的热稳定性和导电性，其电导率约为 9.52×10^{-10} S/cm，在 7V 电压下能够将室温的基体在 28s 内加热到 110℃。这种材料可以作为理想的柔性体，且其生物相容优势备受生物医学界的青睐。

（3）木基电热材料研究现状

木基电热材料是以木质单元为基体材料，采用复合技术将其与导热性好的电阻热效应材料复合而成，通电后具有发热功能的新型材料。

国内外研究者使用金属、陶瓷、碳材料及聚合物等，提高木材基体的导热系数，进而加快传热效率，此类研究不胜枚举。

国外在赋予木材通电后自发热性能的研究方面，Kim 将 6cm(弦向)×6cm(纵向)×0.1cm(径向)的核桃木浸入分散好的碳纳米管溶液中，当核桃木在溶液中反复浸泡 7 次后，弦向和纵向的电阻分别为 748Ω 和 45Ω。在核桃木碳纳米管复合材料的弦向和纵向分别接入 60V 电压，3min 后该复合材料表面温度约为 31℃和 36℃，碳纳米管导电物质的浸入赋予了木材电热性能，使木材成为基础的能源装置材料成为可能。但其存在厚度较薄，不可承重的问题，使用范围十分受限。

国内，袁全平以碳纤维纸和碳纤维单丝为发热体，用热压工艺将其胶合于木质单板间，形成木质复合电热材料。在系统研究中发现，碳纤维在碳纤维纸中的存在状态影响其发热性能。当碳纤维纸的功率密度为 $300W/m^2$时，其表面平均温度可达 41.26℃；当碳纤维单丝的功率密度为 $3W/m^2$时，其表面平均温度约为 50℃。将这两种发热元件与木质基体复合后，功率密度升为 $1000W/m^2$时，施胶量 $210g/m^2$的碳纤维纸/纤维板复合材料表面温度约为 55℃；功率密度升为 $30W/m^2$时，施胶量 $210g/m^2$的碳纤维单丝/胶合板复合材料表面温度约为 52℃。该复合材料依靠碳纤维纸或碳纤维单丝为发热元件，所以碳纤维纸和碳纤维单丝在复合材料中的相对位置会对发热温度有影响，发热层位置越接近表层，该复合材料的表面温度就越高。之后，他着重研究了施胶量和碳纤维纸复合板电阻间的关系，结果表明，施胶量增大会影响电热层碳纤维的搭接界面，使碳纤维纸复合板的电阻显著增大，制备的最优双面施胶量为 $130\ g/m^2$。

将碳纤维纸置于桉木单板之下、桉木胶合板之上，施胶组坯后安装铜电极进行压板处理，贴表背板即得到了碳纤维纸电热复合地板，该地板在功率密度 $180W/m^2$下通电，0~10min 范围内升温速度较快，46min 时温度趋于稳定，该地板表面最高温度为 40.7℃。再利用上述方法制备出幅面为 300mm(长)×160mm(宽)的碳纤维纸实木复合电热地板，对碳纤维纸实木复合地板的温度变化规律做系统研究。当碳纤维纸位于该地板第二层(第一层为橡木表板)时，其在功率密度 $200W/m^2$下，表面温度为 34.54℃，将碳纤维纸下移至第八层时，表面温度下降到 29.46℃；当功率密度为 $500W/m^2$时，碳纤维纸位于第二层的实木复合电热地板表面温度为 54.52℃，位于第八层的实木复合电热地板表面温度为 42.99℃。用碳纤维纸制作的竹木复合电热地板，当面板厚 2mm 时其电阻值为 397Ω，厚 4mm 时其电阻值为 413Ω，在此复合电热地板两端外加 80V 电压时，面板厚 2mm 的复合地板距试样 0.5m 处的环境温度为 28℃，厚 4mm 的环境温度为 26℃，故碳纤维纸复合电热地板的面板厚度越小，周围的环境温度越高，越利于加热。

将不同涂覆形式的碳素材料与中密度纤维板热压得到木基碳素电热复合材料，全涂覆、条形和 S 形涂敷的木基碳素电热复合材料在输入功率为 20W 时，表面温度分别为 52℃、60℃和 66℃，其中采用 S 形涂覆的木基碳素电热复合材料表面温度最高，效果最佳。

因石墨烯具有超强的导电和导热性能，陶冶等将石墨烯与树脂混合制成石墨烯电浆发热层，再增加氧化镁传热层、氯乙烯保温层及木材单板层，最终得到石墨烯复合电热地板。当施加 36V 电压时，其复合电热地板的功率密度为 160W/m^2，在 11.5℃的密闭房间内，加热 250min 后复合电热地板表面温度最高为 37.6℃，距地面 1m 处的空气温度约为 22.2℃。

上述研究中，大多采用胶合技术将碳纤维纸、碳素材料及石墨烯涂层等发热元件嵌入木质基体中，从制作工艺到性能的研究较为全面，但整个过程中木质材料只扮演温度传递者的角色，与此同时，复合材料中的胶黏剂，在热环境下会加快甲醛释放速率，长期处于此环境下的生物体会受到一定影响。

1.3.4.4 储能材料

木材导电材料除具有导电性能直接带来的抗静电、电磁屏蔽及吸波性能外，更重要的是可作为储能材料研发的基质模板，应用于超级电容器、电池、催化析氢材料的研究中。

(1)导电木材在超级电容器中的应用

超级电容器主要由电极、隔膜、电解液、集流体以及外壳 5 个部分组成，具有安全环保、快速充放电、高能量密度和功率密度、超长循环使用寿命、宽泛工作温度区间等特性。其中，电极材料对整个超级电容器的电化学性能起决定性作用。木材的三维通道结构可以极大地促进离子、电子的传输，是一种天然的电极材料基质模板，对于此类用途的导电处理方式有两种最常见的方法，即木材高温碳化处理和木材弹性处理。

高温碳化处理方法制备的炭化木材是木材衍生碳的形式之一，炭化木材(CW)仍然保留天然木材的三维多孔结构特征，并且具有导电性能，从而大大拓宽了木材的应用领域。在此基础上，将其作为一种高孔隙率三维结构载体，结合其他改性处理方法，在导电储能领域开辟了众多研究方向。同时，化学处理方法可以使天然木材转变为柔性木材，其超柔性优势归因于天然木材的物理结构和化学成分的变化，特别是木质素、半纤维素部分去除引起的简单脱木素形成的波浪状结构。柔性木材继承了天然木材独特的三维多孔结构，具有定向排列的纤维素纳米纤维、生物降解性和生物相容性，之后其通过与导电成分结合，成为一种超柔性导电木材，可广泛应用于柔性电极和传感器的制备中。

(2)导电木材在电池中的应用

随着新能源设备的快速发展，新型的高性能电池研究越来越受到人们的密切关注。锂金属电极由于具有较高的理论比容量(3860mAh/g)和较低的电化学电位(-3.04V vs 标准氢电极)，被认为是下一代储能系统的“圣杯”。然而，锂金属电极却存在锂枝晶的不定型生长、与电解液的持续反应导致电解液消耗和库伦效率低、体积膨胀导致固态电解质界面(SEI)膜断裂等方面的缺陷，使得锂金属电池存在循环使用寿命缩短和安全隐患问题，从而极大地限制了锂金属电池在实际中的应用效果。为解决这些问题，学者们利用木材天然的三维多孔结构来抑制锂枝晶生长，从而改善锂金属阳极的循环稳定性。例如，Yang 等人介绍了一种简便的氧化锰/碳(MnO/C)纳米复合材料的合成方法，使用氧化锰/碳纳米复合材料作为锂离子电池的阳极，经过 100 次充放电处理后，氧化锰/碳纳米复合材料仍能保持952mAh/g的高可逆充电容量，显示出优异的循环稳定性，随着循环次数的增加，库仑效率稳定地达到约99%。Zhang等人将金属锂注入炭化木材的通道，制备了一种高容量、低弯曲度的锂/碳-木材电极，为了使炭化木表面更加亲锂，他们在碳-木材的通道表面涂覆氧化锌薄膜，熔融锂迅速涌入镀锌碳-木材的通道，形成有光泽的锂/碳-木材复合材料。这种快速的过程是基于锂金属与氧化锌之间的高速反应，以及其表面的毛细驱动力。在对称电池中，该电极具有较低的过电位(在3mA/cm^{2}时为90mV)、更稳定的剥镀结构和较好的循环性能(在3mA/cm^{2}时为150h)，为高能量密度锂金属电池的应用提供了更广阔的前景。

Xu等人报道了一种基于柔性阴极的高容量、机械柔性和高可充电锂-二氧化碳电池，该电极在200次循环中，过电位始终保持在1.5 V，证明了柔性木基锂-二氧化碳阴极电池优异而稳定的性能，经过长期循环使用后，阴极的结构和表面形貌保持不变，其原始表面都得到了保存。这说明了木基阴极的通道结构具有优良的输运性能，它利用木材天然的微通道(导管等)结构保证足够的二氧化碳气体流动，细胞壁的纳米通道(纤维素纳米纤维之间的缝隙)填充电解质，通过在微通道的内壁上放置钌修饰的碳纳米管网络，为放电产物沉积提供了充足的表面积。因此，在锂-二氧化碳电池的设计中没有传输障碍，保证了系统良好的可充电性。由此可见，木材独特的三维多通道结构极大地促进了电解质和二氧化碳气体的传输，通过化学处理去除木质素和半纤维素所带来的木质阴极具有优异的灵活性，使得木质锂-二氧化碳电池具有出色的电化学性能，并使其成为可穿戴储能设备的一个有前途的候选设备，用于各种应用领域。

由于可再生能源的间歇性和不可预测性，当今社会对大规模储能系统产生了迫切的需求。除了上述几种锂电池外，钒流电池(VFB)由于其设计灵活、使用寿命长和安全性高等特性，被广泛认为是最可靠的大规模储能技术之一。Jiao等人通过穿孔和碳化工艺，制备了一种低成本的多孔三维木质钒流电极，其中活性钒离子溶解在电解质中，并通过泵在电解质槽和带孔3D-木材电极之间循环，3D木材电极的电导率为20 S/cm。在电流密度为10 mA/m^{2}时，多孔三维木材电极的电压效率为91.77%，比未加孔洞的电极高10.59%，带孔三维木材电极的钒流电池的极化降低，使得放电容量从0.16Ah增加到0.72 Ah，提高了4.5倍。在单个电池中，多孔三维木电极的能量效率为75.44%，显示出良好的工作性能。

(3)木材在催化析氢中的应用

氢能作为一种绿色、高效的能源在替代化石燃料上被人们寄予厚望，析氢反应在电解水中的应用引起了人们的广泛关注。主要有两个原因：①该工艺产生的氢气(H_2)是未来清洁燃料的高能载体。②该工艺无碳排放、策略简单、可持续，能够有效解决能源危机和环境恶化问题。因此，木材在催化析氢研究中的支撑模板作用也备受重视。Huang等人将木材高温炭化处理，用于支撑二硫化铼纳米片的三维(3D)导电电极，以直接电催化制氢，在10mA的电流密度下，ReS_2/CSW-750电极的过电位最小，为260mv/cm^{-2}(ReS_2/CSW-700为357mV，ReS_2/CSW-800为299mV)。ReS_2/ CSW-750电极的最大双电层电容为20.83 mF/cm^2，ReS_2/C_{SW}-750电极的电化学活性面积值估计为521cm^2_{ecsa}，并且稳定性超过 11h。由此可见，木基复合材料表现出优异的催化析氢性能，且其具有材料来源丰富、生态友好和可再生的特点，在绿色能源产业中具有潜在的应用前景。

1.3.4.5 其他领域

木基导电复合材料除具有导电、可降解、生物相容性等优点，以及作为绿能电子、生物装置系统、电极材料、超级电容器、太阳能电池、集成电路模板等微电子元件外，还可应用于数据传感、医学、有机半导体等领域。Luo 等将木材中的纤维素保留并经热压处理后与铜复合制备成纳米自发电传感材料，可应用于乒乓球大数据的统计，拓宽了自发电系统的应用领域，也促进了智能体育产业的大数据分析。Guo 等制备的纤维素基-聚吡咯导电复合材料，Ge 等在纤维素基-表面负载镁离子(图 1-11)制得的复合材料，既利用了纤维素的机械支撑、良好的分散性、可生物降解、易弯折、巨大的比表面积等特性，有利于药物的存储和释放，又可产生细胞刺激响应电信号，刺激药物释放并使组织再生，反映生物体药物使用情况和受损组织修复情况，且避免在体内残留引起炎症的优势，在医学方面有广泛的应用。

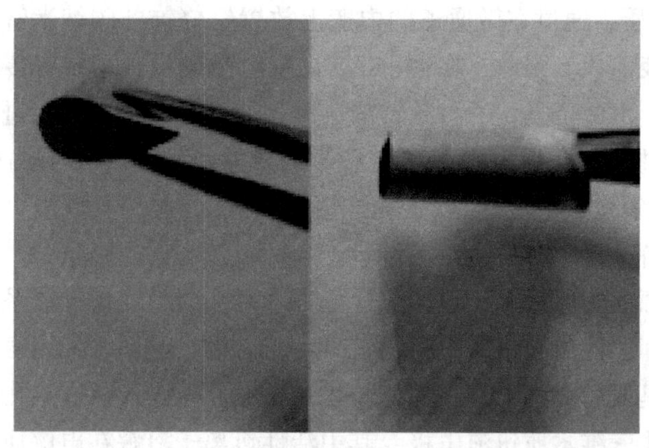

图 1-11 纤维素基/聚吡咯-镁离子药物输送系统图

木基导电复合材料可发展为一种有机半导体，应用到有机传感器、有机激光器、有机存储器等领域。此外，木基导电复合材料拥有更为细小的微孔结构，可扩宽其应用领域，作为吸附有机气体如甲苯、VOCs 的多功能材料。

木基导电复合材料保留了木材原有的优点，弱化了木材的某些缺陷，赋予了木材导电的性能，实现了材料结构功能的一体化，具有环境负担小、改善或修复环境的特点。本书以木质绝缘材料天然的多孔通道和机械力学性能为基质模板，首先将其与具有优良导电、机械及疏水性能的石墨烯结合，制备出既具有木材原有优势，又拥有导电性能，同时机械力学性能及疏水性能、尺寸稳定性能均提高的导电木材，对其制备工艺、结构性能及导电机理进行了深入研究。其次，将其采用两种处理方式与金属络合物有机结合，制备出导电木材，也对其制备工艺、结构性能及导电机理进行了深入研究。最后，深入探讨了木材石墨烯导电材料在导热领域的应用，为后续木基导电导热材料的性能优化提供理论基础。

实体木材基质模板与氧化石墨烯前驱体的制备 2

木材是一种具有微米至纳米级多尺度通道的绿色可再生材料，具有隔声、调温调湿及装饰性能，天然的骨架形态可作为其他材料的基质模板，多孔通道表面富含大量的活性位点(碳自由基)和基团(游离态羟基、羧基等)，可进行一系列的物理、化学反应。作为材料，木材是一种易干缩、湿胀、变形、腐朽的各向异性绝缘材料，致使其有效利用率大大降低、应用领域局限性强。随着森林资源的锐减，木材的供需矛盾越来越突出，全球相关行业专家都在积极寻求新的解决方法。人工速生林培育因其产量高、培育周期短、比较效益高等优点，受到了世界各国的重视。如何合理使用人工林资源，提高木材的各项性能和综合利用率，实现劣材优用、小材大用，已成为解决木材供需矛盾的关键所在，而木材的功能化修饰是提高和改善其性能的有效途径。

20 世纪 90 年代初期开始，众多学者将木材作为一种模板，将其以各种形式与导电材料结合，制备出兼具电磁屏蔽能力及木材优势并弱化其缺陷的复合型功能结构材料，这是一种很有前景的研究方法。但目前制备的此类复合材料存在界面结合能力弱、导电成分分布水平较低、涉及频带窄且屏蔽效能值较低等问题。

木材是一种内部结构十分复杂、孔隙结构不均匀，同时又具有干缩湿胀的类似串并联毛细管结构的孔隙介质。所有木材都具有细胞腔与纹孔串联毛细管结构、细胞腔与非连续细胞壁瞬时毛细管串联结构和连续细胞壁瞬时毛细管结构，具有一定的渗透性，而流体在木材内部结构中的渗透主要通过大毛细管和微毛细管系统两种途径。对于阔叶材来说，主要由导管和木纤维组成的轴向输导组织构成，木纤维上的纹孔较少，而导管是阔叶材中流体的主要途径，流体通过导管并经过末端穿孔板到达下一个导管，同时，在流体轴向直径满足的前提下，流体则从导管流向轴向薄壁组织、木纤维和木射线。

木材渗透性是描述流体(气体或液体)在木材中渗透难易程度的物理量，渗透性和孔隙率之间的关系非常密切。孔隙率是固体中孔隙所占的空间百分率，而渗透性是流体依靠压力梯度穿过多孔性材料难易程度的计量，并非所有多孔性的固体都是可渗透的，只有各孔隙之间有通道且相互连通才具有渗透性。木材虽然多孔，但未经处理前其各级孔隙内部存在一定的渗透障碍，如加工过程中的尘土、木屑，木材原有孔隙中的糖、无机盐、单宁，纹孔膜上的抽提物等。木材的渗透性与木材内粗大的毛细管构造及与其联络的微毛细管构造的渗透性有关。流体凭借压力差，以稳定状态在木材中流动，一般遵循达西定律。达西定律描述液体在木材以及其他多孔性固体内的稳态流动，通常用式(2-1)表示：

$$k_l = \frac{\text{通量}}{\text{梯度}} = \frac{\left(\frac{V}{tA}\right)}{\frac{\Delta P}{L}} = \frac{Q \times L}{A \times \Delta P} \tag{2-1}$$

式中：k_l ——液体的渗透率，单位为 $cm^2(atm \cdot s)$；

V ——液体流过的体积，单位为 cm^3；

t——该体积的液体通过木材所需要的时间，单位为 s；

Q ——液体的体积流量率，单位为 cm^3/s；

L ——流体流过的长度，单位为 cm；

A ——流体流过的面积，单位为 cm^2；

ΔP ——试样两端的压力差，单位为 atm。

式(2-1)的字面意义为：渗透率在数值上等于单位体积多孔性材料，在相对两面施加单位压力差时，液体流动的速率。木材的渗透性均正比于毛细管的数量和直径。从该公式中就可以看出渗透性与毛细管的数量和直径密切相关。从该公式中可知，在外界压力、液体量一定，孔隙直径不变的条件下，流体流过的长度越大，渗透性越大，如果去掉孔隙中的障碍物，可明显提高渗透率，因此，去除掉木材孔隙内部的非结构障碍物至关重要。

为了赋予木材导电性能，保留木材原有的力学强度，改善木材尺寸稳定性差的缺陷，许多学者提出对木材进行功能性改良，以提高其附加值，导电木材的研究受到了极大的关注。前期的填充法研究中多集中于颗粒物质在木材机体内部的填充，相对而言，只需减小颗粒的径向尺寸，就可以达到预期效果。石墨烯是新型碳纳米结构材料。2004 年，英国曼彻斯特大学的安德烈 · 盖姆和康斯坦丁 · 诺沃消洛夫发现可以用一种非常简单的方法得到石墨薄片，该研究获得了2010 年度诺贝尔物理学奖。石墨烯是目前世界上最薄、强度最高的材料。石墨烯是一种由碳原子以 sp^2 杂化轨道形式组成的六边形呈晶格状的平面二维薄膜，每一个碳原子都与最近邻的 3 个碳原子形成键，碳-碳键键长均为 1.42 Å，键角为 120°，从而构成稳定的六边形平面晶体结构，如图 2-1 所示。同时，每个碳原子还通过剩下的未成键 2p 电子，在垂直于晶格平面的方向上形成共轭大 π 键。这样的结构使石墨烯具有优越的力学、电学、热学及光学性能，其电子迁移率可达 $2\times10^5 cm^2/(V \cdot S)$，机械强度高达 130GPa。上述这些性能使石墨烯和石墨烯基材料有着巨大的应用前景，吸引着更多的科学家们研究。目前，石墨烯的制备方法有微机械剥离法、化学气相沉积法、外延生长法和氧化还原法等，这些方法由于各自的制备原理不同，得到的石墨烯结构性能存在着差异，在应用上各有优劣。其中，氧化还原法由于成本低廉，过程可控，具备大规模生产的基本条件。因此，在石墨烯的工业化生产方面具有独特且不可替代的优势。将石墨烯与木材复合制备的导电材料既满足了导电、价格低廉的要求，又具有绿色环保的优势。

基于以上内容，本研究采用纳米片层石墨烯与木材复合，其结果可以保留木材原有的中空孔隙结构，且与木材的复合更为紧密，不容易脱落，但存在一个难点，石墨烯虽为纳米片层材料，但其片层大小需要控制，如果片层太小，石墨烯片层容易黏附在一起，难以在木材机体中释放石墨烯的优良性能；如果片层太大，石墨烯片层则难以进入木材孔隙中，同样达不到预期的导电效果。因此，寻找合适的石墨烯片层尺寸，以达到与木材多尺度结构最大程度地复合至关重要。

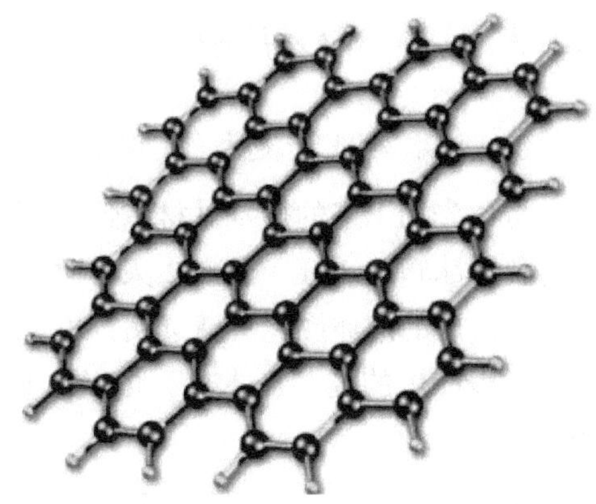

图 2-1 石墨烯的完整结构示意图

2.1 材料与方法

2.1.1 试验材料(表 2-1)

表 2-1 试验材料

名称	生产来源
速生杨木	内蒙古自治区呼和浩特市，平均树龄 11a，平均胸径 15cm，向树皮方向依次截取厚度为 3cm 的弦切板，将其气干至含水率 12%后，加工成规格为 3cm×3cm×1cm 的试材，挑选出无明显缺陷的试材备用
鳞片石墨	阿拉丁

2.1.2 试验仪器设备(表 2-2)

表 2-2 试验仪器设备

名称	型号	生产厂家
激光共聚焦显微镜	OLS 4000	日本奥林巴斯
场发射扫描电镜能谱仪	GAIA 3 XMN	捷克 TESCAN
傅里叶变换红外光谱仪	TENSOR Ⅱ	德国 BRuker Optics 公司
拉曼光谱仪	inVia	RENI SHAW
综合热分析仪	STA449C	德国耐驰仪器制造有限公司
X 射线光电子能谱仪	Thermo SCIENTIFIC ESCALAB 250Xi	美国赛默飞科技有限公司
电阻率测试仪	BEST-212	北京北广精仪仪器设备有限公司
粉体材料比表面积分析仪及孔隙度分析仪	3H-2000PS2	贝士德仪器科技(北京)有限公司

2.1.3 实体木材基质模板的制备

2.1.3.1 水处理抽提木材(WEW)

将预先加工好的杨木试材(径向×弦向×纵向=3cm×3cm×1cm)进行80℃水浴处理2h，之后移至冰箱(-18℃)冷冻2天，之后再次水浴处理，对这一水浴+冷冻过程循环进行，直至水浴后的液体颜色澄清透明，以保证在保留木材原有力学性能的前提下，去除掉运输加工过程产生的泥沙、木屑，以及木材机体中的单宁、糖类、无机盐等，提高木材的渗透性。

2.1.3.2 碱法处理抽提木材(AEW)

为了更大程度地提高木材的渗透性，利用10%氢氧化钠+5%亚硫酸钠混合溶液处理选好的试材12h，既去除掉木材原有孔隙中残留的泥沙、尘土、木屑及单宁、糖类、无机盐等，又去除掉部分木质素，以达到在木材细胞壁上造孔的目的。之后，用0.25mol/L的过氧化氢溶液进行处理，直至试材的颜色变为灰白色，将试材移至真空干燥箱干燥至含水率为10%以下(60℃，24h)，备用。

2.1.4 GO前驱体的制备

石墨烯具有优良的导电性能，但难以与木材进行结合，为更好地发挥石墨烯在木材机体中的优异性能，需要对木材预先进行修饰，引入环氧基(-O-)、羟基(-OH)、羧基(-COOH)等功能化基团，使其转变为氧化石墨烯(GO)，之后，将复合GO片层结构上剩余的含氧基团通过还原手段最大程度地去除，即可释放出具有导电性的还原性氧化石墨烯(rGO)，还原程度越大，石墨烯的原有性能表达得越明显。

GO的结构示意如图2-2所示，且它具有如下特性：

(1)两亲性：从其薄片边缘到中央呈现亲水至疏水的性质分布，如同界面活性剂一般存在于界面，降低界面间的能量，既可以利用边缘的含氧基团与极性物质发生相互作用，又可以利用中间的共轭结构与非极性物质发生相互作用。

(2)共价键修饰：GO中的含氧官能团很容易与含氨基、羧基、异氰酸酯基等基团的化合物发生酯化反应和酰胺化反应，可对GO的表面进行点击功能化改性并释放rGO。

(3)非共价键修饰：利用非共价键对石墨烯功能化，不仅能保持石墨烯本身的结构性质，还可以改善石墨烯的溶解性。一般包括π—π键和氢键功能化。

① π—π键：GO中间含有大的苯环共轭体系，能与一些带苯环的物质发生吸引堆叠作用。

② 氢键：GO片层结构上的羟基和羧基可以与一些极性物质，特别是极性聚合物产生氢键作用。

GO具有与石墨烯类似的六边形框架结构，但是其表面和边缘附带有大量含氧官能团。

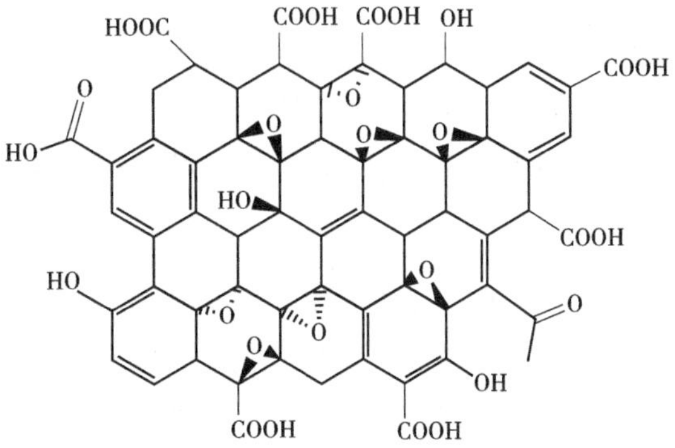

图 2-2 GO 的结构示意图

早在 1859 年，Brodie 将氯酸钾和硝酸的混合物在 60℃下保持数天后，得到了包含碳、氢、氧 3 种元素的新化合物——氧化石墨，但由于当时实验条件和认知上的局限性，人们没有对其进行结构上的深入研究，经过多年的研究和发展后，目前制备氧化石墨的方法主要有：Brodie 法、Standenmaie 法和 Hummers 法。这 3 种方法的原理比较相近，基本技术思路都是通过强酸和强氧化剂与石墨粉末混合，破坏石墨层与层之间弱小的范德华力，使之离解，从而形成单层或者少层的氧化石墨纳米片。Brodie 法和 Staudenmaier 法制备的 GO，其基本碳结构破坏较为严重，产生较多缺陷。相对而言，Hummers 法制备出的 GO 缺陷较少，碳层结构完整，还原之后的性质更接近石墨烯，其制备原料较环保。目前试验上制备氧化石墨烯通常使用的是改进后的 Hummers 法，将原有 Hummers 法中有毒的硝酸钠换为过硫酸钾和五氧化二磷，提高了 GO 片层结构的完整度和氧化程度，且试验周期缩短，提高了试验的成功率。具体流程如图 2-3 所示。

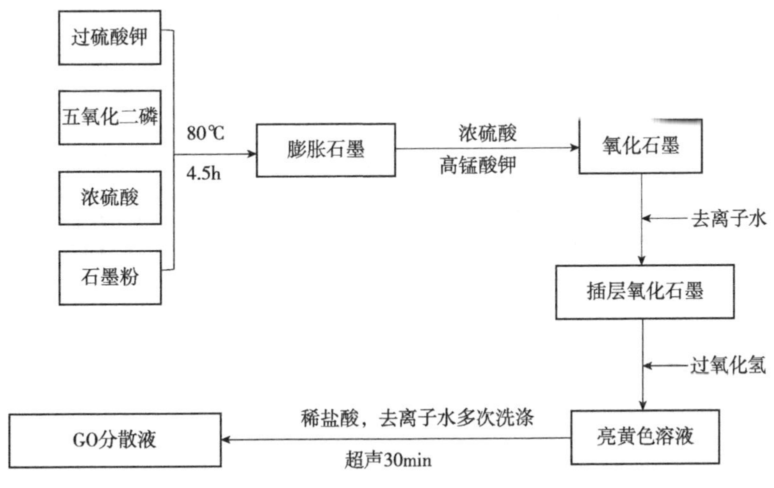

图 2-3 GO 的制备流程图

2.1.4.1 预氧化阶段

将7.3mL的浓硫酸加热到80℃，加入1.7g过二硫酸钾和五氧化二磷，在此温度下搅拌使固体全溶，缓慢加入2.0g一定目数的天然鳞片石墨粉。该混合液在80℃下反应4.5h，反应结束冷却至室温，加入350mL去离子水，放置过夜(7h)。

2.1.4.2 插层氧化阶段

将上述预氧化阶段的混合物经0.2μm的滤膜过滤，用大量的去离子水洗去残留的酸，固体在室温下放置过夜。取80mL的浓硫酸置于0℃的冰浴中，将上步得到的膨胀石墨加入浓硫酸溶液中，在搅拌下缓慢加入10g的高锰酸钾(保证温度不超过10℃)，在35℃下反应4h，室温下在再反应2h，反应结束后分批加入160mL去离子水中，之后在室温下反应2h。再加入470mL去离子水，加入10mL质量分数为30%的过氧化氢溶液，产生亮黄色的溶液，将得到的亮黄色悬浮液静置24h后，悬浮液分层，将上清液倒去，下层沉淀抽滤。

2.1.4.3 水洗阶段

用500mL含3%的硫酸和1%的过氧化氢洗2遍，再用10%的盐酸溶液洗涤，至氯化钡溶液检测无硫酸根离子为止。得到氧化前期制备的氧化石墨试样，之后将其溶于去离子水中，超声1h，离心洗涤，多次洗涤至硝酸银检测无氯离子为止，此时溶液pH值为5~6，取离心管下层沉淀固体溶于去离子水中，超声30min，离心(4000r/min，30min)，取离心管上清液，即为GO分散液。

2.1.5 实体木材/rGO复合材料制备工艺

2.1.5.1 木材/GO复合材料

本次试验选择杨木素材(PPW)、水处理抽提木材(WEW)及碱法处理抽提材(AEW)3种预处理材作为研究对象，与确定浓度的GO分散液在脉冲式真空条件下(25℃，0.08MPa，10min真空+3min常压+5min真空)复合，之后将该材料移至真空干燥箱干燥(60℃，24h)。

2.1.5.2 导电木材

本次试验选取现有研究中GO的绿色还原剂抗坏血酸(AA)对上述木材/GO复合材料再次进行与上述步骤一样的真空处理，之后将该材料移至高压蒸气灭菌锅(0.165MPa，100℃，2h)处理，结束后再次移至真空干燥箱干燥(60℃，24h)，以保证材料达到绝干状态，再进行导电性的测试及其他表征。

2.1.6 导电材料的表征

2.1.6.1 材料结构表征方法

(1)形貌结构分析

① 宏观形貌：采用手机拍摄及利用微角放大镜的方式对样品的表观形貌进行简单观察。

② 微观形貌：采用激光共聚焦显微镜(OLS)通过外观颜色及简单孔隙分布进行分析，场发射扫描电子显微镜(FE-SEM)进一步对复合材料的微观孔隙结构进行分析，原子力显微镜(AFM)对GO片层的横截面积及纵向厚度进行直观性分析。

③ 孔隙度及孔隙直径：N_2吸附/脱附法在不改变材料原始特性的基础上，能定量观察到微观结构的统计信息，更能揭示材料的总体特征。本部分采用粉体材料比表面积分析仪及孔隙度分析仪对材料的孔容孔径分布、比表面积特征进行测定，进一步对材料的微观孔隙进行分析。

(2)成分分析

① 傅里叶红外光谱(FTIR)分析：对材料进行傅里叶红外光谱分析。加入高纯度溴化钾压片于少量样品中，充分研磨混合均匀，用压片机压为透明的薄片，在4000~400cm^{-1}范围内摄谱，对样品的红外吸收特征进行分析。

②场发射扫描电镜能谱分析：EDS能谱可在测试的形貌结构上分析出材料中某种元素的含量，可对材料改性前后元素含量的差异进行判断。

③ 拉曼光谱(CRM)分析：拉曼光谱是表征石墨烯及石墨烯系材料最常使用的表征手段之一，可分析出石墨烯类材料的层数、堆垛方式、缺陷多少、边缘结构、张力和掺杂状态等结构和性质特征。

④ X射线光电子能谱(XPS)分析：在EDS能谱分析的基础上，X射线光电子能谱可以进一步准确分析出材料精确的元素含量及官能团的种类及比例。

⑤ X射线衍射仪(XRD)分析：采用粉末X射线衍射仪对材料进行物相分析。测试条件为Cu靶辐射，狭缝宽度0.5°，2θ衍射角范围是5~45°，入射波长为0.1542 nm，扫描速率5°/min，电压40 kV，电流强度30 mA，连续记谱扫描。根据谱图显示的衍射峰强度、位置及计算的结晶度分析rGO在木材机体的分布及还原程度。

⑥ 综合热分析仪(TG-DSC)分析：在氮气保护条件下利用综合热分析仪(STA-409-PC，NETZSCH)测定材料从室温升温到800℃时的TG-DSC热曲线，其中，样品初始质量为5.629 mg，进气速率为30 mL/min，加热速率为10℃/min。通过综合热分析仪的TG-DSC曲线变化分析材料改性前后的热稳定性及成分变化，进一步确定出石墨烯与木材的结合程度及还原程度。

2.1.6.2 导电性能表征方法

(1)电阻率测试法

利用智能体积表面电阻率测试仪对样品的电阻率进行测试，其依据的标准为《固体绝缘材料体积电阻率和表面电阻率试验方法》(GB/T 1410—2006)，体积电阻率(ρ_v)的计算公式如下：

$$\rho_v = R_x \cdot \frac{A}{h} \tag{2-2}$$

式中：ρ_v ——体积电阻率，单位为Ω·cm；

R_x ——测得的体积电阻，单位为Ω；

A ——与样品接触电极的有效面积，单位为 cm^2；

h ——试样的平均厚度，单位为 cm。

表面电阻率的计算公式如下：

$$\rho_s = R_x \cdot \frac{\rho}{g} \tag{2-3}$$

式中：ρ_s ——表面电阻率，单位为 Ω/□；

R_x ——测得的表电阻，单位为 Ω；

ρ ——被保护电极的有效周长，单位为 cm；

g ——两电极之间的距离，单位为 cm。

(2)四探针仪测试法

利用数字式四探针测试仪在样品的 3 个切面上随机均匀选择 7 个位置分别测试样品的电阻率，得出 rGO 在样品表面的分布规律及还原程度。

(3)霍尔效应测试法

依据范德测试法分别测出样品弦向、径向、纵向 3 个方向的载流子浓度及迁移率，最终计算出电阻率，从样品导电性的形成进行机理分析。

2.2 结果与分析

2.2.1 实体木材基质模板孔隙连通性分析

木材具有类似串并联结构系统的多尺度通道，是其他材料进行负载的天然基质模板，但其多尺度孔隙通道中存在一定的渗透障碍(如木材原有孔隙中的杂质、糖、无机盐、单宁，纹孔膜上的抽提物，加工过程中的尘土、木屑等)，且细胞壁结构上小到几纳米尺寸的孔隙都会影响渗透效果。为提高 GO 在木材孔隙通道中的渗透性，本部分内容选取了水处理抽提及碱法造孔处理的方式进行研究，以导电性为衡量指标，抽提处理木材及导电木材的孔隙结构(SEM 形貌，N_2吸附/脱附法)、元素含量(EDS)及官能团(FTIR)成分进行验证分析，最终确定出木材作为 GO 基质模板孔隙连通性的最佳处理方式。

2.2.1.1 三种木材的形貌结构分析

形貌观察法可定性展示木材孔隙结构。由图 2-4 可知，宏观形貌中，杨木素材(PPW)(图 2-4 中 1)的孔隙较为模糊，颜色为黄色，水处理抽提木材(WEW)(图 2-4 中 5)去除部分单宁、有机物及无机盐后，颜色变浅，孔隙较为清晰。碱法处理抽提木材(AEW)(图 2-4 中 9)木块颜色变白，经干燥处理后没有结壳物质的支撑作用，木块四周向着中心发生收缩，体积变小，形状改变，且易开裂。扫描电子显微镜可以看出，PPW 的径切面(图 2-4 中 2)及弦切面(图 2-4 中 3)管壁上有部分杂质；WEW 的径切面(图 2-4 中 6)及弦切面(图 2-4 中 7)管壁较为光滑，导管剖开面清晰可见；PPW 的横截面(图 2-4 中 4)

上管孔可看出木纤维孔隙较为明显，WEW 的横截面(图 2-4 中 8)的管孔变化不大，木纤维孔隙中空结构较为明显。AEW 的径切面(图 2-4 中 10)上的导管剖开面较为扁平，弦切面(图 2-4 中 11)上的导管剖开面中导管壁较为柔软，结构疏散，横截面(图 2-4 中 12)上的管孔形状变得细长，且由于细胞壁变得柔软导致部分管孔没有充分舒展，难以保证原有木材结构的完整。总体说明，WEW 完整保留了木材原有的三维中空结构，且其通道内部干净，连通性较好，提高 GO 前驱体渗透性的同时，也是三维导电通路搭建完整的基质模板。

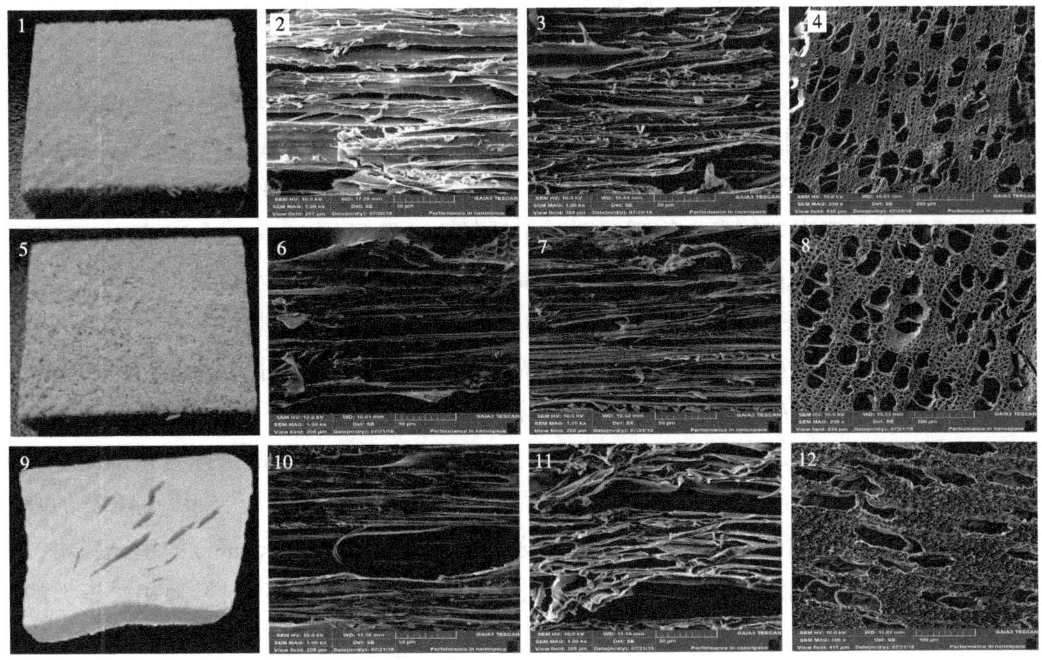

1~4. 分别为PPW的宏观形貌，径切面、弦切面及横截面的微观形貌；5~8. 分别为WEW的宏观形貌，径切面、弦切面及横截面的微观形貌；9~12. 分别为AEW的宏观形貌，径切面、弦切面及横截面的微观形貌。

图 2-4　3 种木材基质模板的形貌结构图

2.2.1.2　N_2吸附/脱附法孔隙结构分析

N_2吸附/脱附法在不改变材料原始特性的基础上，能定量得到其微观结构的统计信息，更能揭示材料的总体特征。表 2-3 中展示了 5 种方法测试的木材比表面积。其中，BET 多点法和 T-Plot 法(外比表面)更适合木材比表面积的表征。三者的比表面积大小为：PPW<WEW<AEW，预处理方式提高了木材的比表面积，内部孔隙更加发达，且 WEW 基本与 PPW 差距不大，AEW 的比表面积更大，比表面积的提高为后续 GO 在木材机体内部的分布提供了更多的接触活性位点。

表 2-3 不同方法下的 3 种木材比表面积分析　　单位：m^2/g

3 种木材	BET 多点法	BET 单点法	Langmuir 法	T-Plot 法(微孔比表面)	T-Plot 法(外比表面)
PPW	2.12	0.85	-6.09	0	2.12
WEW	2.12	0.95	26.33	0	2.12
AEW	2.31	1.15	10.50	0	2.31

根据国际纯粹与应用化学联合会(IUPAC)的分类，图 2-5 中的 3 种木材均属于Ⅲ和Ⅳ混合型氮吸附/脱附等温线。随着压力的增加，吸附量在相对压力 P/P_0 为 0.9 之前呈现线性上升，在 P/P_0 为 0.9~1.0 发生阶梯跳跃式上升，且都存在滞后环，说明三者的内部孔隙存在很多大小不一的复合孔，与木材的多孔介质结构结论一致。PPW 的滞后环属于 H_3 型迟滞回线，说明材料内部的狭缝形孔隙较多。WEW 的吸附/脱附曲线基本重合，达到动态平衡，P/P_0 在 0.9~1.0 压力条件下有一个较小的滞后环，最大压力点处的吸附量(回滞环终点表示最大的孔被凝聚液填充满)最大，在 $P/P_0<0.9$ 压力条件下的吸附与脱附，说明材料的孔隙内部阻碍气体发生物理吸附的杂质较少。孔径>100nm 时，WEW 与 PPW 对气体的吸附与脱附效果差距较小，原因是孔隙中的杂质相对孔隙较小，对气体吸附与脱附的影响较小。因此，WEW 没有对木材原有的孔隙结构破坏，仅仅是将其孔隙通道内的杂质进行了清除，在作为基质模板的同时，提高了 GO 分散液在木材孔隙及结构中的渗透效果。随着压力的增加，AEW 的吸附量最大，说明木质素抽提产生了更多的纳米孔隙，但等温线的回滞环在脱附进行到一定程度后发生中断，可能是木质素的去除导致细胞壁发生一定程度的坍塌，造成部分孔内的氮气未能及时脱附出来。$P/P_0<0.15$ 时，AEW 的吸附量最大，WEW 的吸附量略高于 PPW，此阶段主要发生微孔(孔径<2nm)的填充吸附，表明 AEW 中的微孔结构最多。P/P_0 为 0.15~0.975 时，3 种木材的吸附量随相对压力的增

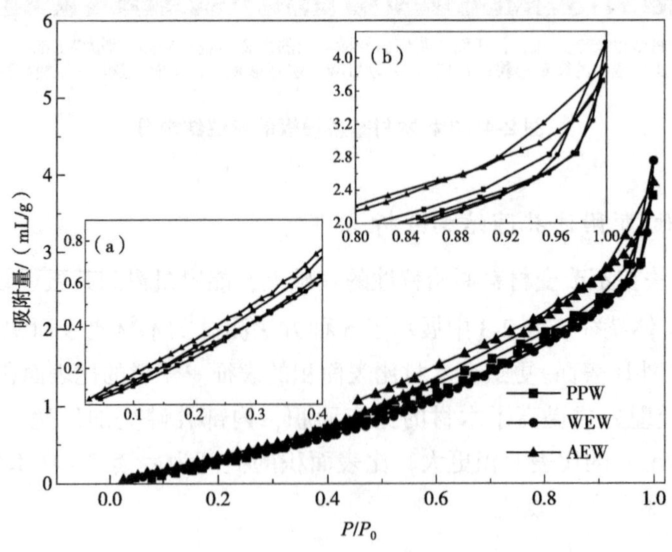

图 2-5 N_2 吸附/脱附曲线

加而增加，AEW 的增加幅度更大，此阶段发生中孔（孔径 2~50nm）和大孔（孔径>50nm）的多层吸附，说明 AEW 的中孔和大孔结构最多。在 P/P_0>0.975 时，等温线开始急剧上升，表明 3 种木材中均有一定量的大孔，WEW 的吸附增加量最大，说明 WEW 的大孔数量最多，可能是水循环处理过程去除掉了木材大孔中更多的杂质，为后续 GO 的浸渍效果及与木材发生更好地有机结合提供了良好的基质模板。

根据孔径尺寸，孔可分为微孔孔径<2nm；中孔孔径 2~50nm；大孔孔径>50nm，从图 2-6 孔径分布曲线可知，孔径<30nm 时，AEW 的微孔最多，WEW 略低于 PPW，可能是木质素的去除在细胞壁产生了更多的纳米孔隙，水处理去除掉部分微孔里的杂质导致。孔径 33~95nm 时，孔的数量大小为：WEW>AEW>PPW，表明水循环处理去除了大量的中孔及大孔内的杂质，释放出更多的孔结构，可提升 GO 分散液的浸渍量。具体的孔体积分析数值见表 2-4，3 种方法测试的孔体积大小为：WEW>AEW>PPW，进一步说明 WEW 的孔体积最大，最适合 GO 分散液的浸渍。

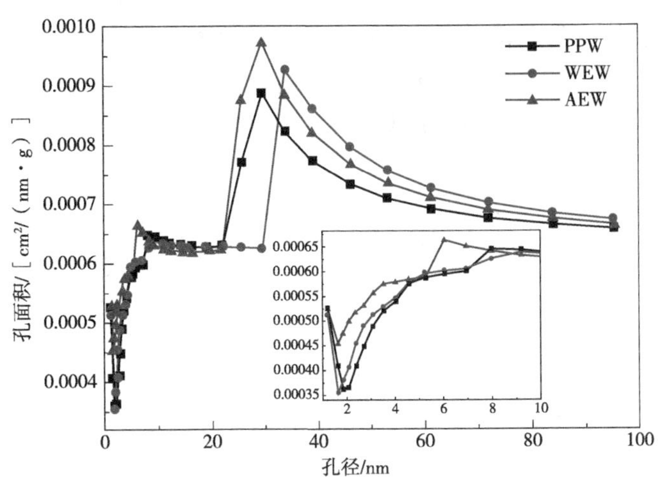

图 2-6 孔径分布曲线

表 2-4 BJH 法孔体积分析 单位：mL/g

3 种木材	总孔体积	BJH 法脱附孔体积	BJH 法吸附孔体积
PPW	0.0058	0.0074	0.0074
WEW	0.0065	0.0074	0.0078
AEW	0.0060	0.0078	0.0078

注：BJH 法是指材料中存在的各级孔径按数量或体积计算的百分率。

2.2.1.3 傅里叶红外光谱表征分析

由图 2-7 红外光谱分析结果可知，波长>3550cm^{-1}波段内，AEW 出现大量的尖峰，说明 AEW 的游离态羟基较多，致使其吸收了大量的自由水分子，波长 3427cm^{-1}处表示纤维素和半纤维素缔合态羟基的伸缩振动，波长 1642cm^{-1}处为吸附水，峰强顺序均为：AEW>>WEW>PPW，说明碱法抽提及水处理抽提产生了游离态羟基，创造了更多与 GO 发生化学结合的活性位点。波长 2920cm^{-1}、2846cm^{-1}处的吸收峰为木质素结构中的亚甲基伸缩振动，1260cm^{-1}、1459cm^{-1}、1509cm^{-1}分别归属于木材中木质素愈创木基环上碳氢键伸缩振动、甲基非对称弯曲、芳香环骨架振动，PPW 及 WEW 在这些位置的峰强一致，AEW 的明显减弱，说明结壳物质木质素得到了大量去除，是导致 AEW 内部管道结构发生坍塌的原因，破坏了木材可作为基质模板作用的孔道结构。1736cm^{-1}、898cm^{-1}处的吸收峰为半纤维素的特征峰，PPW 及 WEW 在此处的峰强一致，AEW 的明显减弱，说明碱法抽提也去除掉了部分半纤维素，加大了木材孔道结构的破坏程度。1320cm^{-1}、1370cm^{-1}、1427cm^{-1}和 1055cm^{-1}的峰形为纤维素特征峰，分别表示羟基面内弯曲、碳氧键弯曲振动、亚甲基剪切振动和碳氧键伸缩振动，三者的峰形及强度基本一致，说明水处理抽提及碱法抽提对纤维素的影响不大。水处理抽提保留的纤维素及半纤维含量最高，为 GO 提供了更多的附着点。上述特征峰的分析说明，水处理抽提保留了木材的基本骨架结构，去除了部分非细胞结构物质，创造了更多与 GO 发生化学结合的活性位点；碱法抽提去除了部分木质素及半纤维素，创造活性位点的同时也破坏了木材原有的孔道结构。

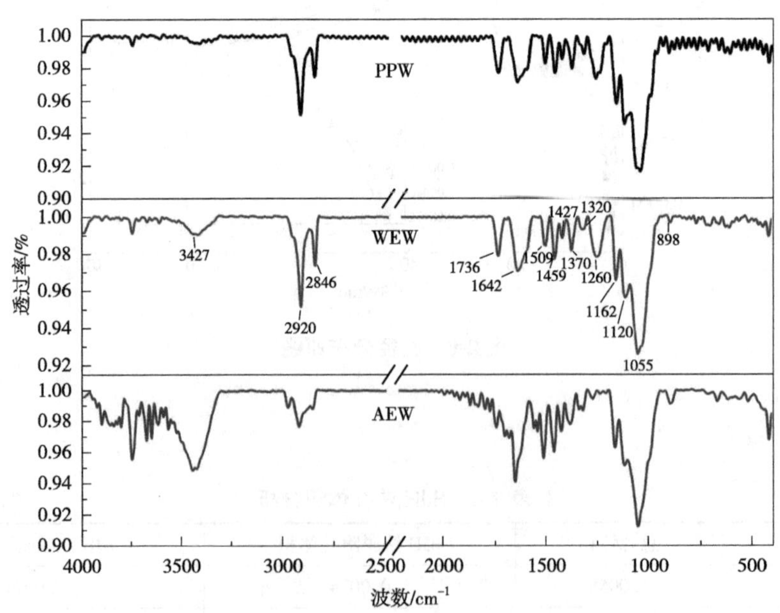

图 2-7　3 种木材基质模板的红外光谱分析图

2.2.1.4　3 种木材基质模板与石墨烯复合材料的导电性分析

由图 2-8 可知，PPW 与 GO 复合并经抗坏血酸还原后(表示为 AA-PPW@GEC)的表面电阻率为 8.015×10^{4}Ω，体积电阻率为 1.022×10^{4}Ω·cm，WEW 与 GO 直接复合并经 AA 还原后(表示为 AA-WEW@GEC)的表面电阻率为 1.884×10^{4}Ω，体积电阻率为 2.255×10^{3}Ω·cm，AEW 与 GO 直接复合并经 AA 还原后(表示为 AA-AEW@GEC)的表面电阻率为 8.61×10^{12}Ω，体积电阻率为 8.87×10^{10}Ω·cm，导电性大小的顺序为 AA-WEW@GEC>AA-PPW@GEC>>AA-AEW@GEC。原因可能是，较 PPW 而言，WEW 去除了木材机体孔隙结构中阻碍液体渗透性能的部分单宁、碳水化合物、无机盐等，提高了 GO 在木材机体中的渗透性及分布程度，方便了后续步骤中 AA 进入木材机体中对 GO 进行还原，生成了更多的 rGO。AEW 去掉大量木材结构中起骨架支撑结构的木质素，致使细胞壁结构松散柔软，且产生了更多的自由态羟基，在进行脉冲式真空浸渍时，其细胞壁表面附着一层水膜，且柔软的细胞壁像是海藻一样来回摆动，不断阻碍 GO 分子的渗透，致使 GO 的渗透性变差。同时，碱法抽提在破坏木材细胞壁刚性的同时，也起到了一定的造孔效果，致使木材机体产生大量的大孔，使浸渍到木材机体内部的 GO 在大孔里发生大量堆积，在后续抗坏血酸浸渍时，一方面抗坏血酸进入的量较少，另一方面发生有效还原的 GO 也较少，因此，生成具有导电性的 rGO 难以形成完整的三维导电网络结构，导电性较差。

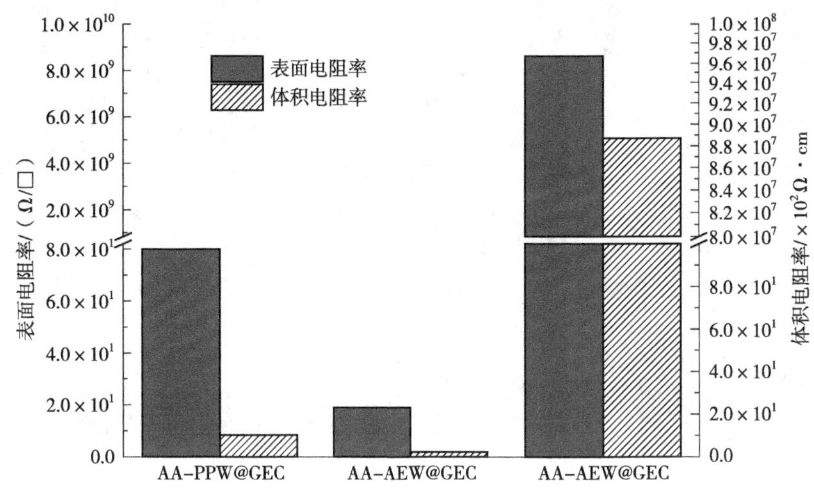

图 2-8 3 种导电木材基质模板制备导电木材的导电性能分析图

2.2.1.5 3 种导电木材的形貌结构分析

(1)宏观形貌分析

由图 2-9 可知，3 种导电木材依旧展现出木材原有的外形结构，剖切面的木材纤维结构明显，银黑色的 rGO 沿着肉眼可见的导管内壁明显分布，直观说明了 GO 分散液进入木材导管内部，并被 AA 还原成银黑色的具有导电性的 rGO。但 rGO 在 3 种基质模板木材中的分布有明显差别，AA-WEW@GEC 表面沉积的 rGO 最少，剖开的径切面和弦切面上的 rGO 紧贴导管内壁分布最均匀，导管原来的中空结构依旧保留，产生的石墨烯液晶态效应(圆圈里的白色亮点)说明 rGO 堆叠程度较小，以片层的形式连续性分布，可形成连续性的导电通路。AA-PPW@ GEC 的径切面及弦切面表面沉积的 rGO 较多，且剖开面中的 rGO 分布不均匀，尤其是材料的中部，可明显看出 GO 未进入管道的中部，说明 PPW 的天然结构中含有阻碍 GO 进入其管道结构的物质。AA-AEW@ GEC 难以保持木材原有的完整形态，出现不同程度的开裂，且 rGO 分布最不均匀，随机在 AEW 的孔道结构中发生堆叠填充，可能是 AEW 在浸渍 GO 分散液过程中其柔软的导管壁不断地截留住大量的水分子，导致失去水分子的 GO 片层彼此间距离减小，因范德华力凝聚并沉积在 AEW 的导管壁所致。

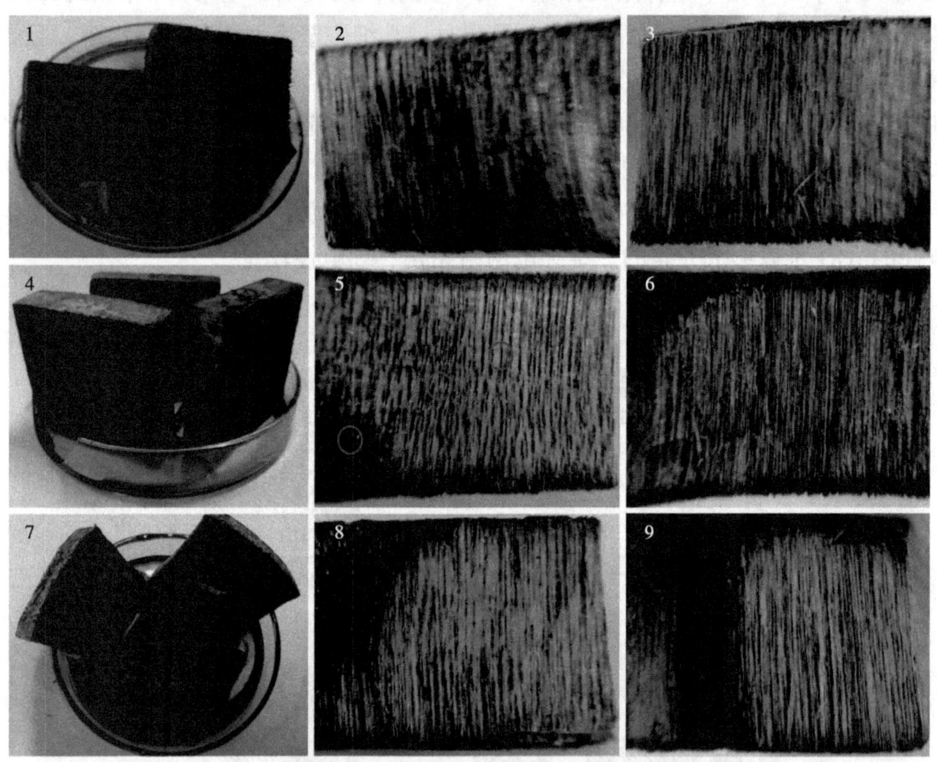

1~3. AA-PPW@GEC的外观，径切面及弦切面的剖面；4~6. AA-WEW@GEC的外观，径切面及弦切面的剖面；7~9. AA-AEW@GEC的外观，径切面及弦切面的剖面。

图 2-9　3 种导电木材的宏观形貌图

(2)微观形貌分析

由图 2-10 中可以看出，AA-PPW@ GEC 和 AA-WEW@ GEC 的径切面上 rGO 的分布比弦切面均匀，AA-WEW@ GEC 的横截面可以看出 rGO 在 WEW 结构中的有效量明显大于 PPW，其作为纳米材料与 WEW 内壁产生良好结合后形成的界面，切片制样过程中导致原子排列相当混乱并在外力变形下容易迁移，表现出很好的韧性与一定的延展性，说明 GO 进入 WEW 孔隙通道的量比进入 PPW 的多，为后续导电通路的完整性创造了条件。AEW 与 rGO 复合后，难以看出 rGO 在木材机体内部的分布，其原因可能是木材细胞壁变得非常软，一定程度上阻碍了 GO 分散液的流动，且水分子和 GO 在木材内部发生竞争吸附，水是极性分子先发生吸附，形成包覆层，导致 GO 难以与木材充分结合，形成大量的包覆灌注。因此，WEW 与 rGO 的复合效果最好。

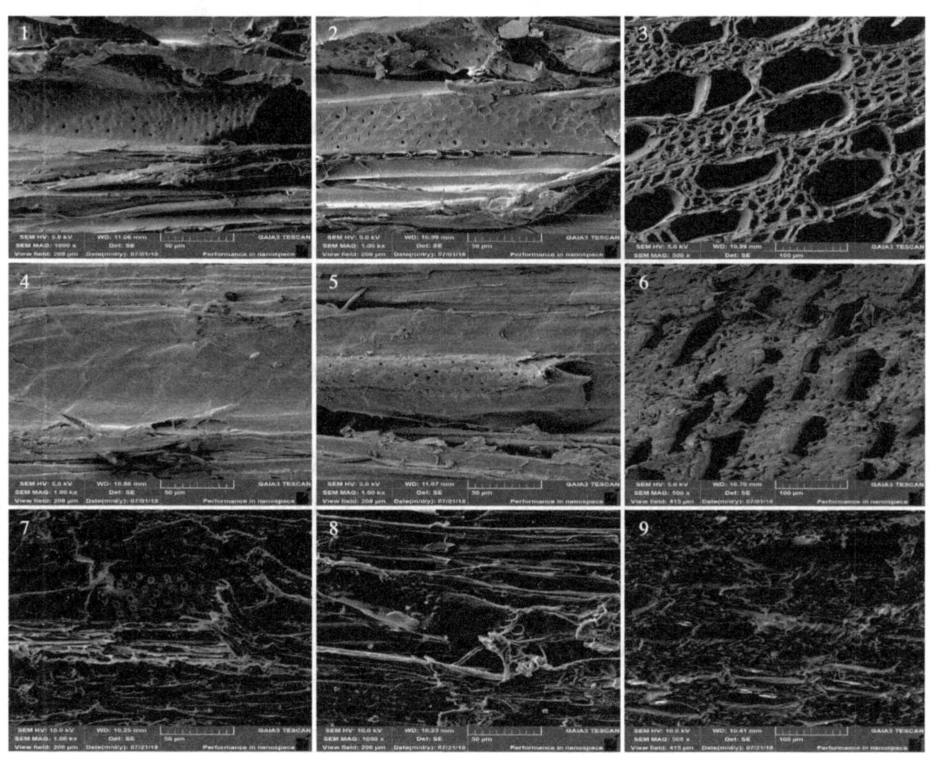

1~3. AA-PPW@GEC的径切面、弦切面及横截面；4~8. AA-WEW@GEC的径切面、弦切面及横截面；7~9. AA-AEW@GEC的径切面、弦切面及横截面。

图 2-10　3 种导电木材的扫描电镜图

(3) N_2吸附/脱附孔隙结构分析

由图 2-11 可知，3 种导电木材与前述内容对应基质模板的素材相比，吸附等温线依旧属于Ⅲ、Ⅳ混合型吸附等温线。随着压力的增加，吸附量减小，可能是负载 rGO 的量不同导致。其次，3 种导电木材相比，相对压力 P/P_0<0. 1(孔径<2nm 的微孔)时，吸附量的大小顺序为：AA-AEW@ GEC>AA-PPW@ GEC≈AA-WEW@ GEC，说明 GO 的碎片在此阶段的 AA-AEW@ GEC 孔隙中分布最少，AA-PPW@ GEC 和 AA-WEW@ GEC 的 rGO 量较接近，且保留了孔隙的中空结构。P/P_0>0. 1 后，3 种导电木材吸附量的差距随着压力的增加明显变大，吸附量的大小顺序为：AA-AEW@ GEC>AA-PPW@ GEC>AA-WEW@ GEC，说明 rGO 在 AA-WEW@ GEC 的中孔和大孔分布最多，且材料的中空孔隙结构依旧保留。

由图 2-12 的孔径分布曲线可知，孔径在 30~95nm 范围内，孔的数量 AA-WEW@ GEC>>AA-AEW@ GEC>AA-PPW@ GEC，是 WEW 去除掉了孔隙中的杂质，rGO 与 WEW

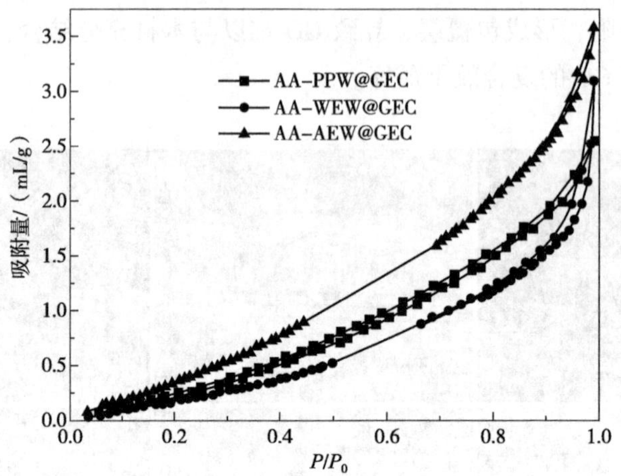

图 2-11　3 种导电木材的 N_2 吸附/脱附曲线图

的管道结构发生紧密有机结合，AEW 孔壁的柔韧性和 PPW 原有孔隙中的杂质阻碍了 GO 浸渍效果导致。孔径在 10~30nm 范围内，孔的数量 AA-PPW@ GEC>AA-AEW@ GEC>> AA-WEW@ GEC，说明此范围 rGO 在 AA-WEW@ GEC 的分布最多。孔径在 1~10nm 范围内，孔的数量 AA-AEW@ GEC>AA-PPW@ GEC>AA-WEW@ GEC，说明此范围内 AA-WEW@ GEC 孔隙里的 rGO 分布最多。因此，综合孔径分析结果，3 种导电木材中 rGO 与 WEW 的结合效果最好，在 WEW 的多尺度孔隙中均有分布。

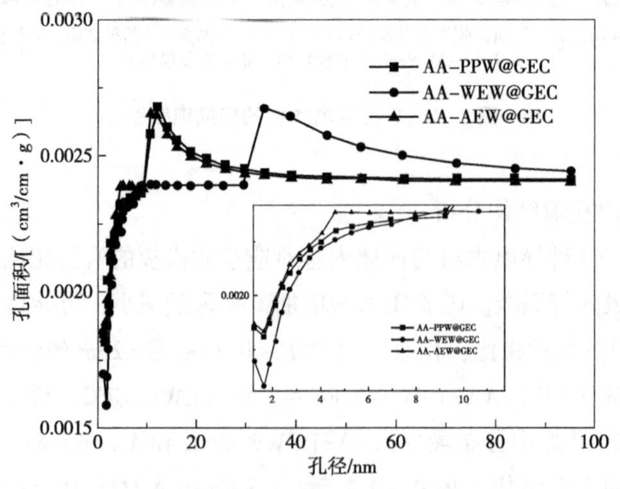

图 2-12　3 种导电木材的孔径分布曲线图

2.2.1.6　3 种导电木材的 EDS 碳氧比分析

前述内容的宏观、微观形貌像及 N_2 吸附/脱附分析结果显示，在保留木材原有的中空孔隙的前提下，rGO 在木材基质模板中沿着其三维孔隙结构分布。图 2-13 的(a)~(f)分别为 PPW、WEW、AEW、AA-PPW@ GEC、AA-WEW@ GEC、AA-AEW@ GEC 的 EDS 碳氧比例分析结果。3 种基质模板木材相比，WEW 的氧含量增高，可能是水处理抽提去除掉部分糖类、无机盐的原因。在负载 rGO 后，3 种导电木材的碳含量显著增加，氧含量降低，说明 GO 在 3 种基质模板木材中的还原程度较高，石墨烯原有的苯环结果得到了修复。AA-WEW@ GEC 的碳氧比含量最高，说明 GO 在 WEW 中的还原程度最高，释放出了更多具有导电性的 rGO。

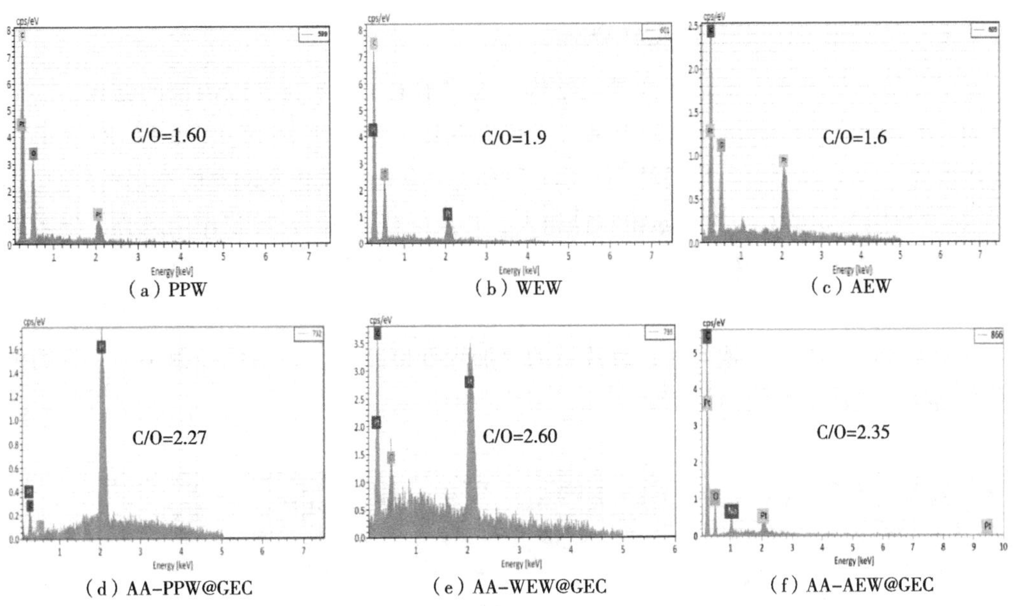

图 2-13　3 种导电木材的 EDS 碳氧化分析图

2.2.2　石墨粉粒度与 GO 分散液的关系

GO 是石墨烯材料的前驱体，其横向片层尺寸取决于最初石墨粉晶体粒径的大小，大片层 GO 具有较少的含氧基团和结构缺陷，小片层 GO 拥有大量电化学活性位点和生物相容性，易形成均一稳定的溶液。

实体木材既可作为 GO 片层依附的骨架结构，同时，其骨架结构上大量的活性含氧官能团羟基、羧基可与 GO 片层结构上的羟基、羧基发生生物相容，大大减弱了 GO 彼此间的团聚问题，方便了后续三维导电网络结构的形成。GO 能否在木材机体中均匀分布是导电木材中导电通路形成的前提，主要受 3 个因素的影响，木材自身孔隙的影响(2.2.1 部分已分析)，以及 GO 在水中的分散度和 GO 横截面的最大直径的影响。大片层 GO 结构上的含氧官能团较少，易释放出石墨烯，但其水溶性差、片层较大难以充分进入木材的多尺度结构中。小片层 GO 亲水性强，易溶于水并进入木材机体中，但除了与木材结合的含氧官能团外，其结构上还剩余过多难以充分去除的含氧官能团，直接影响着石墨烯导电性能的表达。

基于此，本部分内容选取5种不同粒径尺寸的石墨粉(粒径分别为150μm、45μm、12μm、4.0μm、1.6μm)，按照改性Hummers法制备5种GO分散液(分别命名为GO_1、GO_2、GO_3、GO_4、GO_5)，利用场发射扫描电子显微镜和原子力显微镜对5种GO分散液的形貌、片层厚度及横向最大尺寸进行分析，利用傅里叶红外光谱、X射线光电子能源及拉曼光谱分析其氧化程度和5种GO的黏度与浸渍木块前后体积、浓度变化的关系，并从5种导电木材的电阻率、形貌、成分等角度分析差异，得出GO与木材复合的最佳尺度。

2.2.2.1　前驱体GO的形貌表征分析

鉴于实体木材具有完整的孔隙骨架结构，为模拟GO在木材孔隙内部的结构，将同等浓度的GO分散液直接滴在导电胶上进行干燥并测试，由图2-14可知，5种GO在同一放大倍数条件下均呈现大面积片层结构。GO_1和GO_2中有未被氧化及剥离的石墨粉(图中虚线圈所示)，可能是制备GO的石墨粉粒径越大，片层之间的π-π堆积作用越强，导致制备过程中的氧化剂难以充分插层到石墨粉片层进行充分氧化剥离。5种GO出现的褶皱(实线圈所示)为片层上羟基、羧基、环氧基及片层间的包覆水导致，褶皱层状结构随着制备原料石墨粉粒径的减小越来越均匀，且片层的叠加程度也减弱，说明粒径越小，石墨粉的剥离程度越高，整体结构较为均匀。

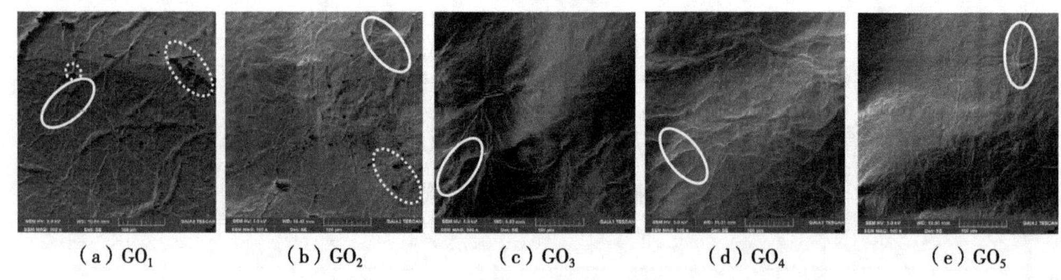

(a) GO_1　(b) GO_2　(c) GO_3　(d) GO_4　(e) GO_5

图2-14　5种GO形成的膜状微观形貌图

为进一步观察5种GO相对独立下的片层分布，本次试验又通过高度超声分散的方式将GO分散液进一步处理并滴加到云母片上进行微观分析。由图2-15(a)~(e)分别可知，随着粒径的减小，GO片层的横截面积越来越小，且彼此间在干燥过程中更容易发生叠层聚合，利用Image J软件进行统计分析，由图2-15(f)可知，同一粒径石墨粉制备的GO分散液，其片层横向尺寸总体呈现一定的规律，但片层大小也不全相等，正好与木材的多尺度孔隙对应。统计得到GO_4、GO_5的片层大小相差不大，可能是片层小的GO彼此间聚合导致，总体片层的横向尺寸在5μm以下。图2-15(g)表明，不同粒径石墨粉制备GO的碳氧比呈现降低趋势，说明制备原料石墨粉粒径直接影响着GO的氧化程度，对后续GO与木材的化学键合产生明显影响。

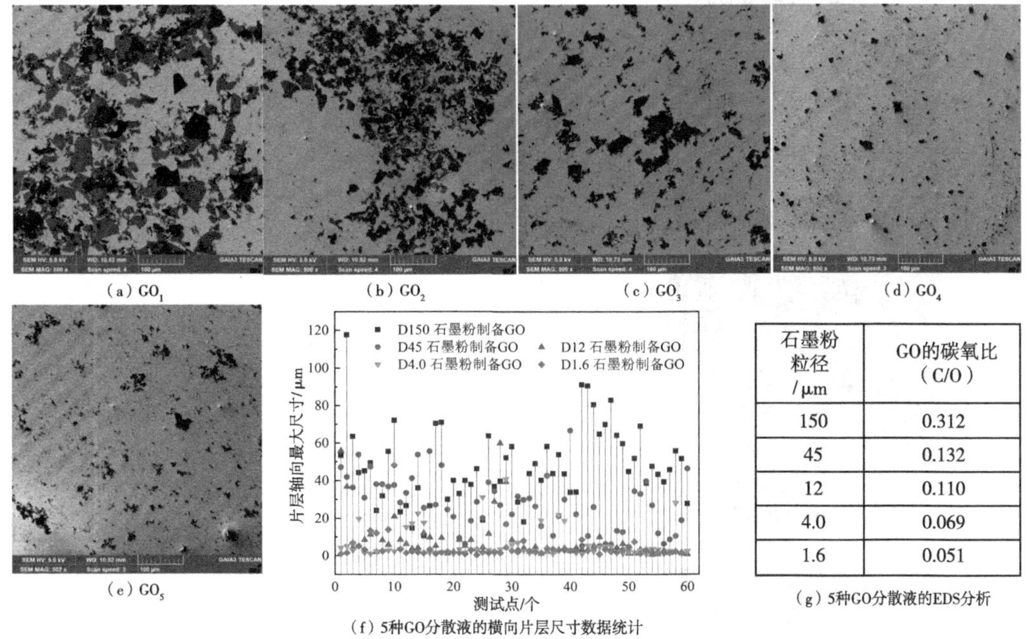

石墨粉粒径/μm	GO的碳氧比（C/O）
150	0.312
45	0.132
12	0.110
4.0	0.069
1.6	0.051

(a) GO_1　(b) GO_2　(c) GO_3　(d) GO_4　(e) GO_5

(f) 5种GO分散液的横向片层尺寸数据统计

(g) 5种GO分散液的EDS分析

图 2-15　5 种粒径石墨粉制备 5 种 GO 分散液的微观形貌、尺寸分布及 EDS 分析图

原子力显微镜是表征石墨烯和 GO 层数最直观的手段，可以通过表面形貌及厚度确定其存在。由图 2-16 可知，随着制备 GO 石墨粉粒径的减小，GO_1横向片层尺寸最大，其次是 GO_2、GO_3、GO_4、GO_5。GO_1厚度达到 20.832nm，是由于 GO_1片层较大，且氧化程度较差，导致片层间彼此叠加，并且片层间包覆水分子导致。其余 GO 片层厚度在 1.5nm 左右，为单层 GO，GO_5厚度略大于 GO_4，GO_5厚度略增加的原因是 GO 片层小，且氧化最为充分，导致单片层上的羧基与羟基彼此间形成氢键，致使片层发生一定扭曲，厚度略有增加。

由原子力显微镜和场发射扫描电子显微镜分析结果可知，随着制备原料石墨粒径的减小，GO 片层横截面积相应减小，且氧化程度提高，既满足了木材多尺度孔隙尺寸的要求，又有更多的亲水性基团与木材发生化学键合。

2.2.2.2　GO 的拉曼光谱分析

拉曼光谱分析是一种被广泛应用于碳材料结构表征的无损检测技术，拉曼散射光线中的频移量跟样品分子的振动转动能量有关，反映了样品分子的振动和转动能级信息。因此，对分析样品分子中原子团及化学键的类型，了解物质分子结构具有重要价值。GO 的 CRM 图主要包含 D 峰和 G 峰，D 峰来自芳香环 sp^2杂化的碳原子对的径向振动，反映了石墨烯内部结构的缺陷情况；G 峰是碳环或者长链中 sp^2杂化的原子对拉伸运动所致，代表着石墨烯结构的对称性和有序度。实际研究中通常以 D 峰与 G 峰的峰强比(I_D/I_G)来表示石墨烯的无序度，比值越大，说明无序度越大，缺陷越多。如图 2-17 所示，5 种 GO 的吸

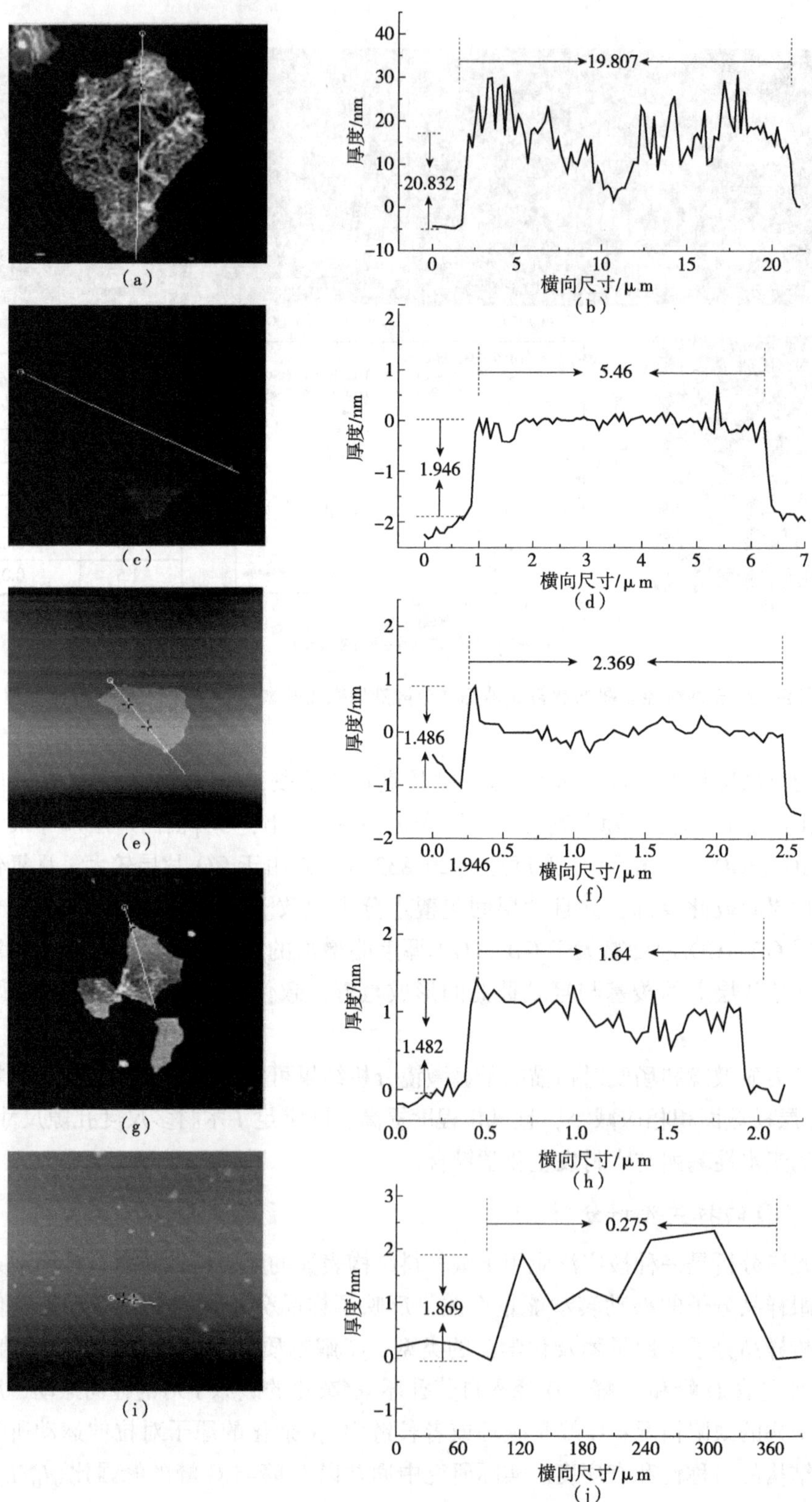

图 2-16　5 种 GO 的原子力显微镜分析图

收峰位置相同，且主要由两个典型的峰组成：D 峰(1353cm^{-1})和 G 峰(1582cm^{-1})，说明 5 种 GO 制备成功。图中 I_D/I_G 值的大小顺序为：$GO_4>GO_3>GO_5>GO_2>GO_1$，说明 GO_4片层结构上的游离态含氧官能团最多。位于 2675cm^{-1}的峰为 2D 峰，其由碳原子中两个具有反向动量的声子双共振跃迁而引起，2D 峰的宽度与石墨烯层数成正比，而其强度与石墨烯层数成反比，图中 2D 峰的强度顺序为：$GO_1>GO_2>GO_3>GO_4\approx GO_5$，说明 GO_4和 GO_5的片层彼此间容易分离，在后续木材浸渍的试验中方便与木材的复合。

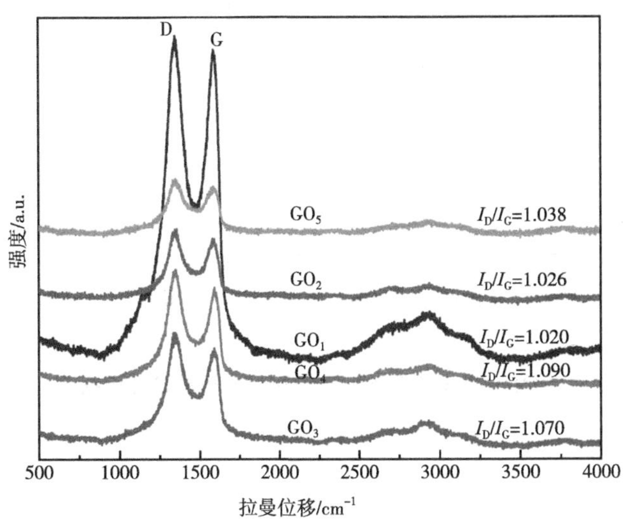

图 2-17 5 种 GO 的拉曼光谱分析图

2.2.2.3 GO 的 X 射线光电子能谱分析

为进一步确定不同粒径石墨粉制备 GO 含氧官能团的种类及含量，本次试验进行了 X 射线光电子能谱分析，图 2-18 显示了 5 种 GO 的碳氧比精确数值，与上述 EDS 结果一致，与文献显示的 GO 的氧化程度随着石墨粉粒径的减小而提高相符。

图 2-19 中，(a)、(b)分别为 GO_1的 C1s 和 O1s 分峰图，(c)、(d)分别为 GO_2的 C1s 和 O1s 分峰图，(e)、(f)分别为 GO_3的 C1s 和 O1s 分峰图，(g)、(h)分别为 GO_4的 C1s 和 O1s 分峰图，(i)、(j)分别为 GO_5的 C1s 和 O1s 分峰图。C1s 分峰图中共拟合出 4 个峰，电子结合能分别为 284.6eV(C-C/C=C)、284.6eV(C-O)、287.8eV(C=O)和 289.5(O-C=O)。随着制备原料石墨粉粒径的减小，C-C/C=C 含量逐渐减少，进一步说明制备原料石墨粉的粒径越小，GO 片层结构上的含氧官能团越多。但 GO 片层及边缘结构上的含氧官能团中只有-COOH 和-OH 可与木材中的大量-OH 及少量-COOH 发生化学键合作用，氧化程度不能直接作为判断木材与 GO 可进行复合的直接依据，5 种 GO 包含有-OH 和-O-C-O 的 C-O 强度顺序为：$GO_3>GO_1>GO_2>GO_5>GO_4$，O-C=O 数量的顺序为：$GO_4>GO_1>GO_2>GO_5>GO_3$。

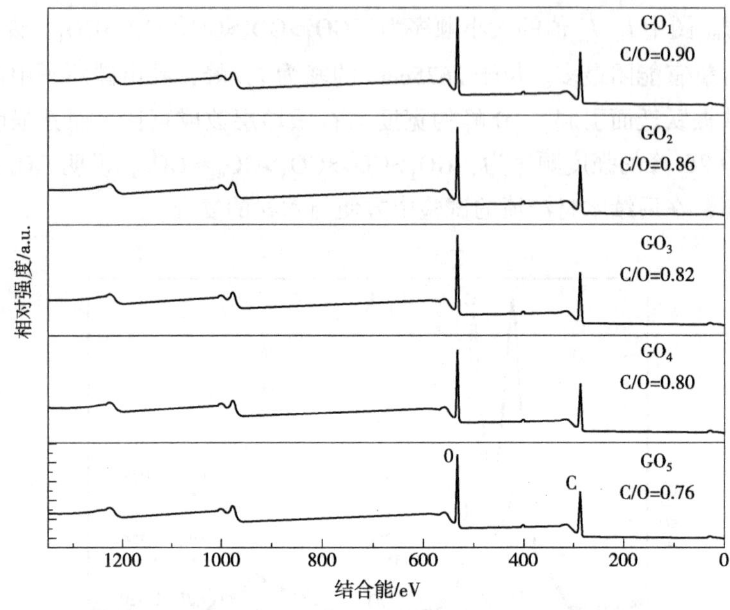

图 2-18　5 种 GO 的 X 射线光电子总谱分析图

2.2.2.4　GO 的傅里叶红外光谱分析

傅里叶红外光谱分析是一种被广泛应用于表征物质的化学组成、分子层次结构及分子间相互作用力的技术。GO 中各种化学键在红外光照射下能进行选择性吸收，形成吸收光谱，由此可对 GO 进行定性分析，确定其中存在的官能团及化学键类别。由图 2-20 可知，不同粒径石墨粉制备的 GO 在进行红外光谱分析时，其出峰位置基本一致，在 3596cm^{-1}和 1426cm^{-1}左右的位置分别属于-OH 的振动吸收峰和变形吸收峰，1726cm^{-1}左右的位置为羰基(C＝O)的伸缩振动吸收峰，1226cm^{-1}左右的位置为环氧基(C-O)的伸缩振动峰，1052cm^{-1}左右的位置为烷氧基(C-O)的伸缩振动峰，1620cm^{-1}左右的位置为吸附水分子的变形振动峰，上述官能团的出现说明 GO 制备的成功。其中，直接反映游离态-OH 的峰值为 3596cm^{-1}处的特征峰，其峰强顺序为：$GO_5 \approx GO_4 > GO_3 > GO_2 \approx GO_1$，说明 GO_5和 GO_4含有的可与木材发生化学键合的-OH 最多；代表环氧基的峰值为 1226cm^{-1}处的特征峰，其峰强顺序为：$GO_3 > GO_5 > GO_2 > GO_1 > GO_4$，说明 GO_4中含有的不可参与与木材化学键合的含氧官能团环氧基最少。综合红外光谱及 X 射线光电子能谱分析的游离态-OH 及-COOH 信息可知，GO_4含有最多的游离态-COOH 和-OH，最有利于与木材中大量的游离态-OH 及-COOH 发生化学键合。下面的内容则通过 GO 与木材的复合进行验证分析。

2.2.2.5　GO 前驱体尺寸对材料导电性能的影响

由图 2-21 可知，上述制备的同一浓度、同一体积量的 5 种 GO 分散液的黏度随着制备原料石墨粉粒径的减小，逐渐降低，可能是大片层 GO 上的含氧官能团较少，GO 的疏水

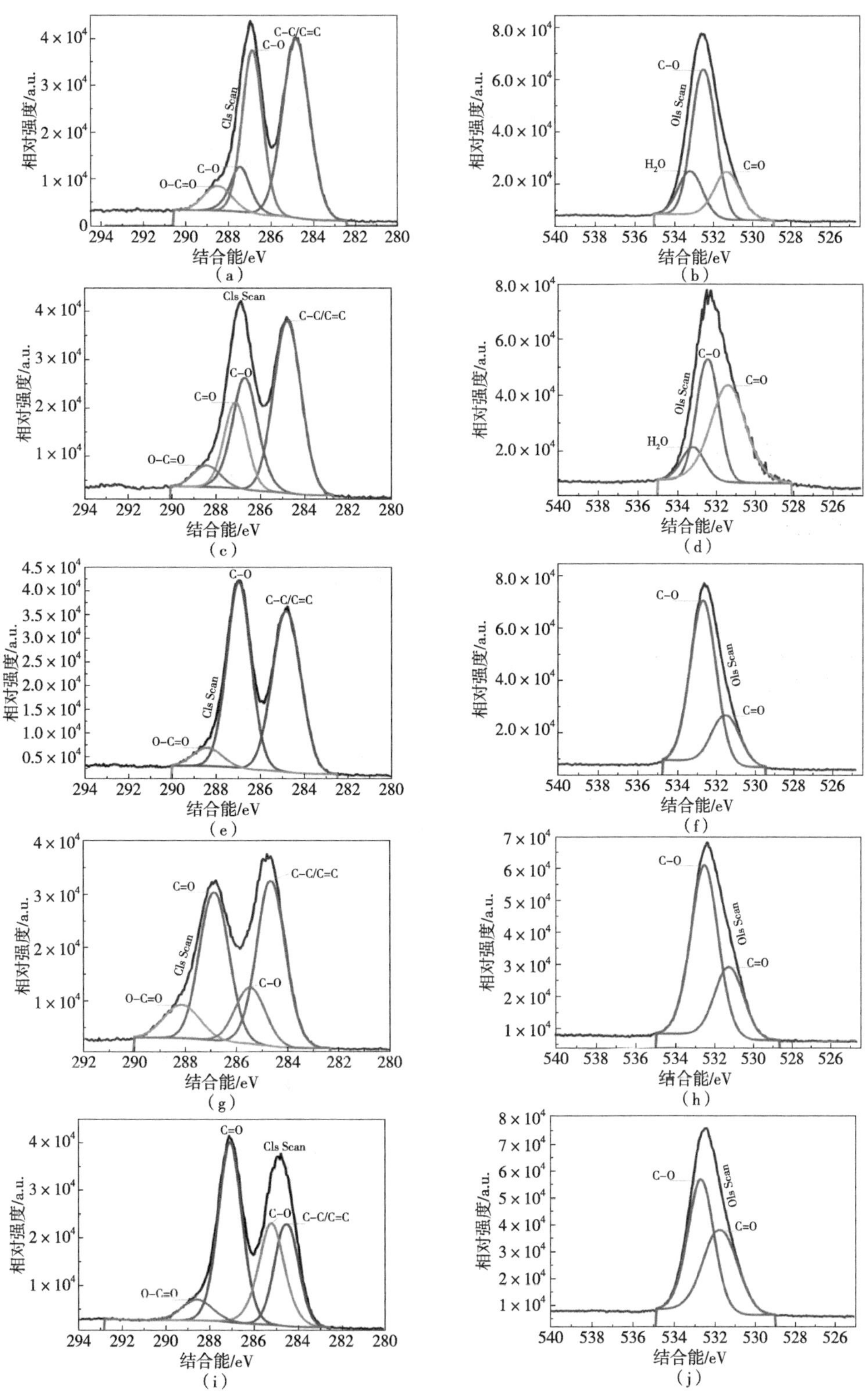

图 2-19　5 种 GO 的 C1s 和 O1s 分峰分析图

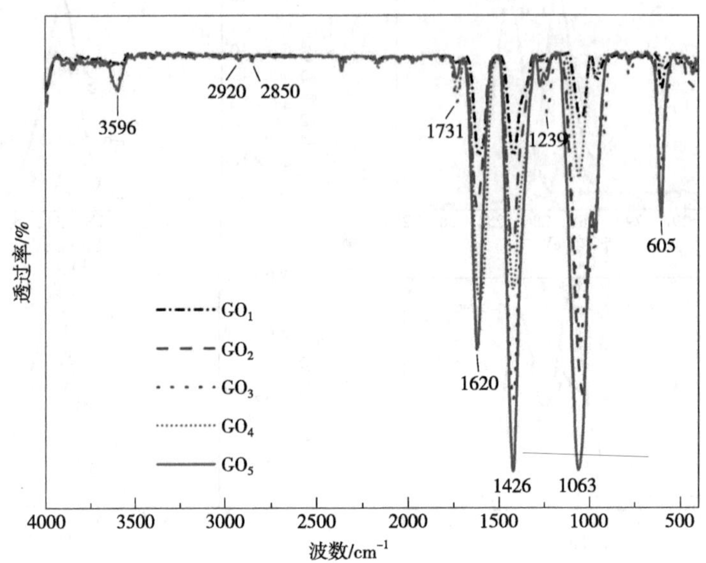

图 2-20　5 种 GO 的红外光谱分析图

性较强，GO 片层彼此间的 π-π 堆积作用导致片层发生黏附导致。在浸渍同一批次的 WEW 后，5 种 GO 分散液的体积逐渐减小，GO_1、GO_2 分散液的浓度增加，GO_3、GO_4、GO_5 分散液的浓度逐级减小，说明黏度越大，浸渍效果越差，其原因可能是片层横向尺寸较大，且黏度较大的 GO 分散液浸渍进入到 WEW 中的有效 GO 量较小，水分较多，粒径较小的 GO 分散液浸渍到 WEW 的有效成分 GO 量较多。

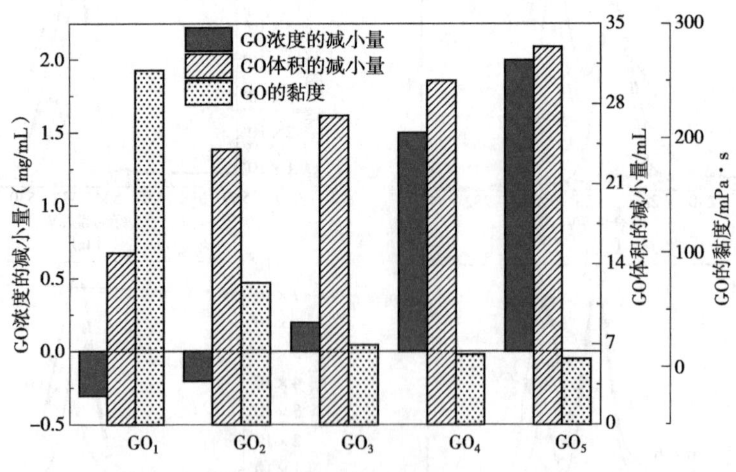

图 2-21　5 种 GO 黏度及浸渍木材前后浓度、体积变化率分析图

然后，再将浸渍过 5 种 GO 分散液的木材再次采用脉冲式真空浸渍法浸渍到同一浓度的 AA 溶液，并在高压蒸气灭菌锅(0.165MPa，100℃，2h)中使 AA 进一步与 WEW 中的 AA 充分结合并反应，最后在 60℃的烘箱中将样品干燥 24h 得到 5 种导电木材，分别表示为：AA-WEW@ GEC_1、AA-WEW@ GEC_2、AA-WEW@ GEC_3、AA-WEW@ GEC_4、AA-WEW@ GEC_5，利用体积电阻率仪测试其导电性能，如图 2-22 所示的体积电阻率及表面电阻率结果，可直接看出导电性的大小顺序为：AA-WEW@ GEC_1>AA-WEW@ GEC_2>AA-WEW@ GEC_3>AA-WEW@ GEC_4>AA-WEW@ GEC_5，且衡量导电性的表面电阻率与体积电阻率的差距越小，说明有效导电成分 rGO 越多，分布越均匀。大粒径石墨粉制备的 GO 分散液浸渍 WEW 时，由于片层横截面积较大致使其在木材孔隙表面形成一层膜，使 GO 的浸渍过程减弱，表面电阻率小于体积电阻率。随着粒径的减小，通过浸渍进入木材机体中有效的 GO 达到饱和，导电性能在 GO_4时已达到最好。

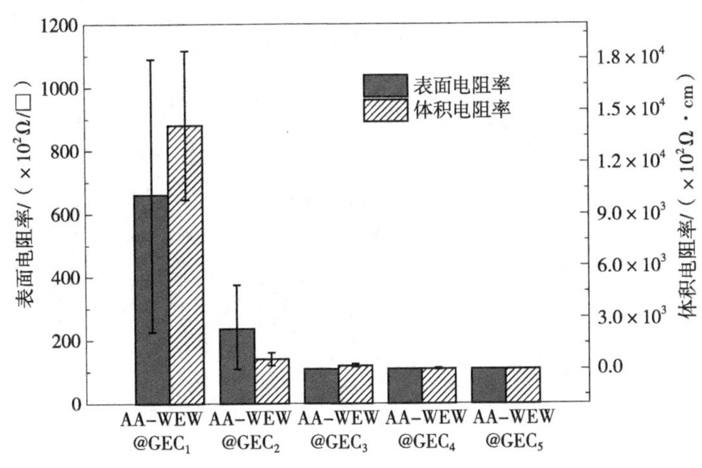

图 2-22 5 种导电木材的导电性分析图

2.2.2.6 5 种导电木材的形貌结构分析

由于 rGO 沿着木材孔隙管壁以物理及化学作用紧紧贴附，保持了木材原有的中空孔隙结构。图 2-23 中 A~E 分别代表同一浓度的 GO_1、GO_2、GO_3、GO_4、GO_5与木材进行复合并利用 AA 还原后的导电木材，1 代表径切面，2 代表弦切面，3 代表横截面。图中可明显看出，GO_1、GO_2只在木材表面有大量沉积，难以渗透到木材内部；GO_3可进行一定量的渗透，在径切面渗透得较为均匀，弦切面不均匀；GO_4的 rGO 在木材的 3 个切面渗透性都较为均匀，在径切面和弦切面上由于 rGO 的均匀分布均出现五彩斑斓的液晶态效应，说明在木材孔隙管壁原位生长出的 rGO 连续均匀分布、堆叠程度小，致使光透过性效果好。从这些材料横截面颜色的变化也可以看出，木材原有的棕黄色逐渐减弱，rGO 在大孔孔隙内部生长较多，中孔及微孔内较少，致使其颜色由深到浅，rGO 在木材内部是以连续薄层形式紧密与木材的导管壁、木纤维管壁及木射线管壁结合，保留了木材原有的中空孔隙结构。GO_5的 rGO 只在径切面产生液晶态效应，且从 3 个切面可以看出切面上的颜色差异大，说

明 GO_5的 rGO 在木材机体内部的分布没有 GO_4的均匀，可能是 GO_5的片层在脉冲式真空浸渍过程中在木材机体内部的堆叠现象加重导致。

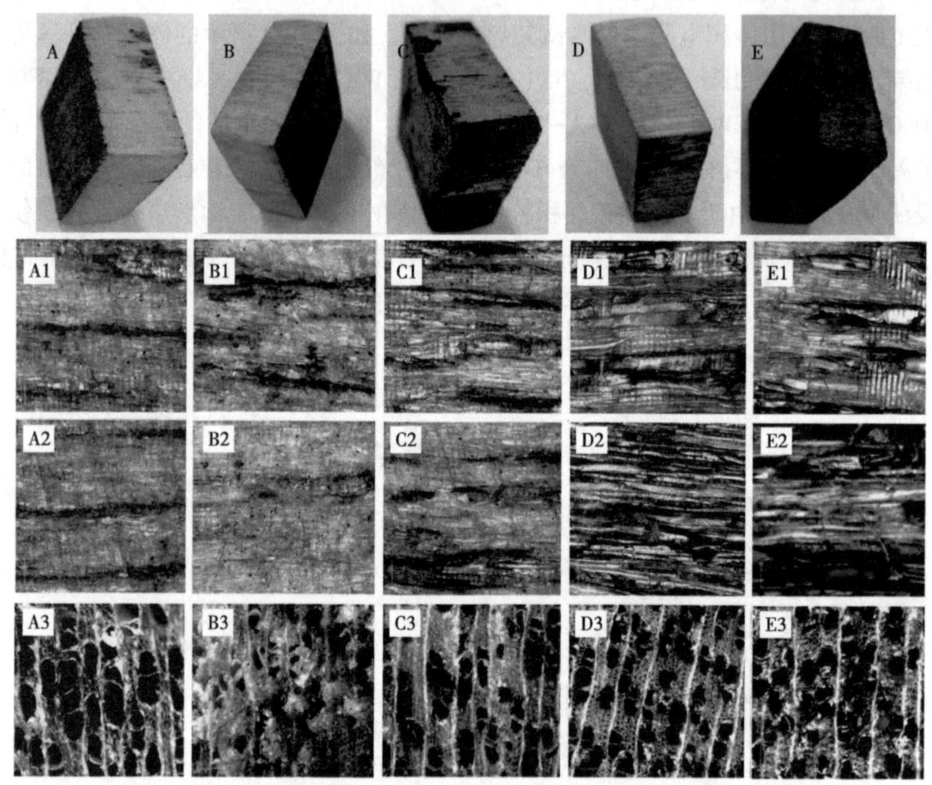

A~E. 分别为AA-WEW@GEC_1、AA-WEW@GEC_2、AA WEW@GEC_3、AA-WEW@GEC_4、AA-WEW@GEC_5的宏观形貌图；A1~A3. 分别为AA-WEW@GEC_1的径切面、弦切面及横截面的OLS图；B1~B3. 分别为AA-WEW@GEC_2的径切面、弦切面及横截面的OLS图像；C1~C3. 分别为AA-WEW@GEC_1的径切面、弦切面及横截面的OLS图；D1~D3.分别为AA-WEW@GEC_4的径切面、弦切面及横截面的OLS图像；E1~E3. 分别为AA-WEW@GEC_5的径切面、弦切面及横截面的OLS图。

图 2-23　5 种导电木材的宏观及激光显微图

为进一步分析 rGO 与木材的关系，本部分进行了 FE-SEM 图像分析，如图 2-24 所示，GO_1和 GO_2的 rGO 在木材的孔隙内部有大量枝丫状沉积，从横截面上可以看出 rGO 分布极不均匀，尤其容易造成部分孔隙的拥堵，GO_4在 WEW 中原位生长的 rGO，在木材的管孔、木纤维、木射线、纹孔孔隙里以明显的薄层形式与 WEW 孔壁紧密结合，保留了木材原有的中空孔隙结构。GO_5除了在木材孔隙内壁填充外，在较小孔隙的木纤维里形成 rGO 局部厚度方向的重度重叠，一定程度上影响了 rGO 导电通路的畅通。

2.2.2.7　N_2吸附/脱附孔隙结构分析

木材的孔隙多尺度跨度较大，5 种 GO 的浸渍程度主要在于微孔及小孔的差异明显程度，为进一步得出 5 种 GO 在木材微观孔隙的分布，本部分内容依旧采用 N_2吸附/脱附对孔隙结构进行了分析。由图 2-25 可知，随着压力的增加，5 种导电木材的吸附量均比

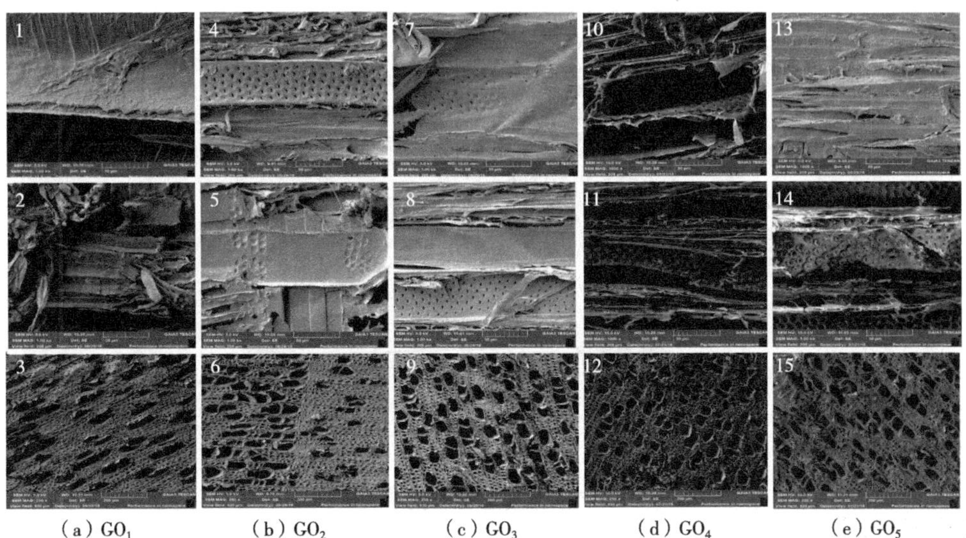

(a) GO_1　(b) GO_2　(c) GO_3　(d) GO_4　(e) GO_5

1~3. AA-WEW@GEC_1的径切面、弦切面及横截面的SEM图像；4~6. AA-WEW@GEC_2的径切面、弦切面及横截面的SEM图像；7~9. AA-WEW@GEC_3的径切面、弦切面及横截面的SEM图像；10~12. AA-WEW@GEC_4的径切面、弦切面及横截面的SEM图像；13~15. AA-WEW@GEC_5的径切面、弦切面及横截面的SEM图像。

图 2-24　5 种导电木材的 SEM 图

WEW 低，且 GO 的横向尺寸越小，吸附量越低，其原因是脉冲式真空浸渍 GO 分散液后，孔隙会减小，横向尺寸越大，同等浓度下的黏度也越大，只有部分 GO 浸渍到木材机体内部，且在木材表面发生拥堵，形成较厚的膜，致使孔隙被堵塞，难以吸附 N_2，导致其吸附量随着石墨粉制备粒径的增加而减小。在最大压力处各材料的吸附量依次是 WEW、AA-WEW@ GEC_4、AA-WEW@ GEC_1、AA-WEW@ GEC_5、AA-WEW@ GEC_3、AA-WEW @ GEC_2，其原因可能是 WEW 未经浸渍 GO 分散液，其孔隙最发达，吸附量也最大，GO_1 的黏度、片层横向尺寸最大，导致其进入木材机体内部的 GO 很少，在压力增大时 N_2 冲破表层 GO 的阻碍，在木材机体内部有较好的吸附。GO_1、GO_3进入木材机体内部的量逐渐增加，在表面的 GO 拥堵量减少，因此吸附量增加。GO_5分散液在脉冲式真空浸渍过程中的量最大，致使其孔隙内部填充更多的 GO，导致吸附量较小。GO_4分散液浸渍木材后，进入其中的 rGO 有效量与木材的孔隙达到了完美结合，保留了木材原有的孔隙结构，达到最佳分布，是最理想的处理方式。

由图 2-26 可知，孔径<10nm 时，WEW 的微孔最多，后面依次是 AA-WEW@ GEC_3、AA-WEW@ GEC_2、AA-WEW@ GEC_5、AA-WEW@ GEC_4、AA-WEW@ GEC_1。孔径 10~34nm 时，AA-WEW@ GEC_2和 AA-WEW@ GEC_3的 12nm 孔隙量达到最多，且 AA-WEW@ GEC_3的 12nm 孔隙量达到最大，AA-WEW@ GEC_5的 16nm 的孔隙量最多，AA-WEW@ GEC_1的 19nm 孔隙量最多，WEW 和 AA-WEW@ GEC_4在 2~30nm 之间孔隙量趋势一致，孔隙量最少，二者在 33nm 达到最多，且 WEW 的孔隙量量大于 AA-WEW@ GEC_4，33nm 之后 6 种木材的部分中孔及大孔孔隙量均减小，同等尺度孔隙量的差距也逐渐缩小并趋于稳

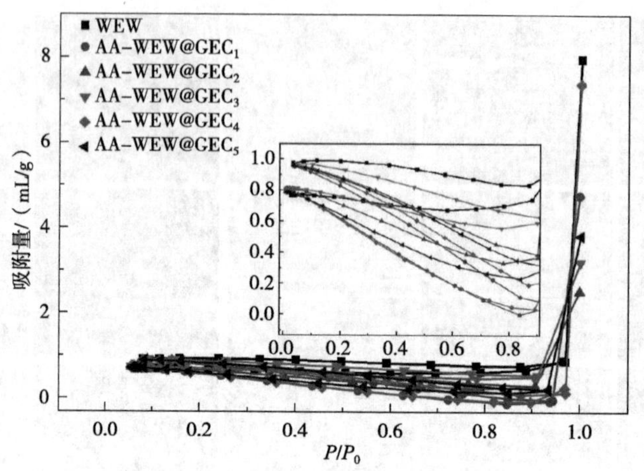

图 2-25 5 种导电木材的 N_2 吸附/脱附曲线

定，说明 GO 尺寸对 WEW 孔隙的表达有一定的影响作用。孔径<20nm 时，GO 分散液的横向尺寸越大，黏度越大，致使分布在这类孔隙表面的作用也明显，使得 N_2 难以冲破表面 GO 的拥堵进行渗透。AA-WEW@ GEC_4 与 WEW 趋势一致，其他导电木材都提前出现更小的孔隙最大值，说明 AA-WEW@ GEC_4 的 GO 与 WEW 的孔隙匹配度最高，可以达到最佳的复合效果。

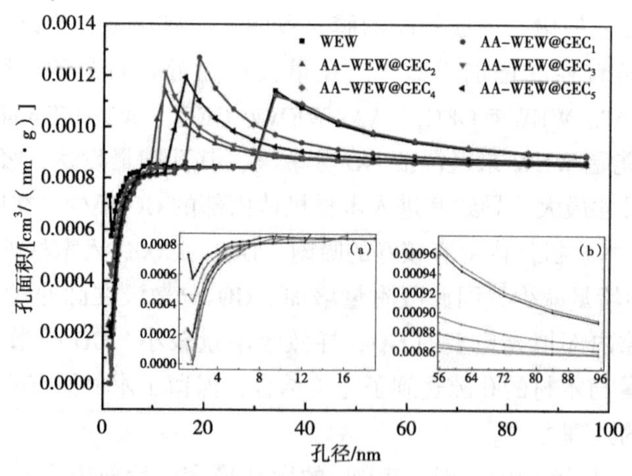

图 2-26 5 种导电木材的孔径分布曲线

2.2.2.8 5 种导电木材的傅里叶红外光谱分析

由图 2-27 可知，5 种导电木材在进行红外光谱分析时，其出峰位置基本一致，在 3956cm^{-1}、1620cm^{-1} 处对应-OH 的伸缩振动和弯曲振动，2920cm^{-1}、2851cm^{-1} 对应纤维素及半纤维-CH 的伸缩振动及弯曲振动，1741cm^{-1}对应半纤维素中的 C=O 伸缩振动，1647cm^{-1}、1509cm^{-1}、1459cm^{-1}处特征吸收峰是木质素苯环的骨架变形振动及 C-H 弯曲振动，1252cm^{-1}处为 C-O 非对称伸缩振动，1047cm^{-1}位置为醚键(C-O-C)。AA-WEW@ GEC_4的上述峰值均比其他 4 种导电木材的小，是由于 GO_4与木材均匀复合，其片层结构上的-OH、-COOH 与木材结构中纤维素、半纤维上的-OH、-COOH、-C=O 以酯键的形式充分复合，导致 WEW 中这些官能团的减少，同时，经还原后的 rGO 以片层形式紧紧贴附在 WEW 的管壁，与木质素结构上的苯环形成 π-π 堆积作用，阻碍了部分官能团强度的表达。以上分析综合说明，GO_4与木材机体的复合最好，且在木材机体内部还原程度最高。

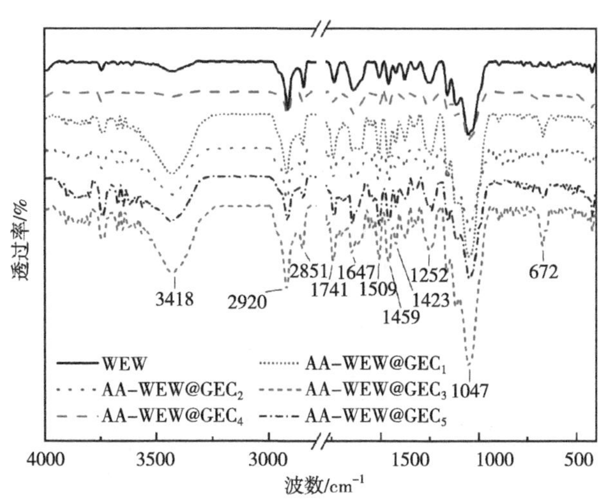

图 2-27　5 种导电木材的 FTIR 分析图

2.2.2.9　5 种导电木材的同步热分析

由于 5 种 GO 在 WEW 中原位生长 rGO 分布的差异性较大，难以从成分分析的角度进行统一分析，本部分采用 TG-DSC 间接进行成分分析。图 2-28 的(a)~(e)分别为 5 种导电木材 TG-DSC 曲线，可以看出，5 种导电木材的失重曲线差异不大，但吸热、放热有明显区别，温度<100℃的吸热量来源于导电木材中的自由水，AA-WEW@ GEC_4的吸热量最小，说明此复合材料中存在的游离态-OH 最少，吸附的自由水最少，与红外光谱分析结果一致，其原因可能是木材与 rGO 的结合较为紧密、均匀所致。380℃处的吸热来源于木材中半纤维素及部分纤维素的分解，产生一个尖锐的放热峰，AA-WEW@ GEC_4的放热峰最小且峰形右移，说明此材料中 GO_4与木材中-OH、-COOH 的结合程度更大，提高了木材中半纤维素及纤维素的稳定性。从 500℃时纤维素及部分木质素的分解可看出，AA-WEW@ GEC_1及 AA-WEW@ GEC_4有一个轻微的放热肩峰，为木材结构中负载的 rGO 片层结构上剩余的少量-OH、-COOH，AA-WEW@ GEC_1的峰形较小的原因可能是 GO_1片层上的含氧官能团本来就少，AA-WEW@ GEC_4峰较小的原因是除了与木材键合的含氧官能团

外，剩余的含氧官能团充分被 AA 还原脱落。在 650℃附近，AA-WEW@ GEC_1的持续降低是木材中木质素持续分解的原因，AA-WEW@ GEC_4的放热峰最小，并趋于稳定，可能是 GO_4与木材的化学键合紧密，且还原出来的 rGO 还原程度较大，与木材内壁之间的 π-π 堆积作用阻碍了木材成分的分解，AA-WEW@ GEC_5内部的 GO 氧化程度太高，导致片层上剩余的含氧官能团较多。因此，通过 TG-DSC 分析可知，GO_4与木材的键合及在木材内部的还原程度最大，且明显提高了木材的热稳定性。

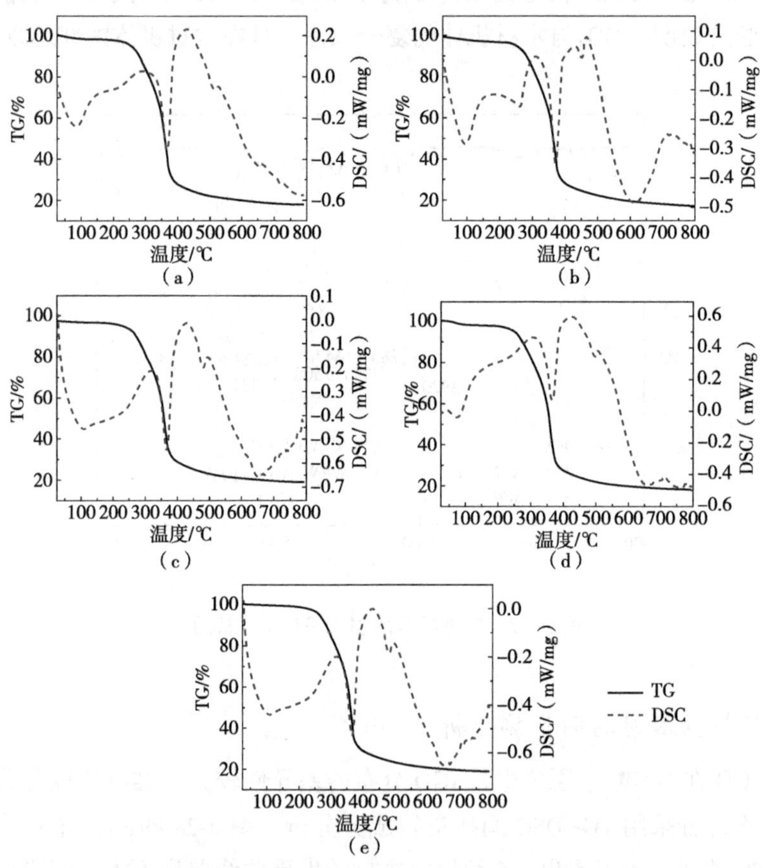

图 2-28　5 种导电木材的 TG-DSC 分析图

2.3　本章小结

木材与 GO 复合过程中，其基质模板的中空结构直接影响着 GO 前驱体的分布效果，同时，GO 虽然为纳米片层结构，其横截面积和亲水性能是影响真空浸渍效果的重要因素。因此，本章内容通过对实体木材基质模板的制备，选出了最佳木材基质模板的预处理工艺，并对其结构与性能进行了表征。同时，也确定了 GO 作为前驱体的制备工艺并对其性能进行了研究，具体结论如下：

(1)实体木材基质模板的制备工艺

水处理抽提法(将预先锯切好的杨木试材进行80℃水浴处理2h，之后移至冰箱(-18℃)冷冻2天，之后再次水浴处理，对这一“水浴+冷冻”过程循环进行，直至水浴后的液体颜色澄清透明。在保证木材原有基本性能的前提下，可去除掉运输加工过程产生的泥沙、木屑，以及木材机体中的单宁、糖类、无机盐等，充分地提高木材的渗透性。

形貌结构及成分分析显示出WEW保持了PPW原有的基本骨架结构，孔隙结构清晰，无杂质阻碍，方便了后续GO的浸渍效果。3种木材与石墨烯的复合结果表明，GO畅通地进入木材的多尺度空隙结构中并发生充分还原，WEW孔隙结构中原位生长出的rGO最多，且rGO在WEW中的分布最均匀，连续性好，形成了完整的导电通路，有利于电子的穿行。

(2)GO前驱体的最优制备工艺及性能表征

改性Hummers法制备的GO可与木材发生复合，但制备GO的原料石墨粉的粒径直接影响着GO与木材的复合效果。在选取石墨粉的粒径为4.0μm时，制备的GO横向片层尺寸为1.6nm左右，拥有最多可与木材发生化学键合的自由态-COOH和-OH，能以分散液的形式进入木材的多尺度孔隙并与木材原位结合，在AA还原的条件下生成连续性的rGO导电通路。

SEM及N_2吸附/脱附孔隙结构分析表明，GO_4可到达木材的多尺度孔隙，在木材孔隙内部原位生长的rGO在木材的3个方向渗透性都较为均匀，以连续薄层的形式在木材孔隙内壁与木材紧密结合，保留了木材原有的中空孔隙结构，形成了完整的导电通路。傅里叶红外光谱分析结果表明，GO_4生成的rGO与木材以酯键及氢键的方式发生化学键合，还原程度最大，导电效果最好，明显提高了木材的热稳定性。

3 绿色化学法制备木材/石墨烯导电材料

在人类历史发展的长河中，木材作为一种天然材料，在众多领域一直扮演着重要角色，但其含水率受环境的影响，这也极大地影响着木材的应用范围。因此，在科技飞速发展的今天，使木材在日常使用中具有导电性能是一个极具历史使命的任务。

石墨烯是碳原子经 sp^2 电子轨道杂化后形成的单层蜂窝状二维网格结构，苯环上每个碳原子在垂直于层平面形成贯穿全层的大 π 键，极大地促进了石墨烯的导电性能，在室温下其载流子迁移率约为 15000cm/(V · s)，是已知载流子迁移率最高的物质锑化铟(InSb)的 2 倍以上。然而，石墨烯片层间具有强烈的相互作用，导致其表面化学特性不活泼，难以直接制备并释放出导电性能。基于此，为充分发挥石墨烯的优良性能，现有研究大多是利用石墨烯的同族前驱体 GO 来达到石墨烯的各种功能化改性，再采取还原的方式将 GO 上的多余含氧官能团去掉，以达到石墨烯导电性能的释放。

GO 是石墨烯的氧化物，通过强氧化剂氧化剥离石墨产生，其表面含有丰富的活性含氧基团，包括-COOH、-OH 等，这些官能团的化学性质活泼，可大幅度提高 GO 的细胞生物反应活性，方便 GO 与其他功能性物质发生接枝复合反应，之后需要去除掉 GO 片层结构上的含氧官能团，以释放石墨烯的优良性能。现有的还原手段中化学还原仍是主流，该过程主要在液相环境下进行，它通过化学试剂来还原 GO 中的含氧官能团。当前研究所用的还原剂有水合肼(H_6N_2O)、硼氢化钠($NaBH_4$)、氢碘酸(HI)或者溴化氢(HBr)和氢氧化钠(NaOH)等。Stankovich 等人将 GO 加入水合肼试剂，并保持在 100℃ 的油浴下加热一段时间后，发现溶液中有团聚现象发生，所得产物经过检测，发现为高导电率的石墨烯。李云珂等人通过利用氢碘酸和溴化氢试剂成功还原出导电性良好且保持着原有纳米片层结构的石墨烯。Fan 等人将一定浓度氢氧化钠溶液加入稳定的 GO 分散液中，发现溶液颜色迅速变成黑色，其原因是 GO 发生了还原并团聚，这种还原方法操作十分简单。总的来说，化学还原法不需要高温，对反应设备和环境的要求比较低，大大降低了石墨烯的制备成本，有利于其工业化大规模制备。

肼类物质为剧毒物，使用时容易对操作人员造成伤害，大量使用还会对环境造成严重污染，采用氢碘酸对 GO 还原可减少气体生成，电阻率低至 10^{-4}S·m，但水合肼和氢碘酸都有毒性，水合肼还有爆炸风险，碘化氢在还原后生成单质碘，不仅污染空气，而且附着于石墨烯材料的内部和表面，难以完全除去。此外，这两类还原剂用于还原氧化石墨烯时，所得石墨烯薄膜容易发生膨胀，进而导致碎裂，无法得到高品质石墨烯薄膜。因此，寻找高效、无污染、低成本的 GO 低温化学还原方法势在必行。

上一章内容确定出了实体木材的预处理方式及制备 GO 分散液的石墨粉粒径，本章部分容首先采用 6 种常规 GO 的还原剂对木材中的 GO 进行还原，以导电性为衡量指标，傅里叶红外光谱分析(FTIR)进行验证，得到化学处理法的最佳还原剂，之后系统性地对最佳还原剂处理木材/石墨烯导电材料的制备工艺、结构性能进行研究与分析。

3.1 材料与方法

3.1.1 试验材料(表 3-1)

表 3-1 本章试验主要使用的材料

名称	纯度	生产来源
杨木	—	内蒙古自治区呼和浩特市，平均树龄 11a，平均胸径 15cm，向树皮方向依次截取厚度为 3cm 的弦切板，将其气干至含水率 12%后，加工成规格为 3cm×3cm×1cm 的试样，挑选出无明显缺陷的试样密封备用
石墨粉	分析纯	天津市恒兴化学试剂制造有限公司
抗坏血酸	分析纯	国药集团化学试剂有限公司

3.1.2 试验仪器设备

本试验选用的仪器与设备除了与上一章一样的仪器之外，其余的见表 3-2：

表 3-2 试验的部分试验仪器设备

名称	型号	生产厂家
拉曼光谱仪	inVia	RENI SHAW
数字式四探针测试仪	RTS-8	广州四探针科技有限公司
压汞仪	AutoPore Ⅳ9500	麦克默瑞提克(上海)仪器有限公司
紫外光电子能谱仪	Thermo Fisher ESCALAB 250xi	美国赛默飞世尔科技公司
矢量网络分析仪	PNA-N5244A	美国安捷伦科技公司
霍尔效应测试仪	Quantum Design PPMS-9	美国量子设计公司
接触角测量仪	SL200KB	上海中晨数字技术设备有限公司

3.1.3 材料制备工艺流程

本试验材料制备的工艺流程如图 3-1 所示。

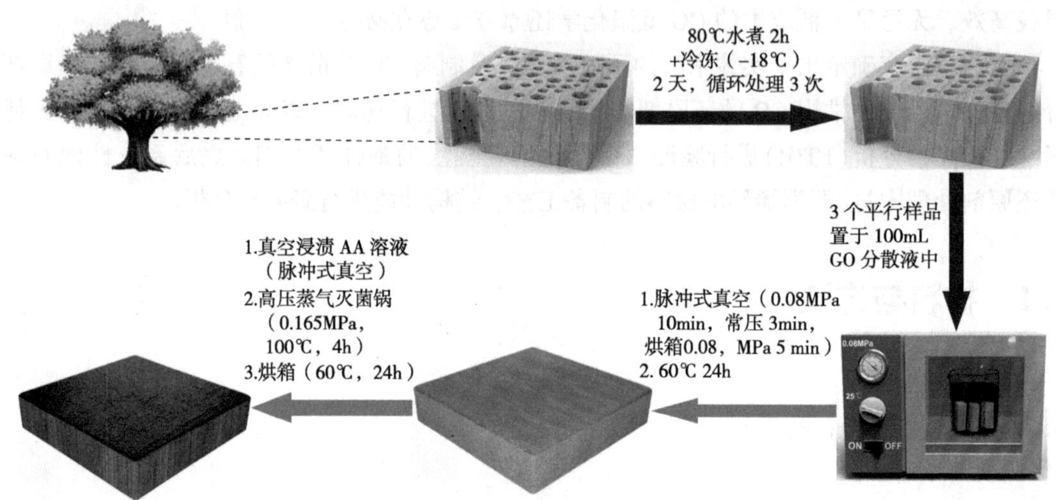

图 3-1 绿色化学法制备木材/石墨烯导电材料的工艺流程图

3.1.4 表征方法

3.1.4.1 形貌结构表征方法

(1)宏观、微观形貌结构分析

利用手机拍摄宏观形貌、激光共聚焦显微镜(OLS)测试的彩色微观形貌、FE-SEM 测试的超微观二次电子形貌综合分析 rGO 在木材机体内部的分布及导电通路的形成。

(2)微孔、中孔、大孔孔隙结构及比表面积分析

采用粉体材料比表面积分析仪及孔隙度分析仪分析微孔孔隙及表面面积，采用压汞仪对中孔及大孔进行分析，最终达到对材料多尺度孔隙的全面分析。

3.1.4.2 成分分析

(1)EDS、XPS

利用扫描电镜的 EDS 整体对材料的碳氧比进行粗略分析，之后利用 X 射线光电子能谱仪测试精确的碳氧比，并对碳、氧官能团的具体种类、分布及比例进行详细分析，揭示出材料中石墨烯与木材的结合机理。

(2)FTIR

将样品利用粉碎机预先处理成 200 目的粉末并干燥，之后采用溴化钾压片法制成透明薄片，4000~400cm^{-1}范围内摄谱，连续扫描 16 次，对样品的红外吸收光谱进行对比分析，

得出木材与石墨烯复合的官能团变化。

(3)XRD

采用粉末X射线衍射仪对材料进行物相分析。测试条件为：Cu Kα 辐射，狭缝宽度0.5°，2θ衍射角范围是5~45°，入射波长为0.1542 nm，扫描速率5°/min，电压40kV，电流强度30mA，连续记谱扫描。根据谱图显示的衍射峰强度、位置及计算的结晶度分析rGO在木材机体的分布及还原程度。

(4)激光共聚焦拉曼光谱(CRM)

利用激光共聚焦拉曼光谱对材料进行随机局部选区，之后对选择区域进行连续点的扫描，证明石墨烯在木材机体内部的还原程度及导电通路的连续性。

(5)TG-DSC

在氮气保护条件下利用综合热分析仪(STA-409-PC，NETZSCH)测定材料从室温升温到800℃时的TG-DSC热曲线，其中，样品初始质量5.629 mg，进气速率30 mL/min，加热速率10℃/min。通过综合热分析仪的TG-DSC曲线变化分析材料改性前后的热稳定性及成分变化，进一步确定出石墨烯与木材的结合程度及还原程度。

3.1.4.3 导电性能表征方法

(1)四极探针仪测试法

在样品的3个切面上随机均匀选择7个位置分别测试样品的电阻率，得出rGO在样品表面的分布规律及还原程度。

(2)霍尔效应测试法

依据范德测试法分别测出样品3个方向的载流子浓度及迁移率，最终计算出其电阻率，从导电性的形成机理分析。

(3)紫外光电子能谱法

通过测试样品表面的逸出功及价带值，从微观上电子的跃迁分析样品的导电性。

(4)电磁屏蔽—吸波效应测试

木材本身不具有电磁屏蔽及吸波效应，在赋予其导电性后，也使其具有了这两种效应，且间接反映出材料的导电成分为均匀分布，形成了三维导电网络。

3.2 结果与分析

3.2.1 还原剂对材料导电性能的影响

3.2.1.1 导电性的对比分析

由图3-2可知，选用常规的GO还原剂还原木材里的GO以后，这7种还原剂处理的木材的导电性相差6个数量级，现有文献显示，绿色还原剂葡萄糖($C_6H_{12}O_6$)、壳聚糖

($C_{56}H_{103}N_9O_{39}$)、柠檬酸钠($C_6H_5Na_3O_7$)与 GO 分散液直接接触，可对其进行一定的还原，但对木材内部 GO 的还原效果较差，复合材料的体积电阻率大于表面电阻率，可能是这类型的还原剂分子较大，在木材表面还原生成的 rGO 片层阻碍了后续进入到木材孔隙内部的还原剂，因此还原效果减弱，导致木材内部生成的 rGO 难以连续导电。水合肼(H_6N_2O)、硼氢化钠($NaBH_4$)的还原效果较前几种还原剂明显提高，体积电阻率及表面电阻率均达到了优良半导体的范畴，氢碘酸(HI)的效果更好，抗坏血酸($C_6H_8O_6$)的效果最佳，达到了导体的范畴。水合肼、硼氢化钠具有一定毒性，对人体、环境有不良影响，与现有的绿色环保理念相悖，且经二者处理的木材坚硬，难以利用。

抗坏血酸(AA)，俗称维生素 C，是一种非常重要的水溶性维生素，在环保和高效还原方面具有独特优势。此还原方法不仅避免了使用有毒性的肼或水合肼试剂，而且无需再继续加入任何封端剂或 AA，和 GO 一样具有生物相容性，更适合木材机体中的反应。因此，结合导电性及绿色理念，AA 为本研究中最佳的绿色还原剂。

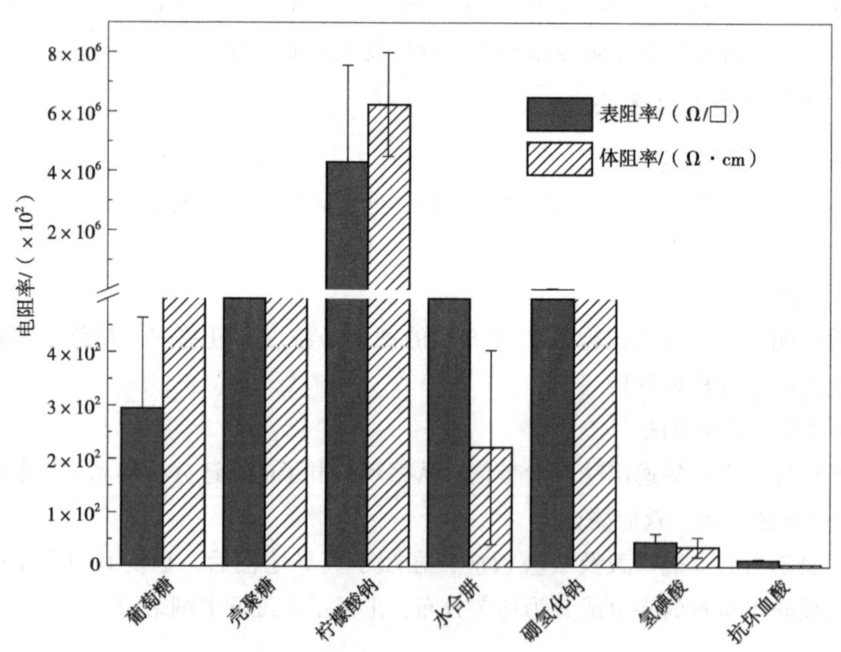

图 3-2　不同还原剂处理后的材料导电性对比分析图

3.2.1.2　碳氧比对材料导电性能的影响

本次研究中材料的碳氧比直接反映着木材机体中形成导电通路的 rGO 结构的缺陷程度，碳含量越高，rGO 的苯环骨架结构越完整，电子穿行越畅通，电阻率越小，导电效果越好。图 3-3 显示的木材 EDS 能谱分析的碳氧比大小顺序为：AA 处理复合材>HI 处理复合材>$NaBH_4$处理复合材>H_6N_2O 处理复合材>$C_{56}H_{103}N_9O_{39}$处理复合材>$C_6H_{12}O_6$处理复合材>$C_6H_5Na_3O_7$处理复合材>WEW>GO，由此可知，只有经 AA 处理的复合材的碳氧比最高，为3.6。这说明AA可顺利进入木材机体内部，对木材中的GO进行了充分还原，进而释放了rGO的导电性，与上述导电性测量的结果相符。因此，AA为本研究中最佳的绿色还原剂。AA作为还原剂的优势主要在于其成本低、环保、廉价易得等优点。以AA为还原剂，获得了高碳氧比的rGO，更重要的是反应过程中不产生任何环境污染，完全符合当下绿色环保的要求，为石墨烯的研究和应用提供了新思路。

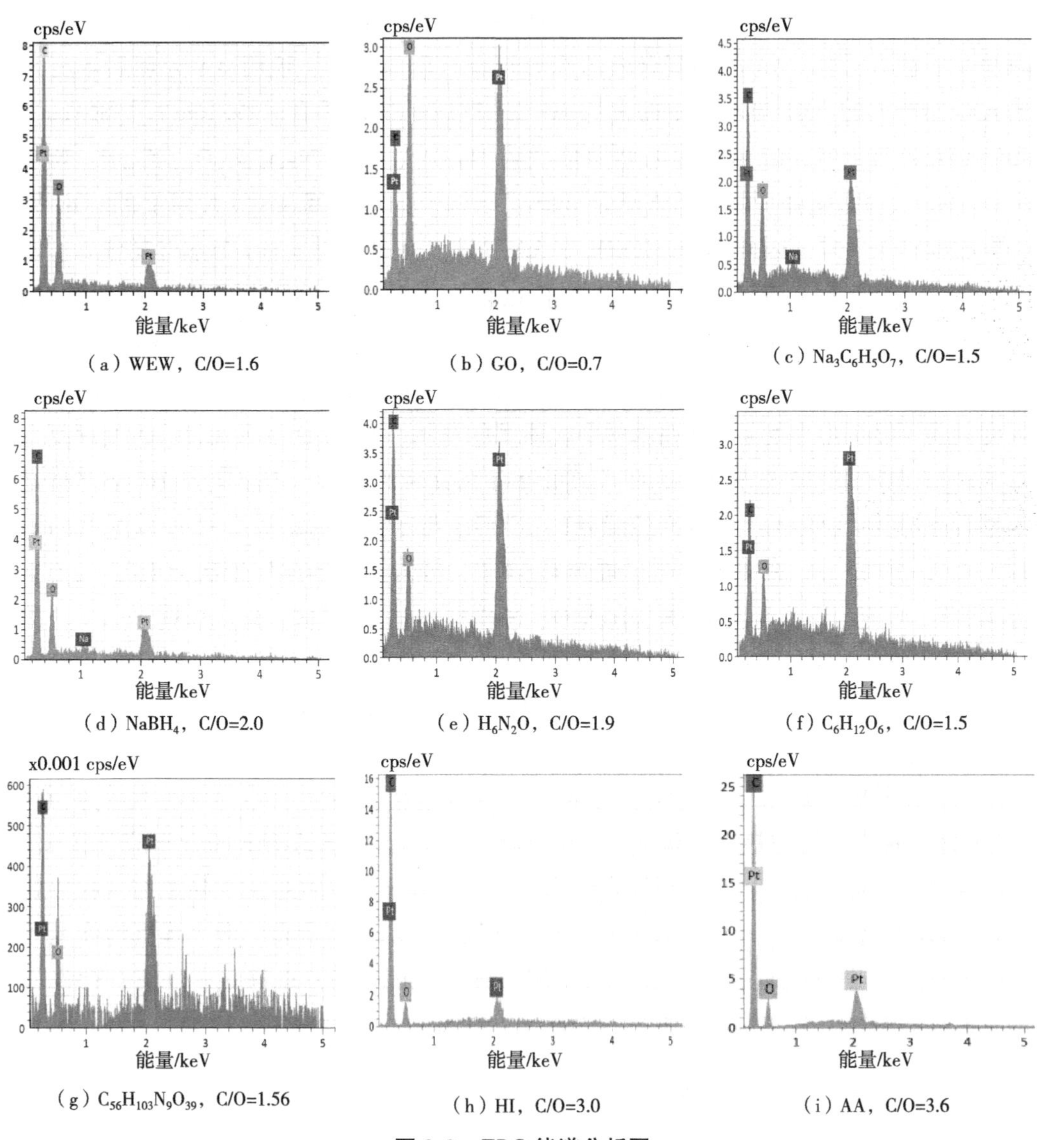

（a）WEW，C/O=1.6 （b）GO，C/O=0.7 （c）$Na_3C_6H_5O_7$，C/O=1.5

（d）$NaBH_4$，C/O=2.0 （e）H_6N_2O，C/O=1.9 （f）$C_6H_{12}O_6$，C/O=1.5

（g）$C_{56}H_{103}N_9O_{39}$，C/O=1.56 （h）HI，C/O=3.0 （i）AA，C/O=3.6

图3-3 EDS能谱分析图

3.2.1.2 GO还原程度的FTIR分析

上述EDS能谱分析结果从碳氧比直接说明导电材料导电的原因。图3-4的FTIR分析了还原剂对材料导电性能的影响，木材与rGO的结合方式，以及rGO在木材机体内的还原程度，从机理分析的角度证实AA是最佳的还原剂，最有利于rGO在木材机体中导电性能的释放。>3400cm^{-1}的特征峰为材料吸附的自由态水分子，其峰强大小顺序为：$Na_3C_6H_5O_7$处理复合材>$NaBH_4$处理复合材>AA 处理复合材>$C_{56}H_{103}N_9O_{39}$处理复合材>HI 处理复合材>WEW>H_6N_2O 处理复合材>$C_6H_{12}O_6$处理复合材。其原因有 2 个方面，一是过量化学试剂的使用导致材料的吸湿性能发生不同程度的变化；二是分布于木材机体中的 GO 还原程度较小，GO 片层结构上的亲水性基团导致材料的吸湿差异较大，直接影响着材料的导电性能。特征峰归属于 3452cm^{-1}为缔合态羟基，强弱顺序依次为 $Na_3C_6H_5O_7$、$NaBH_4$、AA，其他的还原剂基本看不明显，AA 处理复合材的峰形较弱且明显变宽，说明 AA 处理后木材机体中的 rGO 结构上的-OH 与木材中的游离态-OH 形成了氢键缔合。2921cm^{-1}、2851cm^{-1}为饱和烃 CH_2的两个峰，峰形强弱的顺序依次为 $NaBH_4$、AA、$Na_3C_6H_5O_7$、$C_{56}H_{103}N_9O_{39}$、H_6N_2O、HI、$C_6H_{12}O_6$处理材，其来源是纤维素结构上的伯羟基与 GO 片层上的-OH 结合后，形成饱和烃导致。因此可知，$NaBH_4$、AA 处理复合材保留了 GO 与木材复合后形成的缔合态-OH，没有对其覆盖或者破坏。位于 1243cm^{-1}处的酯基 C-O-C 非对称伸缩振动，峰强顺序依次为 $C_{56}H_{103}N_9O_{39}$、$Na_3C_6H_5O_7$、WEW、$C_6H_{12}O_6$、HI、AA、H_6N_2O、$NaBH_4$处理复合材，结合缔合态-OH 的分析可知，$C_{56}H_{103}N_9O_{39}$峰强最强的原因是 $C_{56}H_{103}N_9O_{39}$的还原程度较弱，显示出来的是 GO 在木材中官能团的显示，$Na_3C_6H_5O_7$及 $C_6H_{12}O_6$处理复合材是由于过量还原剂的加入导致 GO 的官能团没有充分表达，AA、$NaBH_4$及 HI 处理材是由于木材石墨烯复合材中 GO 碳基面边缘处的-COOH 与木材中的游离态-OH 以酯键的形式进行了大量化学键合，在 1030cm^{-1}位置的 C-O-C，峰形强弱的顺序依次为 HI、$C_{56}H_{103}N_9O_{39}$、WEW、$C_6H_{12}O_6$、$Na_3C_6H_5O_7$、H_6N_2O、$NaBH_4$、AA 处理材，直接说明经 AA 还原处理的木材机体中 rGO 苯环结构上的环氧基最少，极大提高了导电通路的形成。在 1650cm^{-1}<1513cm^{-1}<1459cm^{-1}处特征吸收峰峰形尖锐增强，是苯环的骨架变形振动，峰形强弱的顺序依次为 $Na_3C_6H_5O_7$、AA、$C_{56}H_{103}N_9O_{39}$、H_6N_2O、WEW、$NaBH_4$、HI、$C_6H_{12}O_6$处理复合材，其中，除 $Na_3C_6H_5O_7$自带的苯环结构直接影响着 rGO 苯环结构的判断外，AA 处理材中的苯环结构最多，说明，AA 处理材的 rGO 片层结构上的含氧官能团最少，形成的导电通路最完整。以上分析综合说明 AA 处理木材机体中的 rGO 除了与木材以氢键及酯键的形式结合之外，其片层结构上的剩余含氧官能团脱落最多，最大程度地恢复了石墨烯的苯环大 π 键导电通路。同时，AA 的绿色环保性能，使其既满足了现有社会发展需求的绿色环保性能，又是最佳的木材石墨烯导电材料的还原剂。

3.2.2 优化条件下复合材料的制备与性能

在确定基质模板木材的预处理方式，制备 GO 前驱体需要的石墨粉最佳粒径及最佳的绿色还原剂之后，本部分又系统研究了试验过程中 GO 分散液浓度、AA 溶液浓度、水热反应时间及温度对材料导电性能的影响，并确定出了最佳的处理条件。将选好的 3 个基质模板木材浸泡在一定浓度的 GO 分散液中进行脉冲式真空处理(25℃，0.08MPa 处理 10min，打开箱门室温常压下处理 3min，再在 0.08MPa 真空度条件下处理 5min)，取出并

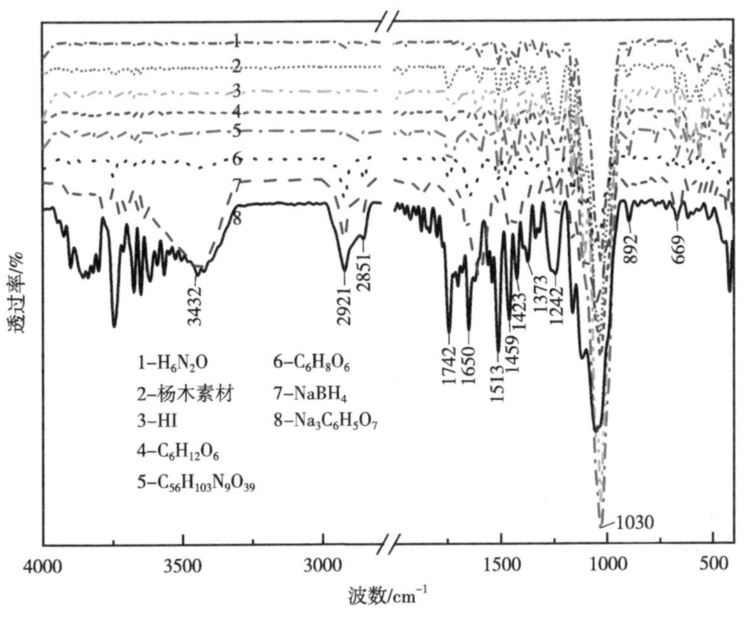

图 3-4 FTIR 分析图

在 60℃条件下干燥至绝干，将上述干燥处理的 GO 复合材浸泡在一定浓度的 AA 溶液中继续进行 15min 脉冲式真空处理，之后将复合材料移至高压蒸汽灭菌锅中在设定温度、时间下处理，结束后再在 60℃条件下干燥 24h，获得绝干状态的导电木材，具体因素优化结果如图 3-5 所示，在 GO 浓度为 5mg/mL、抗坏血酸浓度为 5mg/mL、水热反应时间为 4h、反应温度为 100℃时，材料表面电阻率和体积电阻率达到最低值，分别为 120. 0 Ω/□和 36. 7 Ω · cm。

3. 2. 2. 1　GO 分散液浓度对材料导电性能的影响分析

当 GO 分散液浓度低于 5mg/mL 时，其沿着木材孔隙进入的 GO 片层较少，片层之间的连续性较差，生成的 rGO 片层之间难以形成完整的连续导电线路。在 GO 分散液浓度为 5mg/mL 时，生成的 rGO 片层连续性最佳，构建了完整的导电线路。当 GO 分散液浓度大于 5mg/mL 时，已经形成的完整导电线路不需要过量 GO 片层的填充，且过量的 GO 片层还容易导致 GO 厚度方向的累积，进而影响 pz 轨道内电子的穿行。

3. 2. 2. 2　AA 溶液浓度对材料导电性能的影响分析

木材机体内的孔隙通道中拥有紧贴其内壁连续分布的 GO 片层后，AA 继续沿着剩余的孔隙通道分布，并与 GO 作用，原位生长出具有导电性的 rGO。随着 AA 有效量的增加，促使木材机体内部 GO 的环氧基、羟基及羧基发生脱落的程度增大。在 AA 浓度为 5mg/mL 时，原位生长的 rGO 的脱氧程度最大，导电性能最好。在 AA 浓度大于 5mg · mL^{-1}时，过量的 AA 在连续分布的 rGO 片层上分布，一定程度上阻碍了 rGO 导电线路中电子的穿行。因此，其电阻率略有升高的趋势。

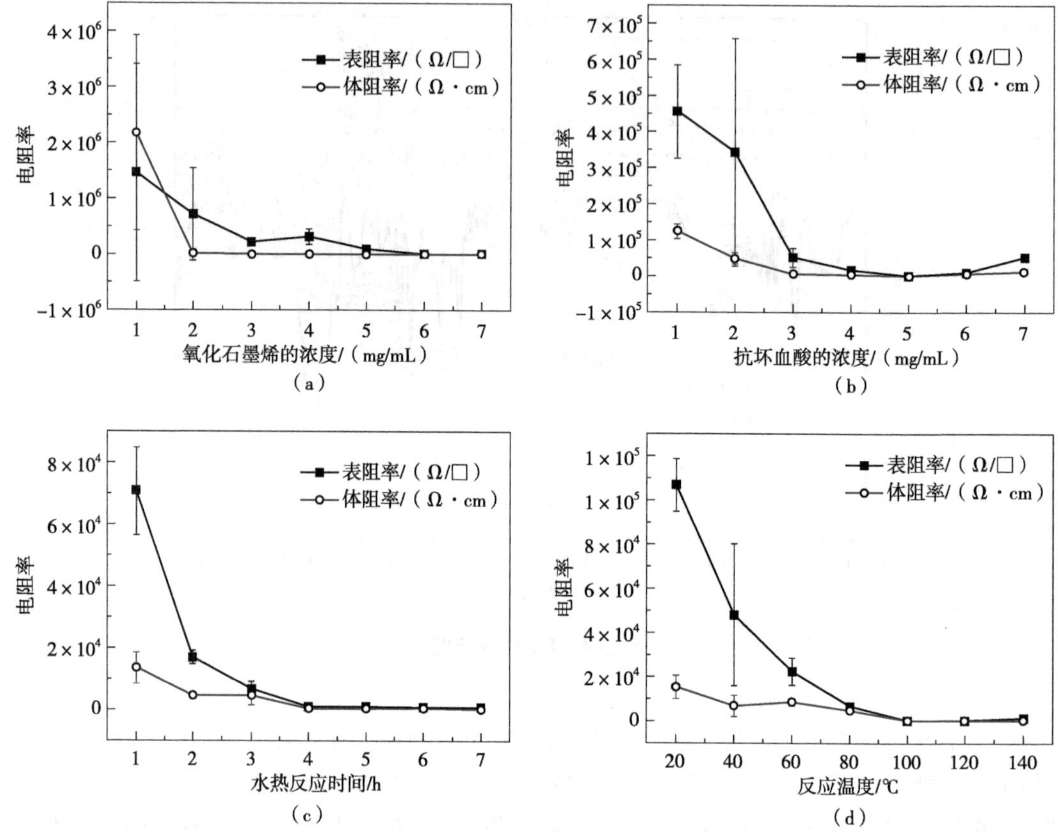

图 3-5　优化试验分析图

3.2.2.3　高压水热反应时间对导电性能的影响分析

随着高压水热反应时间的增加，木材机体中 GO 片层上的-O-及-OH 不断受到 AA 释放的氢质子的攻击而脱落，AA 上的活泼性-OH 也积累了足够的能量促使 GO 片层边缘剩余的-COOH 发生脱羧反应，同时，水热环境下的高压蒸气不断以“物理推进作用”促使厚度方向上的 rGO 片层发生一定程度的错位滑移，搭建了 rGO 在水平方向片层间沿着木材管壁的连续线路，形成了完整的导电通路。在反应时间为 4 时，GO 的脱氧程度和连续性导电线路的搭建程度达到最佳，时间的过量增加不会提高二者的变化，材料的导电性能稳定。

3.2.2.4　高压水热反应温度对导电性能的影响分析

温度是能量获得的途径之一，主要影响着木材机体中 GO 片层边缘结构上剩余-COOH 的脱羧反应。GO 片层结构中-COOH 在含氧官能团中所占的比例最少，一部分在 GO 沿着木材孔隙分布的过程中与木材机体中的自由态-OH 发生化学键合，在木材机体中固定住了 GO，方便后续 rGO 的原位生长，剩余的少量-COOH 在 AA 的活泼-OH 攻击的条件下，水热温度为 100℃时获取的能量发生脱羧反应而脱落，使得 rGO 的大 π 键得以继续恢复。

3.2.3 rGO 在木材基质模板内部的生长机理及导电机理分析

AA 结构中的二烯醇结构具有极强的还原性，在不破坏石墨烯片层结构的前提下，能大幅度去掉 GO 片层上的含氧基团，其自身生成的氧化产物也是一种环境友好型的稳定剂，其在木材机体中促进 rGO 生长的示意及机理如图 3-6 所示。

从图 3-6 中可以看出，GO 在木材机体中的分布均匀，保留了木材原有的纹理及孔隙机构，依据木材及 GO 片层上的活性官能团推测二者是以氢键、酯键发生化学键合，彼此成分中的大量连续性苯环发生 π-π 堆积作用，之后在加压的水热环境下，AA 以还原剂的身份去除掉了木材机体中 GO 片层上大量的含氧官能团，使棕黄色的 GO 转变为黑色、具有导电性的 rGO。本研究中，导电木材的导电性能与 rGO 在木材机体内部的脱氧程度及 rGO 片层之间的连续性密切相关。

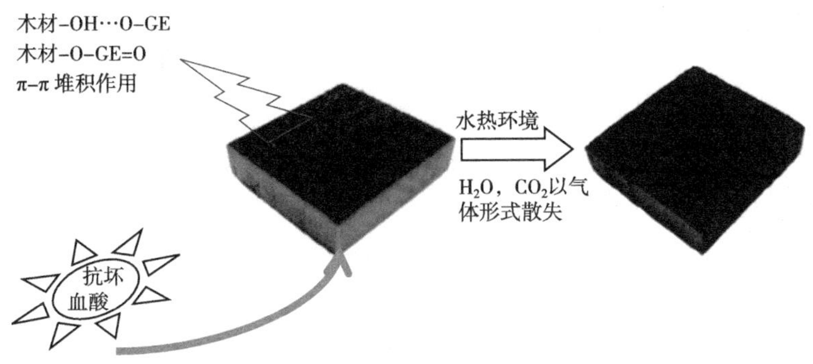

图 3-6 导电机理示意图

结合现有文献中关于 AA 与 GO 的反应机理，推测了木材机体中 AA 的作用机理及导电机理，如图 3-7 所示。

3.2.3.1 环氧基的解离(图 3-7 中虚线所示)

AA 五元环双键上有 2 个活泼的-OH，易解离出 2 个质子，GO 上的环氧基在 AA 进攻下开环，一端形成-OH，一端与 AA 氧负离子连接，然后 AA 五元环双键上的另一个-OH 通过背面进攻开环后形成的-OH 脱掉水分子，形成中间体。最后，中间体通过消除反应脱去小分子恢复 C=C，共轭体系得到恢复，而 AA 则被氧化为脱氢抗坏血酸。

3.2.3.2 羟基的脱除

在 GO 沿着木材的孔隙发生连续性分布来形成前期导电线路的过程中，其片层结构上的-OH 和-COOH 大大提高了 GO 与木材的生物相容性能，与木材机体中的游离态-OH 形成氢键，与游离态的-COOH 形成酯键，像是以“铆钉”的形式使 GO 片层在木材管壁上原位生长，GO 片层上剩余的“铆钉羟基”与环氧基相似，“铆钉羟基”被 AA 的氧负离子所取代并伴随着背面的二次进攻，随后经过消除反应而还原。脱氢 AA 则容易进一步分解为古

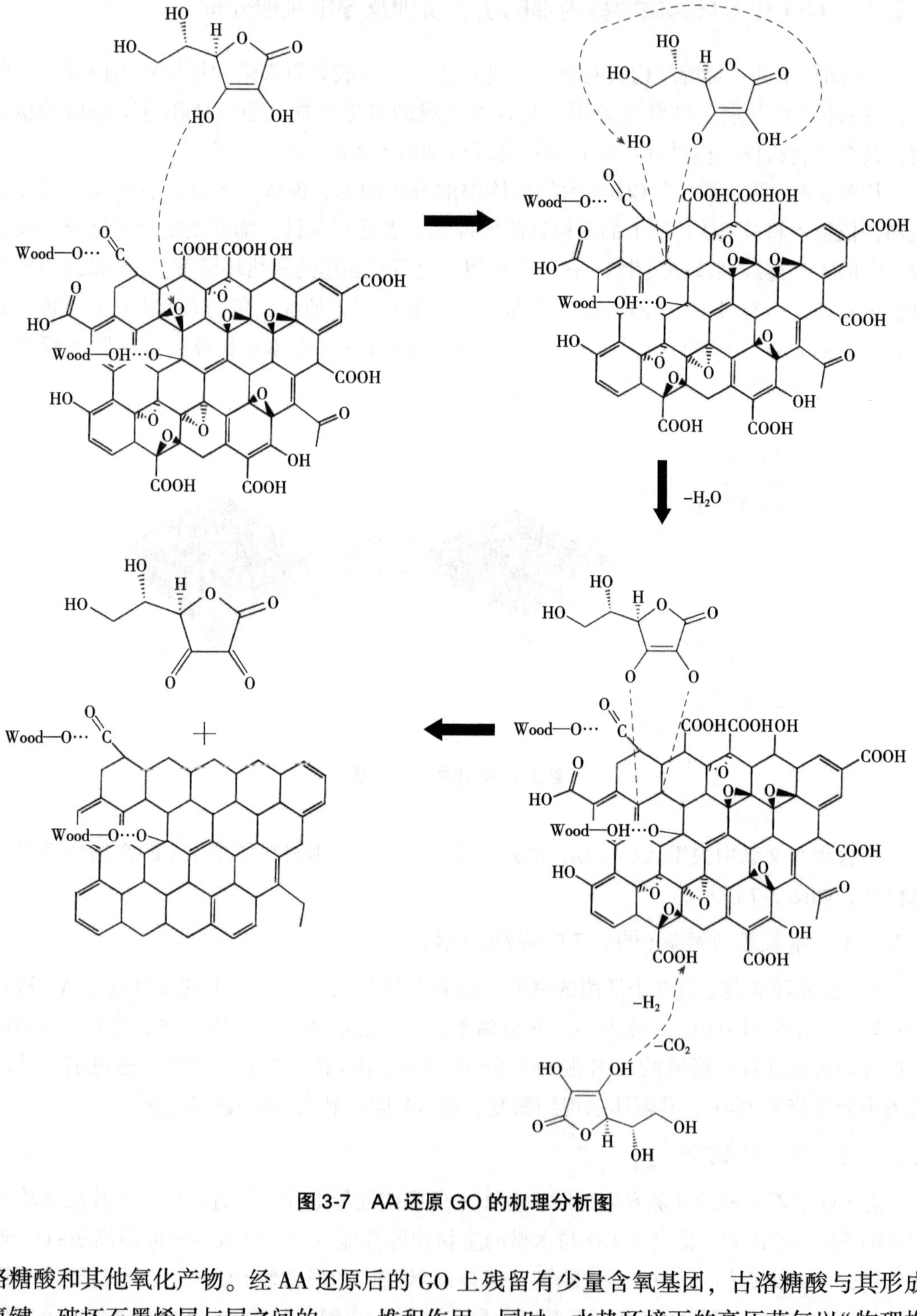

图 3-7　AA 还原 GO 的机理分析图

洛糖酸和其他氧化产物。经 AA 还原后的 GO 上残留有少量含氧基团，古洛糖酸与其形成氢键，破坏石墨烯层与层之间的 π-π 堆积作用，同时，水热环境下的高压蒸气以“物理推进作用”促使厚度方向上的 rGO 片层发生一定程度的错位滑移，搭建了 rGO 在水平方向片层间沿着木材管壁的连续线路，形成了完整的导电通路。

3.2.3.3 羧基的去除

GO 片层边缘处的-COOH 也以“铆钉”的形式与木材机体中的游离态-OH 发生酯键结合，加强了木材与 GO 的化学键合。其次，文献中显示 AA 可在常温的水环境中去除大量 GO 上的-OH 及环氧基，对 GO 片层边缘处的-COOH 无影响。针对本次试验的条件及 AA 的化学结构，我们推测了 AA 与 GO 片层边缘处-COOH 的反应机理，如图 3-7 所示。100℃的水热环境提供了足够的能量，且 AA 五元环双键的吸电子效应使得其连接的-OH 与 GO 片层边缘处-COOH 上的-OH 结合，水分子以水蒸气形式散失，-COOH 上剩余的结构发生脱羧反应，生成 CO_2脱落，使得 rGO 内部的连续苯环结构进一步恢复，每个碳原子(均有一个电子处于活跃状态)垂直于层平面的 pz 轨道形成贯穿全层的多原子的大 π 键，方便电子的穿行。

3.2.4 三维各向异性导电木材的性能分析

3.2.4.1 材料导电性能

利用四极探针测试仪随机在上述优化因素制备的导电木材的每个面上选取 7 个点，测试了每个点的体积电阻率，分析了导电木材 3 个方向导电性的差异，如图 3-8 所示。图 3-8 中显示出材料电阻率整体数值及分布均匀度依次为横截面、径切面、弦切面，这说明 rGO 沿着木材机体 3 个方向的孔隙内壁原位连续性生长，形成了三维各向异性导电性能。每个点之间的数据跳跃性较大，是因为 rGO 沿着木材内壁以薄层的形式原位生长，保留了木材原有的中空结构，四极探针在测试时有的针可能压到了中空位置，导致导电性能的差异。

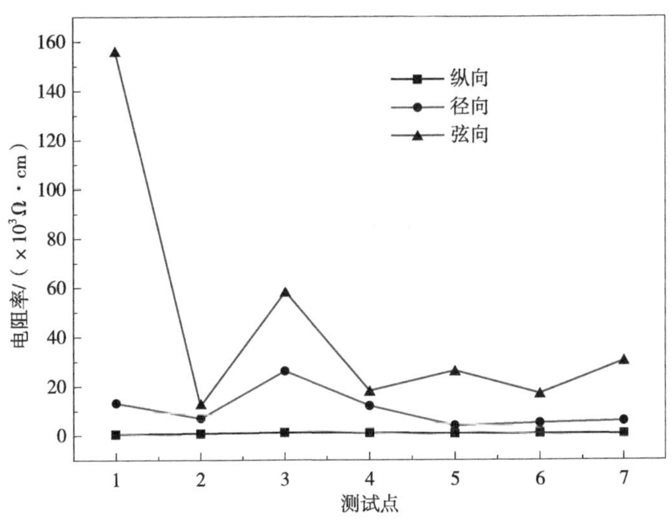

图 3-8 三维各向异性导电性能

利用霍尔效应—范德堡测试法测试导电木材3个方向的体积电阻率、导电类型、载流子浓度、迁移率及霍尔系数，结果见表3-3。可以明显看出载流子浓度、迁移率及体积电阻率在导电木材的3个方向完全不同，其大小顺序依次为纵向、弦向、径向，与四极探针法测试规律一致。总之，电阻率的多样性高度说明了木基石墨烯导电材料的三维各向异性。导电木材的这项优良性能为后续研究新型低能耗高导电性的材料带来了希望。

表3-3 霍系效应—范德堡测试木材导电性能

指标	纵向	弦向	径向
载体类型	n	n	n
霍尔系数	-9110.8	-31044.7	-43034.5
载流子密度/[$cm^2 \cdot (V/s)$]	247.8	52.4	13.3
载流子浓度/($\times 10^{13} vm^4$)	6.86	2.01	1.45
体积电阻率/($\Omega \cdot cm$)	36.7	591.4	3231.2

3.2.4.2 宏观导电通路的三维各向异性能

图3-9中的导电闭合回路包括直流稳压电源(仪器默认输出电流为定值3mA，电压为可调节电压)、若干导线、二极管及导电木材，图3-9(a)接入的是导电木材的纵向，图3-9(b)接入的是导电木材的弦向，图3-9(c)接入的是导电木材的径向。可以看出，3个方向的导电木材均可使闭合回路中的二极管发光，直流稳压电源面板上显示的电压值分别为18.3V、28.4V、31.7V，直观上证明了本研究中导电木材的三维各向异性的特点。

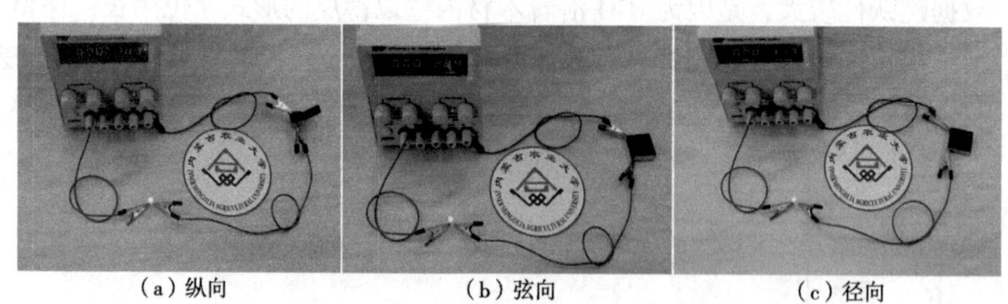

(a)纵向 (b)弦向 (c)径向

图3-9 三维导电通路图

3.2.5 三维导电线路的结构分析

3.2.5.1 孔隙形貌分析

(1)OLS分析rGO在木材中的分布

图3-10是木材及导电木材的OLS介微观彩色形貌，可看出银黑色的rGO在木材的径切面、弦切面及横截面的导管、木纤维、木射线、纹孔及细胞间隙间胞间层的孔壁原位均匀连续性生长，保留了上述孔隙原有的中空结构，呈现出完整的三维导电线路。

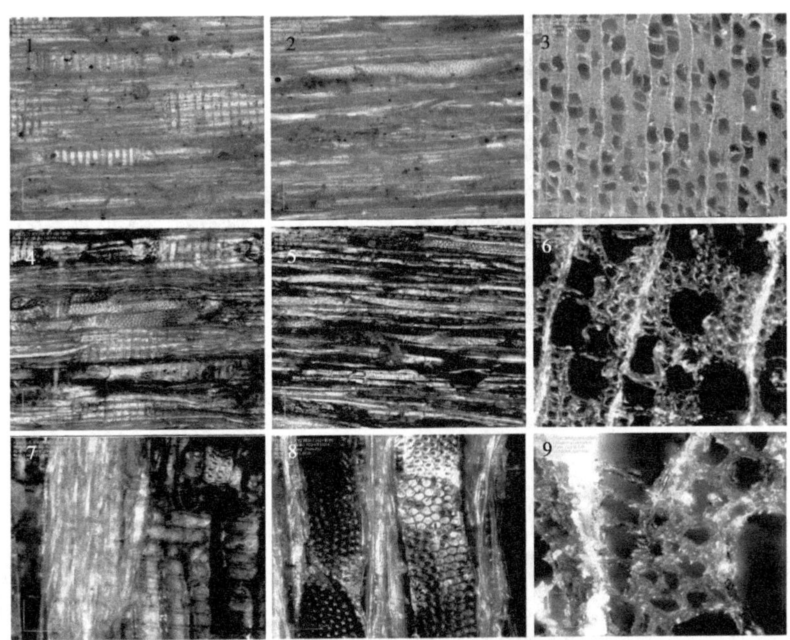

1~3. 木材放大400倍的径切面、弦切面及横截面；4~6. 导电木材放大400倍的径切面、弦切面及横截面；7~9. 导电木材放大2000倍的径切面、弦切面及横截面。

图 3-10 OLS 分析图像

(2) CRM 分析 rGO 在木材中分布的连续性

为得出 OLS 彩色图像中 rGO 的连续性，本部分随机在 AA-WEW@ GEC 彩色图像选区 (50μm×20μm)，选区里的颜色越深代表 G 峰的强度越强，如图 3-11(a) 所示，图 3-11(b) 为 3-11(a) 中测试区域里连续点出的对应谱图，可以看出选区里选取的 70 个测试点均有明显的石墨烯特征峰(D 峰和 G 峰)，且 I_D/I_G 具有一定波动，说明 GO 在木材机体内部生成了具有导电性且连续的 rGO，形成了导电通路。

之后又在 AA-WEW@ GEC 的纹孔部位随机选择一个测试点，对图 3-11(c) 中圆圈某一纹孔的位置，进行了拉曼光谱分析，如图 3-11(d) 所示，可以看出选取点出现了典型的石墨烯峰形 D 峰、G 峰及 2D 峰，I_D/I_G 值为 1.17，此处的 GO 得到了充分还原，说明随机选取的 AA-WEW@ GEC 的纹孔也有 rGO 的分布。测试点纹孔周围，同样可以看到大量彩色片层物质，说明 rGO 在纹孔区域均匀分布。

(3) FE-SEM 微观分析 rGO 的形貌结构

上述(1)中通过彩色图像的形式粗略观察了 rGO 在木材机体内部的分布，为后续 SEM 二次电子灰度成像做铺垫。图 3-12 为 AA-WEW@ GEC 3 个切面及其对应放大图的二次电子像分析，图 3-12(a)、(b) 为径切面及径切面上的纹孔部位放大图，图 3-12(c)、(d) 为弦切面及弦切面上的纹孔部位放大图，图 3-12(e)、(f) 为横截面及其放大图。

①AA-WEW@ GEC 径切面：图 3-12(a) 所示，实线箭头和虚线箭头为 rGO 翘起来的形

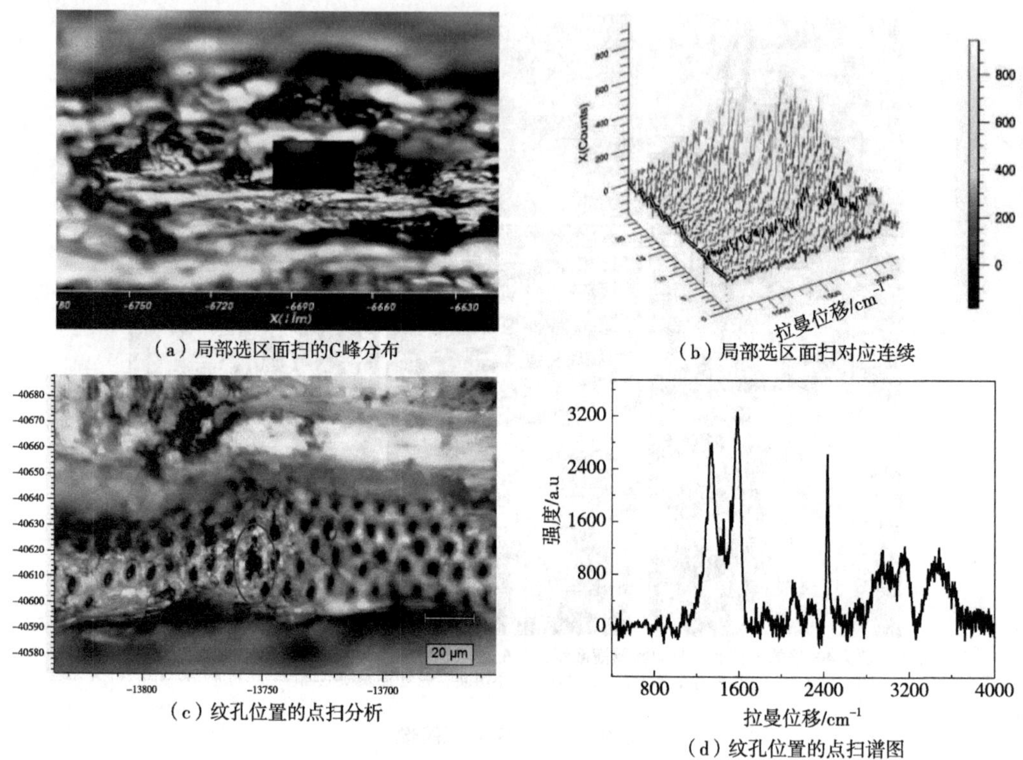

（a）局部选区面扫的G峰分布

（b）局部选区面扫对应连续

（c）纹孔位置的点扫分析

（d）纹孔位置的点扫谱图

图 3-11　CRM 分析图像

貌结构，由其可知 rGO 以薄层形式在木材细胞内壁均匀生长。(b)为(a)的纹孔部分放大图，虚线圈里的是 rGO 典型褶皱，实线箭头处也可看到枝桠状的 rGO 片层沿着木材的结构分布，木材原有纹理结构清晰可见，说明 rGO 的片层堆垛程度较小，且 rGO 片层连续无断层地在纹孔表面生长，构建了共价网络线路，提供了导电通路。

②AA-WEW@ GEC 弦切面：图 3-12(c)中黑色实线圈为纹孔分布区域里的 rGO，可看到纹孔表面紧密生长了 rGO 薄膜，黑色实线框也可看到 rGO 的枝桠结构，白色实线框中的木射线结构上也生长了 rGO，白色虚线框为局部导管及木射线，可看到部分未与木材管壁紧贴发生翘曲的 rGO 膜。

图 3-12(d)是 AA-WEW@ GEC 弦切面纹孔结构的局部放大图，黑色实线圈里的纹孔可明显看到 rGO 片层在纹孔表面生长，白色虚线圈里是典型的 rGO 褶皱结构，充分说明 rGO 在木材的弦切面也大量以片层形式均匀生长。

③AA-WEW@ GEC 横截面：图 3-12(e)中的黑色实线圈是木纤维，可看到木纤维的管孔壁比 WEW 中木纤维的管孔壁更厚，甚至接近于填充满，白色虚线圈里少量片层发生中间棱空的形貌，是典型的 rGO 片层结构。图 3-12(f)为横截面纹孔放大图，以黑色实线箭头处的结构为例，在管孔内部有 rGO 的典型片层结构，白色虚线框为管孔之间的细胞壁及

细胞间隙，可明显看到 rGO 的片层插层在这些孔隙内部，说明 rGO 在细胞壁内生长。同时，大量 rGO 的片层结构紧贴在木材的管孔及木纤维孔隙，包括横截面上不同管孔之间的细胞壁形成的沟壑，都填充满了 rGO 的片层结构，且片层之间无断层，形成了完整的三维网络连续结构。此图说明 rGO 在木材机体内部沿着各类孔隙以片层形式大量分布在细胞壁，构建了完整的三维网络结构，且保留了木材原有的中空孔隙结构，提供了大量的导电通道，方便了电子的传输。

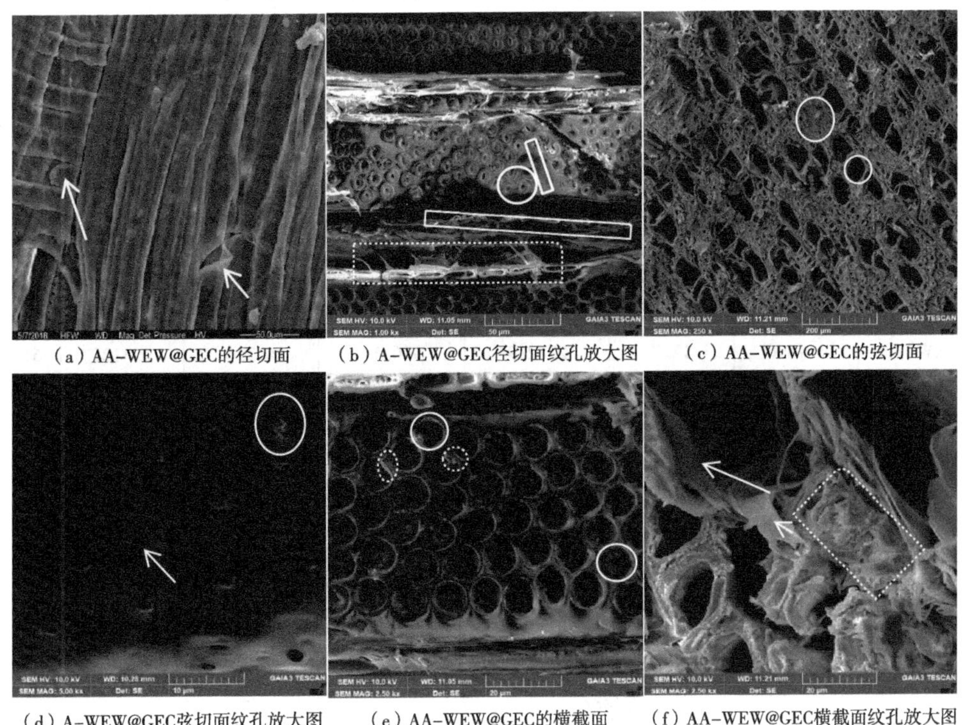

（a）AA-WEW@GEC的径切面　（b）AA-WEW@GEC径切面纹孔放大图　（c）AA-WEW@GEC的弦切面

（d）A-WEW@GEC弦切面纹孔放大图　（e）AA-WEW@GEC的横截面　（f）AA-WEW@GEC横截面纹孔放大图

图 3-12　SEM 结构分析图像

上述宏观-微观的形貌分析说明，rGO 在木材机体内部的孔隙结构表面连续性原位生长，形成三维导电线路。

3.2.5.2　压汞法分析 rGO 在木材中的生长规律

基于 OLS-SEM 随机选取的形貌表征结果可知，rGO 沿着木材机体内部的孔壁结构均匀性生长，构建了连续的导电线路，表 3-4 显示了 WEW 与 AA-WEW@ GEC 的孔隙特性。WEW 的总孔体积和总孔面积均比 AA-WEW@ GEC 大，堆积密度的增加说明 rGO 在以薄层的形式在木材机体的通道里均匀生长。WEW 的平均孔径和孔隙度均大于 AA-WEW@ GEC，中孔孔径的增加说明了 rGO 广泛分布于导管及纹孔的介孔和大孔结构中。

图 3-13 中，显示的 WEW 的累计孔体积整体趋势大于 AA-WEW@ GEC 的累计孔体积，尤其是在孔径 72304～1593nm 时，此部分孔隙主要为部分导管、木纤维、轴向薄壁组织、

射线细胞及纹孔，说明 rGO 在此类孔隙内部的分布较多。对数累计孔体积显示，孔径>72304nm 时，AA-WEW@ GEC 的孔隙分布略小于 WEW，说明 rGO 在木材的最大孔隙——导管均有分布，此时导管的孔隙直径较大，以薄层形式在导管内壁生长的 rGO 对孔隙直径影响较小；孔径为 72304～11989nm 时，原有在 WEW 出现孔隙分布的峰值，在 AA-WEW@ GEC 中消失，说明此范围内的 rGO 生长较多；孔径为 12559～1593nm 时，AA-WEW@ GEC 出现 2 个孔隙分布的峰值，可能是在上一阶段 WEW 孔隙中由于 rGO 的生长，导致孔隙直径减小，原有的峰值在此孔隙范围内重新裂分为 2 个峰；孔径为 1593～761nm 时，AA-WEW@ GEC 的孔隙峰值比 WEW 明显减小，且发生右移，是因为 rGO 在细胞壁结构中的分布导致；孔径为<761nm 时，AA-WEW@ GEC 的孔隙仍小于 WEW，说明 rGO 在非结晶区内的微纤丝间隙分布。上述分析说明 rGO 在木材机体内部几乎所有的孔隙中均有分布，为三维导电网络的构建提供了通道。

表 3-4　WEW 与 AA-WEW@GEC 的孔隙特性

名称	总压入汞量/(mL/g)	总孔面积/(m^2/g)	总孔体积/nm	总孔面积/nm	中值孔径/nm	堆积密度/(g/mL)	孔隙率/%
WEW	1.7696	12.7	2782.9	36.1	442.6	0.4125	61.2928
AA-WEW@ GEC	1.4053	4.187	12953.8	1047.3	1690.5	0.4369	73.0018

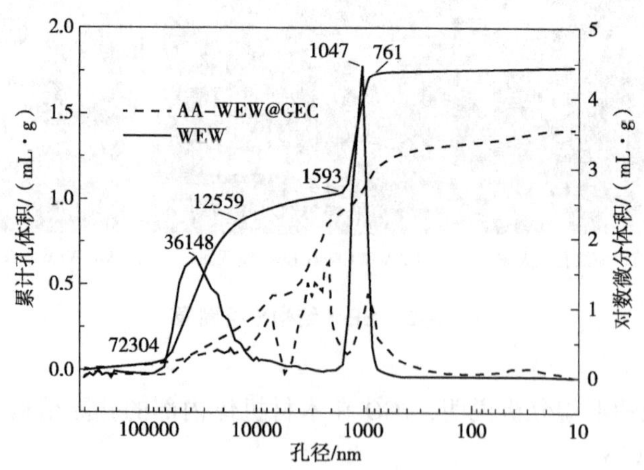

图 3-13　压汞法孔隙结构分析图

3.2.6　导电材料的成分分析

3.2.6.1　XRD 成分分析

上述形貌孔隙结构分析表明 rGO 沿着木材机体中的孔壁连续性原位生长，构建了三维导电线路的轨迹。从图 3-14 的 XRD 分析结果可知，AA-WEW@ GEC 和 WEW 均在 15.1°、22.2°、34.8°分别对应于木材的结构晶面(101)、(002)、(040)，出峰的位置没有变化，说明此种导电方法没有破坏木材原有的物理结构，但由于 rGO 在木材机体中的分布覆盖了 2θ 在 15.1°及 22.2°峰形，致使这 2 个峰高降低，说明 rGO 在木材机体中的生长量较大。WEW+GO 在(001，100)对应 GO 原有的 9.42°和 43.0°峰形的减弱，说明 GO 在木材机体内部转化成了 rGO。杨木素材的结晶度为 70.4%，WEW+GO 的结晶度为 57%，AA-WEW@GEC 的结晶度为 70.8%，说明木材与 GO 复合后，GO 阻碍了木材原有衍射峰的表达。其次，由于引入了 GO，它与木材细胞壁上的基团结合形成 3 个方向的三维网状的固化产物，使得木材细胞壁上纤维组织原有的基团键断开，膨胀率提高，纤维素在木材中的相对含量减少，从而造成木材纤维的结晶区减小，其各处的衍射峰强度也就有不同程度的减弱，所以木材结晶度有所升高。在木材与 GO 的复合材料中，GO 原有的峰形没有显现，可能是 GO 与木材无定形区中纤维素分子链上的部分自由羟基结合后，其原有的片层间距发生变化，且与木材 17°的峰形发生重叠所致。AA-WEW@GEC 材料的结晶度升高的原因可能是分布于木材中的 GO 经 AA 还原后，其片层结构上剩余的 C-O-C、-OH、-COOH 的逃逸，使得 rGO 原有的结晶结构，整体材料的结晶度比 WEW+GO 提高，说明 GO 在木材结构中的还原程度较大。

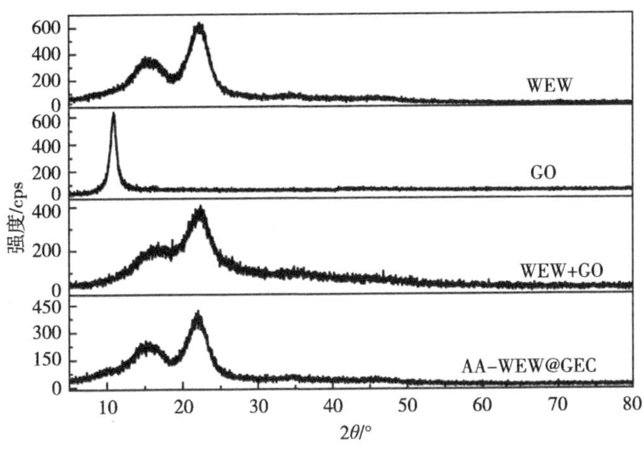

图 3-14 XRD 成分分析图

3.2.6.2 TG-DSC 分析

图 3-15 的 TG-DSC 曲线中(a)为 GO、(b)为 WEW 和 AA-WEW@GEC 的 TG 曲线对比、(c)为二者的 DSC 曲线对比。从(a)中可以看出，温度<160℃之前为自由水的失重，在 170~220℃时，GO 失重出现最大值，对应 DSC 曲线产生一个尖锐稳定的吸热峰，其来源于 GO 片层结构上含氧官能团吸收热量以 H_2O(气体)及 CO_2(气体)形式逃逸所致。在(b)、(c)中，温度<100℃时，WEW 的放热峰小于 AA-WEW@GEC，是因为游离态水分子与自由-OH 之间的氢键断裂导致，说明 AA-WEW@GEC 中-OH 较少，形成氢键较少。当温度升至 255℃时，WEW 的失重量较大，对应的 DSC 曲线中产生一个放热峰，来源于

木材中半纤维和部分纤维素的降解，AA-WEW@ GEC 在 200~300℃范围内失重量及吸热程度均很小，说明 AA-WEW@ GEC 中的 rGO 还原程度较大(没有出现 GO 对应位置的吸热峰)，且与半纤维及纤维素上的游离态-OH 键合程度较高，提高了纤维素及半纤维素总体的分子结构，导致其降解程度减弱。在温度达 371℃时，为纤维素降解的温度范围，素材的放热峰大于导电木材，进一步说明 rGO 与纤维素上的游离态-OH 键合成酯键。WEW 在温度为 466℃时出现一个放热峰，AA-WEW@ GEC 在 499℃出现一个较小的放热峰，此阶段为部分木质素的降解，可能是其内部的 rGO 与木质素的芳香环形成 π-π 堆积作用，阻碍了木质素的分解。WEW 在 631℃由于炭化纤维素的分解出现一个大的放热峰，AA-WEW@ GEC 在 653℃仅有一个小的放热峰并趋于稳定，可能是 rGO 围绕在炭化纤维素外面，并与其之间的化学键合 π-π 堆积作用明显阻碍了其降解的程度。

因此，从以上分析可知，rGO 与木材发生均匀的氢键、酯键及 π-π 堆积结合，且在木材机体内部的还原程度较高，同时，提高了木材的热稳定性。

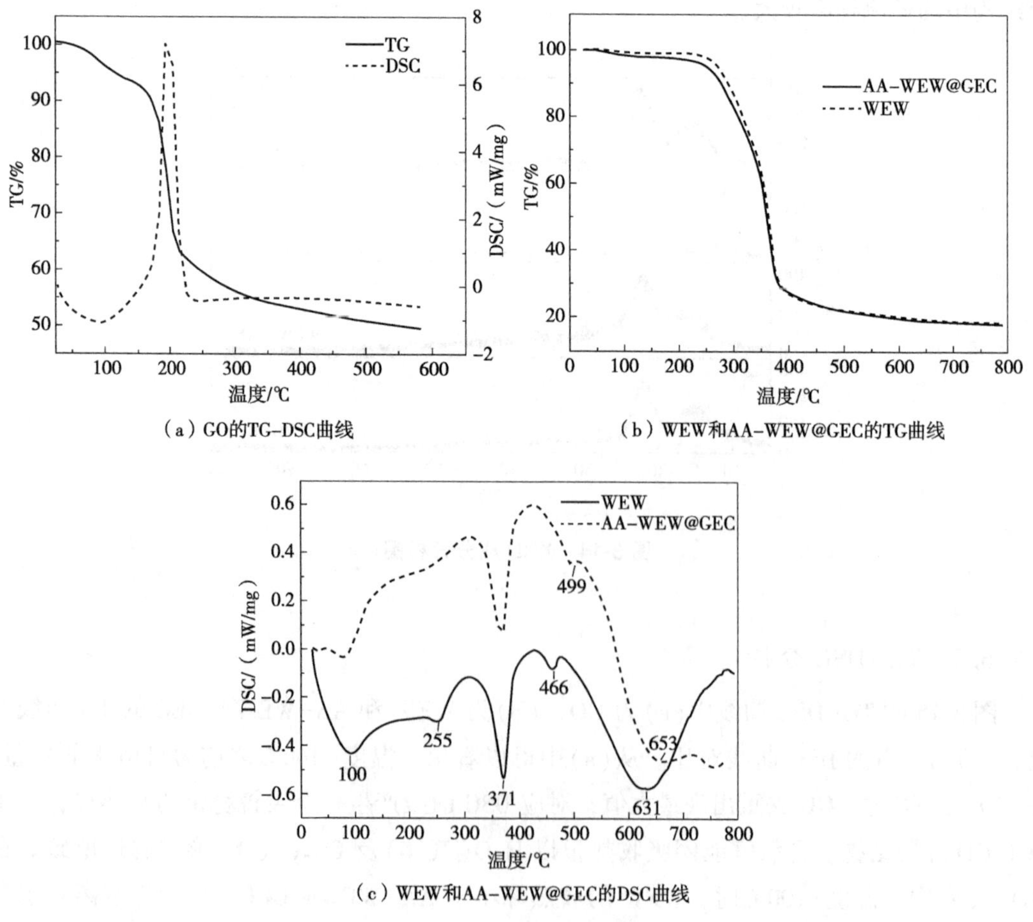

（a）GO的TG-DSC曲线

（b）WEW和AA-WEW@GEC的TG曲线

（c）WEW和AA-WEW@GEC的DSC曲线

图 3-15　TG-DSC 曲线

3.2.6.3 FTIR 成分分析

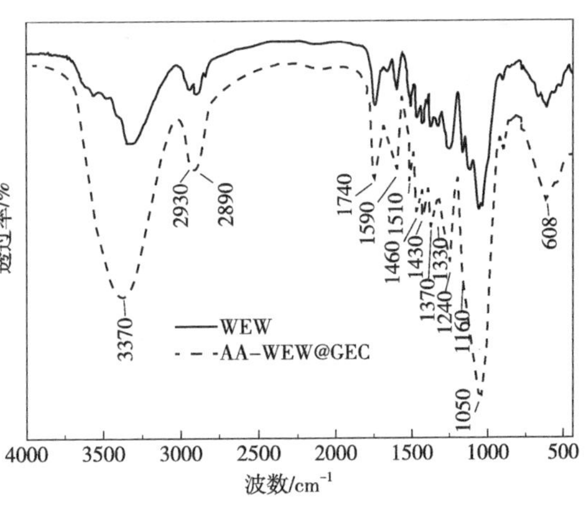

图 3-16 FTIR 分析

上述 XRD 从结晶度的角度分析了 rGO 与木材的化学键合，TG-DSC 从热稳定性的角度分析了 rGO 与木材的键合关系，图 3-16 的红外光谱图从材料化学官能团的变化分析了 rGO 在木材机体中的变化。与 WEW 相比，AA-WEW@GEC 的缔合态-OH 的特征峰位由 3315cm^{-1} 蓝移至 3423cm^{-1}，且特征峰大幅度增强，其原因是 GO 沿着木材的多尺度管道结构分布的过程中，其结构上的-OH 与木材结构中的-OH发生氢键缔合。AA-WEW@GEC 的官能团-CH_2中 C-H 在 2890cm^{-1}、2920cm^{-1}的对称和反对称伸缩振动明显增强，1425cm^{-1}处-CH_2的剪式振动增强，其原因是 AA-WEW@GEC 中的 GO 在与 AA 反应过程中，水热环境提供的能量致使 AA 上的活泼-OH 攻击 GO 片层边缘上的-COOH，致使其发生脱羧反应，以 CO_2的形式脱落，-CH_2基团大量增加，说明 GO 在木材机体内部发生了良好的还原。1740cm^{-1}处的 C=O 官能团的伸缩振动，1240cm^{-1}处的 C-O-C 非对称伸缩振动，1100cm^{-1}处的 C-O-C 非对称伸缩振动均增强，说明了 AA-WEW@GEC 中 GO 沿着木材孔隙内壁分布过程中，碳基面边缘处的-COOH 与木材中的游离态-OH 以酯的形式进行了大量化学键合，在 1050cm^{-1}位置的 C-O 吸收带进一步说明了木材与 GO 上的-OH 与-COOH 进行了化学键合。在 1590cm^{-1}、1510cm^{-1}、1460cm^{-1}处特征吸收峰峰形尖锐增强，是苯环的骨架变形振动，1370cm^{-1}处 C-H 弯曲振动增强，898cm^{-1}、771cm^{-1}、608cm^{-1}出现苯环的 C-H 面外弯曲振动肩峰，进一步说明石墨烯苯环结构上-COOH 与木材中的游离态-OH 发生酯化反应，致使石墨烯苯环结构产生不同程度的取代物，因此可知，红外光谱中-OH、-COOH、-C=O、-C-O 官能团的变化反映了木材与 rGO 的结合，部分含氧官能团的降低及苯环结构的增加说明了导电木材中有大量的 rGO，以上分析说明了 rGO 完整分布于木材机体中，木材与 GO 含氧官能团发生化学键合，两者结合紧密。含氧官能团的去除，说明电子受氧原子吸引的阻力减少，材料导电性能提升。

3.2.6.4 XPS 分析

由图 3-17 的 XPS 分析结果可知，WEW 的碳氧比为 0.58，AA-WEW@GEC 的碳氧比为 0.75，说明 AA-WEW@GEC 去掉了大量含氧官能团。C1s 分析图中，出现了 289.2eV、287.1eV、286.5eV 和 284.8eV 特征峰，分别对应 O-C=O、C=O/C-O-C、C-O、C-C 官能团，与 WEW 相比，AA-WEW@GEC 在 284.8eV 处的 C-C 峰增加了 30%，286.5eV 处的 C-O 和 287.1eV 处的-C=O、O-C-O 均有降低。AA-WEW@GEC 在 533.1eV 处的 O-C=O 和 531.1 eV 处的 C-O 均有明显降低。含氧官能团的降低一方面是由于 GO 与木材之间

的氢键及酯键导致，另一方面是 GO 在木材机体内部被还原成 rGO 过程中，原来片层结构上的-OH、-COOH 及 C-O-C 脱落导致，从而使 rGO 的苯环共轭结构充分恢复，电子高速运行的大 π 键形成的导电通路畅通。

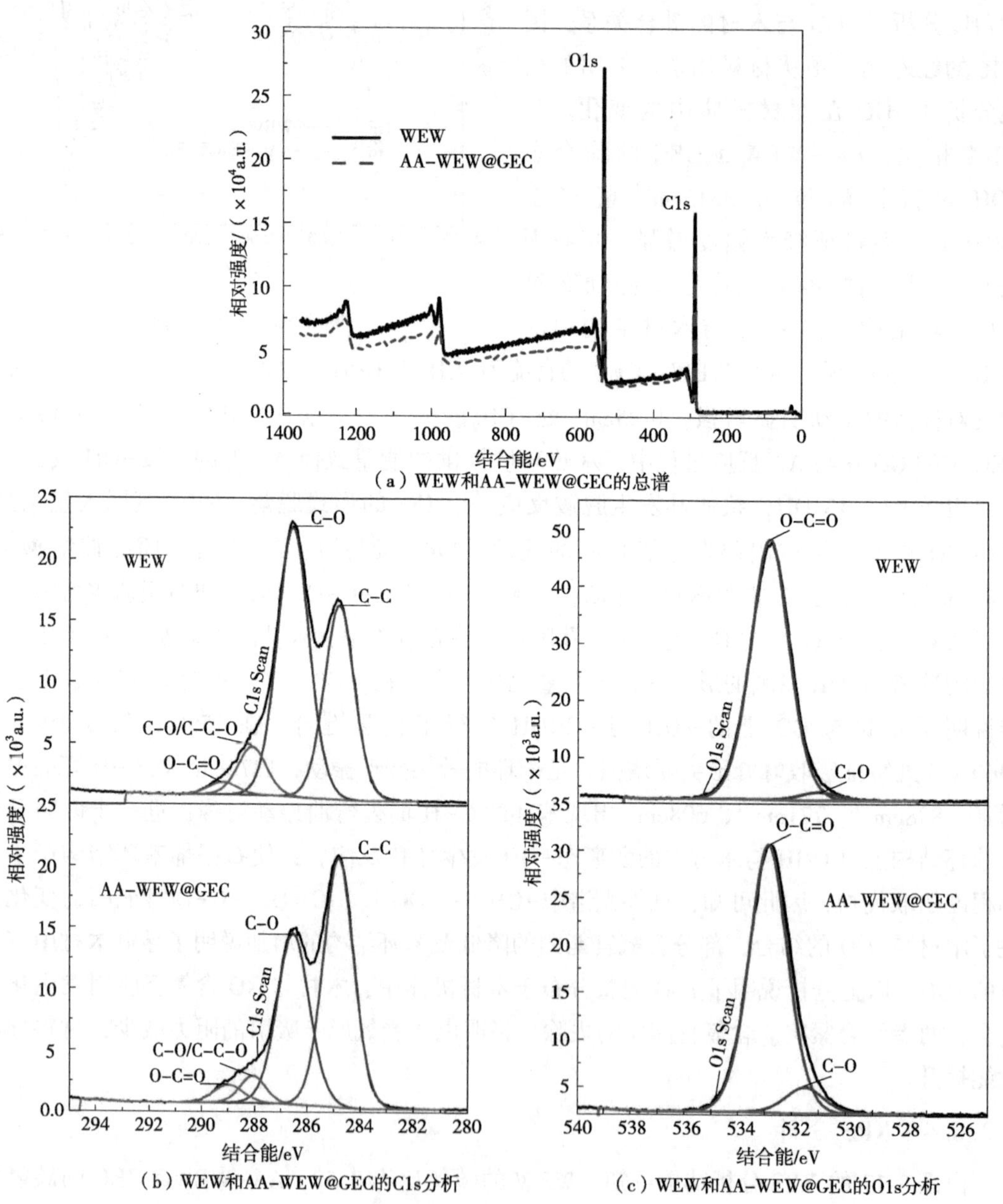

图 3-17 XPS 分析图

3.2.6.5 微观功函数—价带分析

功函数的大小标志着电子在金属中束缚的强弱，功函数越大，电子越不容易离开金属。由前述霍尔效应测试结果知道，本研究制备的导电材料为 n 型半导体，属于半导体材料的 E_F 位于带隙之间，它与价电子所能填充的最高能量位置-价带顶(VBM)之间有一个未知的能量差，该能量可以大到与禁带宽度 E_g 相当。

图 3-18(a)、(c)显示材料的功函数 $\Phi=21.2-19.2=2.0$eV，功函数(逸出功)是指从费米能级到真空能级之间的逸出功，为电子发生迁移需要的能量，本研究的此数值接近于金属材料钾的数值，说明电子在此材料中穿行需要的能量较小。逸出功越小，越有利于载流子的传导。其价带值为 1.9eV[图 2-18(b)]，与氧化亚铜的价带值接近，但氧化亚铜极其不稳定，极易进一步失去电子变成氧化铜，说明本材料也极易在价带发生电子的跃迁，可提高导电效果。

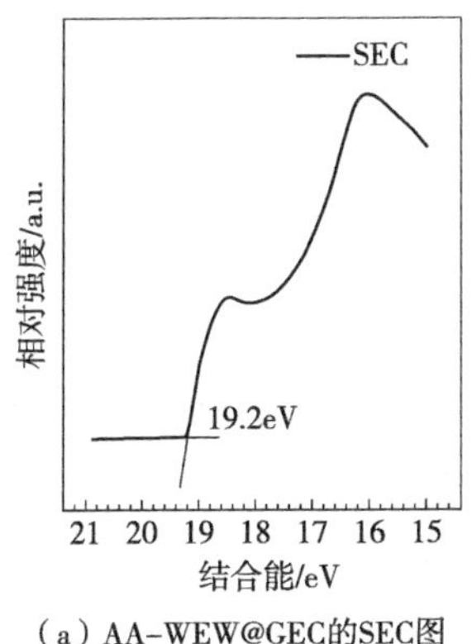

(a) AA-WEW@GEC的SEC图

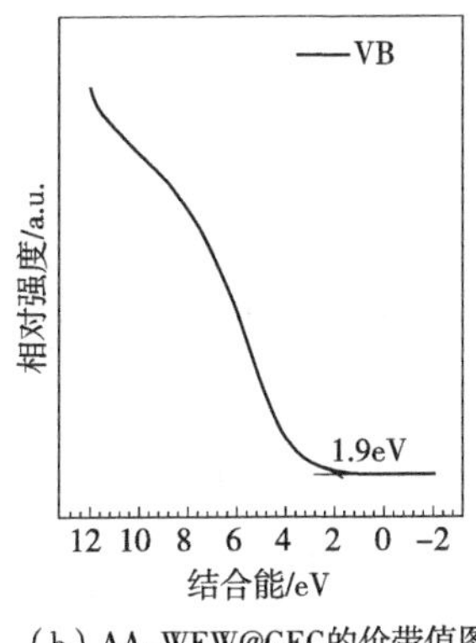

(b) AA-WEW@GEC的价带值图

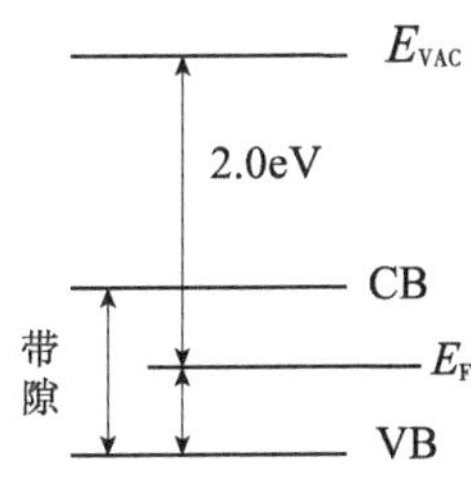

(c) AA-WEW@GEC的功函数、价带关系分析

图 3-18 紫外光电子能谱功函数-价带的导电机理分析图

3.2.7 导电材料的电磁屏蔽—吸波性能分析

电子产品的高速发展，带来了严重的电磁效应，产生的累计热效应及振动效应对人体会造成严重影响，且在非介质条件下自由传播的电磁波，易引起信息泄露及干扰其他电子设备的正常运行等缺陷。宏观上，木材具有天然可再生性，固碳且易加工成型，在使用过程中具有隔热保温、吸音隔声的特点。微观上，木材具有微米-纳米级多尺度孔隙结构，其天然的骨架形态可作为其他材料的基质模板，多孔通道表面富含大量的活性位点，可进行一系列的物理、化学反应。众多学者把木材作为一种基质模板，将其以各种形式与导电材料结合，制备出兼有电磁屏蔽能力、木材优势、并弱化木材缺陷的复合型结构材料，是一种很有前景的研究方法。木质材料的导电率达 10^{-7}S/cm 时，产生抗静电性能，随着导电率的增大，电磁波在木基导电材料的表面发生反射、木质机体内部吸收衰减及多次反射衰减而达到电磁屏蔽的目的，如图 3-19 所示。

本研究制备的 AA-WEW@ GEC，由于 rGO 的导电通路效果具有电磁屏蔽作用，且木材的多孔道孔隙结合内壁的 rGO 作为了电磁波吸收及多重损耗的机体，其 3 个方向的电磁

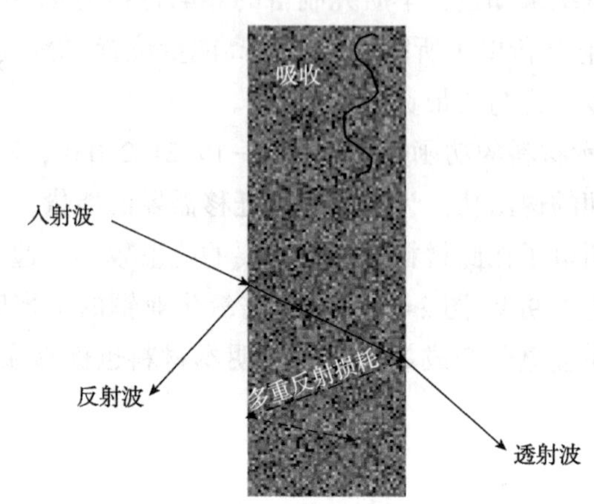

图 3-19　木基填充型导电材料的电磁屏蔽机理示意图

屏蔽效应及吸波损耗也具有三维各向异性，如图 3-20 所示，(a)、(b)为材料弦向的电磁屏蔽效能及吸波损耗曲线，(c)、(d)为材料径向的电磁屏蔽效能及吸波损耗曲线，(e)、(f)为材料纵向的电磁屏蔽效能及吸波损耗曲线。从图 3-20 可以看出，材料的电磁屏蔽效应方面，弦向随着频率的增加，在高频段 39.8GHz 达到最大吸收，17.4dB；径向在中频段 26.5GHz 达到 17.6dB 吸收；纵向在低频段 13GHz 达到最大吸收，18.5dB。材料的吸波损耗方面，径向最大，在拟合厚度为 4.0mm、10~15GHz 波段为-58dB；其次是弦向，也是在拟合厚度为 4.0mm、10~15GHz 波段为-33.5dB；最后是纵向，在拟合厚度为 5.0mm、35~40GHz 波段为-11.4dB，其原因可能是与材料的三维孔隙分布及导电性有关，纵向的导电通路最发达，方便电磁波的传输，且电磁波频率越大，越容易在较小孔隙中传播。因此，纵向的电磁屏蔽在低频段效果最好，其次是弦向的中频段，最后是径向的高频段。孔隙越大、越多，导致电磁波的泄露严重，吸波损耗与孔隙的分布密切相关。相对于纵向而言，弦向与径向之间的孔隙尺寸分布基本一致，低频段电磁波由于波长较大，不容易在材料的三维孔隙中发生泄露。因此，径向的吸波损耗在低频段最好，其次是弦向，纵向的孔隙多尺度程度较大，高频电磁波容易发生多次吸收损耗，纵向的损耗最佳范围在高频段。因此，AA-WEW@GEC 的吸波性能满足了宽频范围的要求，且具有质量轻、耐温、耐湿等性能。

电磁屏蔽效能与材料的导电性能直接相关，本部分研究既说明 AA-WEW@GEC 拥有了三维各向异性的电磁屏蔽和吸波损耗性能，又间接说明 rGO 沿着木材孔隙均匀生长并充分还原，构建了完整的导电通路。

3.2.8　导电木材的物理力学性能分析

3.2.8.1　密度分析

木材密度是单位体积内木材细胞壁物质的数量，图 3-21 为 WEW 和 AA-WEW@GEC

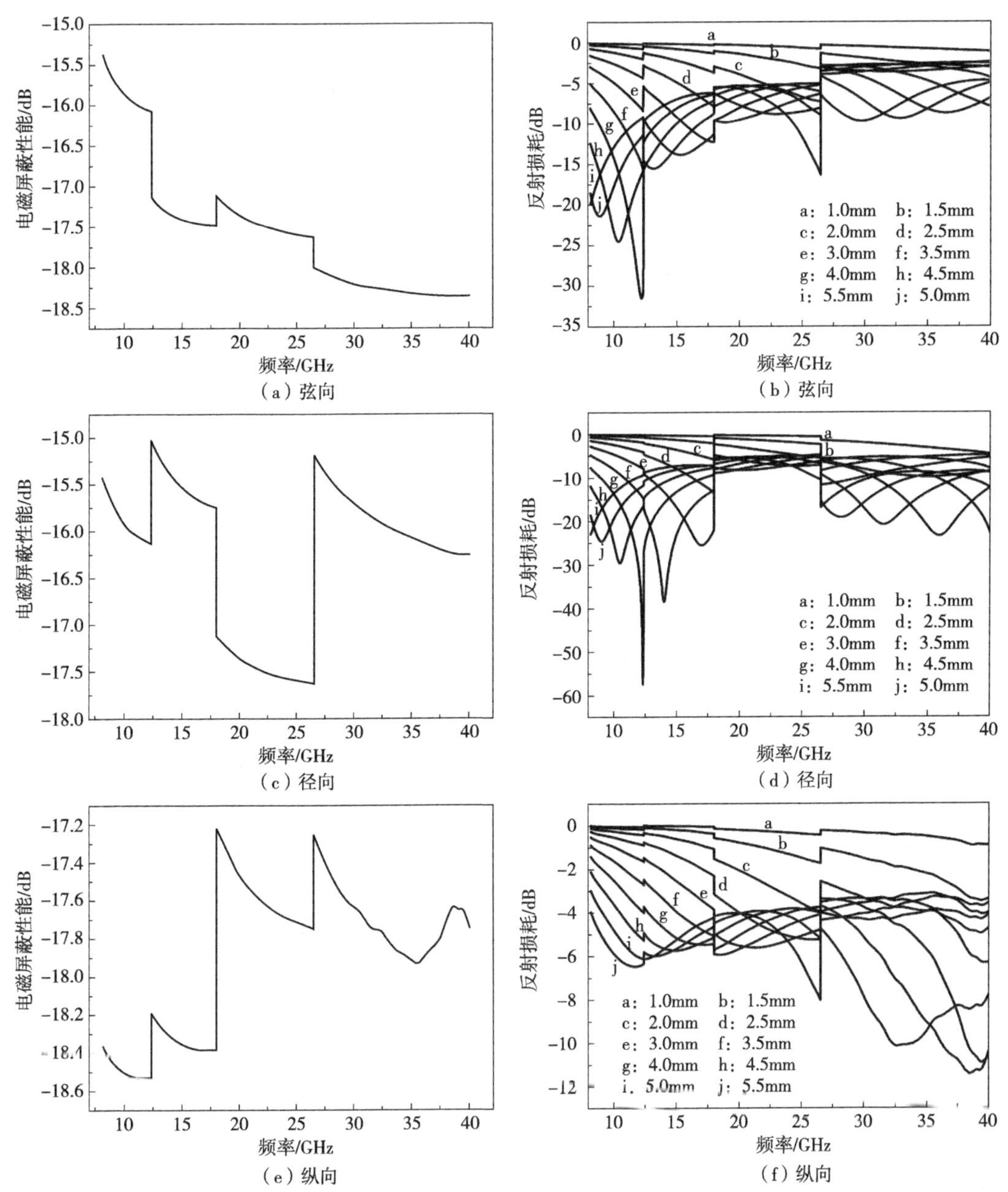

图 3-20 AA-WEW@GEC 电磁屏蔽—吸波损耗性能分析图

的气干密度及全干密度，图中显示出二者由于含水率的不同，导致气干密度均大于各自的全干密度，AA-WEW@ GEC 的全干密度比 WEW 提高 12%，气干密度提高 18%，说明 rGO 在木材机体内部的分布较薄，气干密度大于全干密度说明 rGO 的还原程度较大，致使气干条件下 WEW 的吸水性比 AA-WEW@ GEC 强。

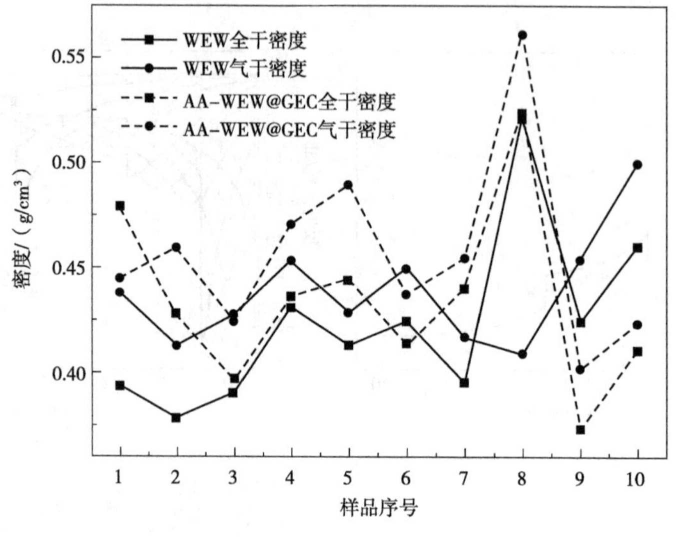

图 3-21　密度分析图

3.2.8.2　尺寸稳定性分析

(1)吸水性

木材的吸水性由其机体内部的游离态-OH、-COOH 引起。图 3-22(a)采用《木材吸水性测定方法》(GB/T 1934.1—2009)对 WEW 和 AA-WEW@GEC 吸水率的测试，可以看出 WEW 的吸水率较高，比 AA-WEW@GEC 高出 25%。图 3-22(b)采用动态水蒸气吸附测试手段连续监测的 2 种材料随时间吸附水蒸气的变化，结果显示，二者随着时间的延长，吸附水蒸气的量持续成阶梯式增加，AA-WEW@GEC 在每一阶段的吸附量均小于 WEW，且二者的吸附差距随着时间的增加逐渐增大，其原因可能是 rGO 在固定了 WEW 中部分游离态-OH 的同时，其片层结构与木材管道内壁的均匀结合阻碍了木材中剩余吸水性基团与水分子的接触。

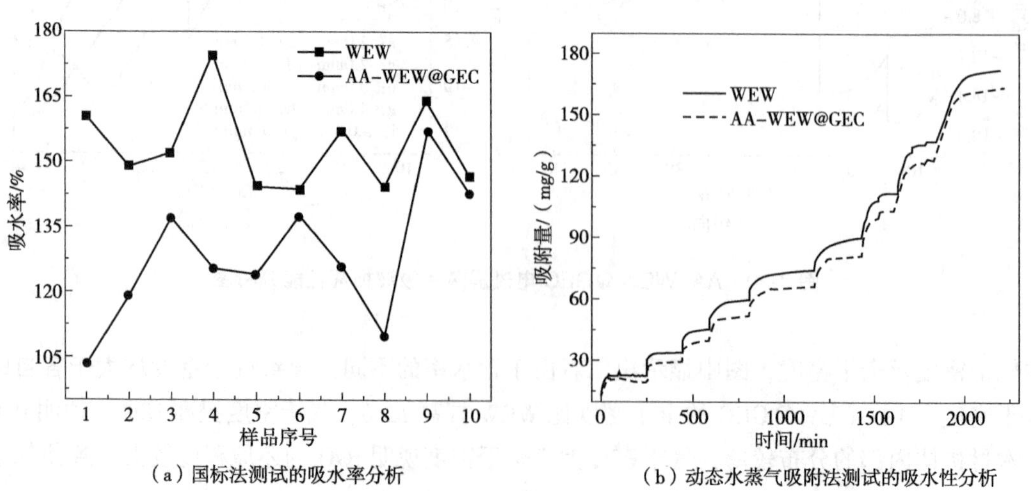

（a）国标法测试的吸水率分析　　（b）动态水蒸气吸附法测试的吸水性分析

图 3-22　吸水性分析图

(2) 干缩湿胀性

木材的干缩湿胀性体现了水分在细胞壁的运动过程。图 3-23 为 WEW 和 AA-WEW@GEC 干缩湿胀性测试，可以看出 AA-WEW@GEC 从全干到气干时，其径向膨胀率降低 25.5%，弦向膨胀率降低 15.2%，体积膨胀率降低 15.7%；从全干到吸水稳定时，其径向膨胀率降低 50%，弦向膨胀率降低 49%，体积膨胀率降低 45%；从湿材至气干时，其径向干缩率降低 51.1%，弦向干缩率降低 70.6%，体积干缩率降低 73.3%；从湿材至全干时，其径向干缩率降低 28.9%，弦向干缩率降低 35.6%，体积干缩率降低 32.5%。这说明 rGO 还原程度较大，且沿着木材的 3 个方向并渗透至细胞壁内均匀分布，并固定住了部分细胞壁内非结晶区微纤丝上游离态-OH。

上述材料尺寸稳定性的分析，宏观上说明 rGO 在木材机体中原位均匀生长的过程中与木材发生了化学键合，且自身得到了良好还原，重获了导电性能的同时，也提高了木材的尺寸稳定性。

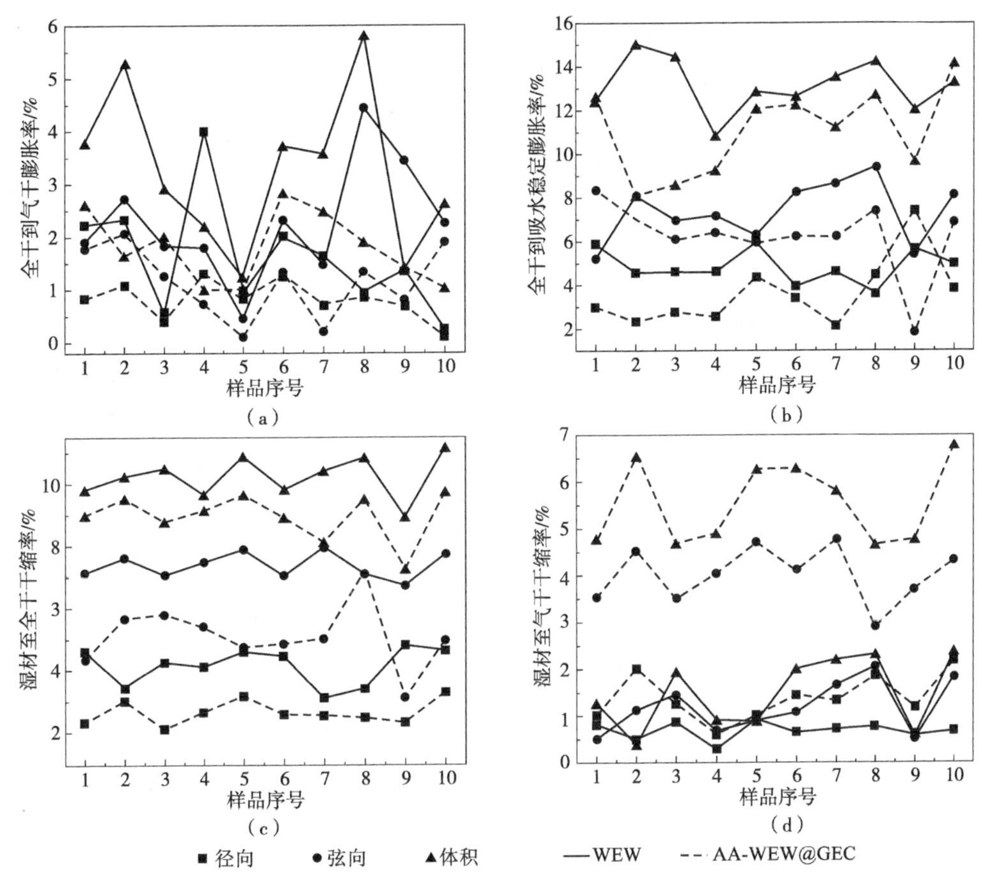

图 3-23 干缩湿胀性分析图

3.2.8.3 力学性能分析

(1)硬度

木材硬度表示其他刚体压入木材的能力。该材料的具体结果如图 3-24 所示。WEW 与 AA-WEW@ GEC 硬度均是端面>弦切面≈径切面，AA-WEW@ GEC3 个切面的硬度均大于 WEW，纵向提高 21.2%，径向提高 26.4%，弦向提高 25.0%。

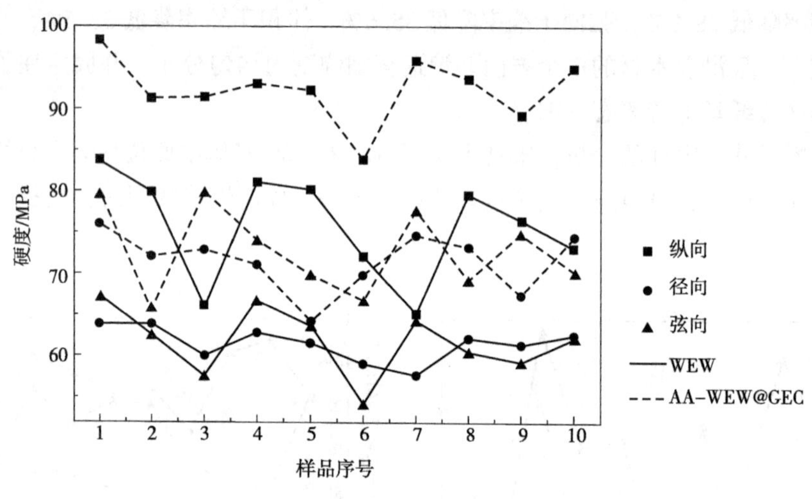

图 3-24 硬度分析图

(2)抗弯强度及抗弯弹性模量

图 3-25 中显示出 AA-WEW@ GEC 的抗弯强度、抗弯弹性模量均值增大率分别为 25%、13%。其原因可能是 rGO 的脱氧程度较大时，其机械强度大，以物理化学作用紧紧贴附在木材管壁表面，提高了木材的机械支撑作用。同时，进入到木材细胞壁内部的rGO，

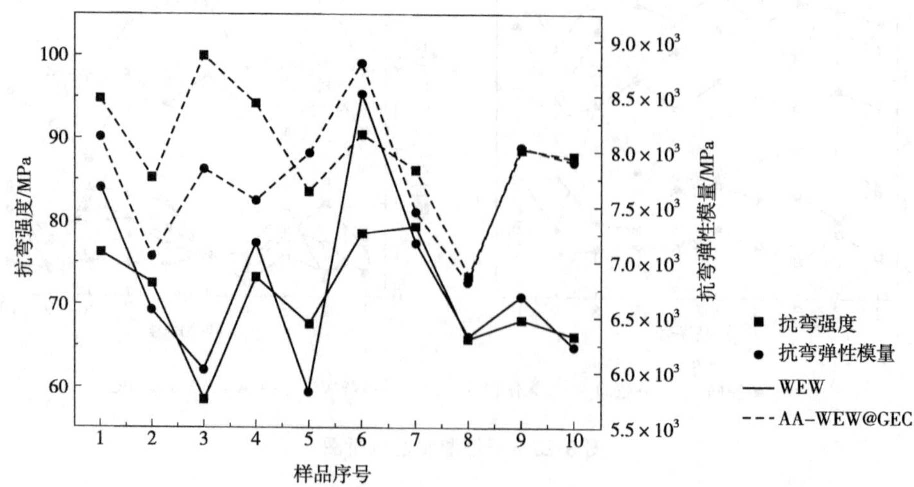

图 3-25 力学强度分析

与木材中的-COOH、-OH等活性基团发生交联反应，交联状的大片层结构包裹住纤维素微纤维，强化了木材细胞壁结构，提高了木材的力学性能。

3.3 本章小结

本章对绿色化学法制备的导电木材进行了系统研究，得出此种方法制备的三维各向异性导电木材具有质轻，保留木材原有的中空孔隙结构，且提高了木材的力学性能、尺寸稳定性等优势，具体结论如下：

① AA为木材中rGO的最佳绿色还原剂。

② 单因素分析结果可知，在GO浓度为5mg/mL，AA浓度5mg/mL，水热反应时间4h，反应温度为100℃时，材料的三维各向异性导电性能分别为：纵向36.7Ω·cm，弦向591.4Ω·cm，径向3231.2Ω·cm。

③ 多种分析手段表明，rGO沿着木材孔隙内壁原位连续性生长，构建了完整的三维导电线路，使得导电木材具有三维各向异性导电性能。

④ 本部分研究的导电木材同时具有三维各向异性电磁屏蔽及吸波性能，且导电木材的尺寸稳定性及力学性能也明显提升，可进一步扩大木材的应用领域，并可为导电材料领域提供一种新型材料。

间歇式机械力热压法制备木材/石墨烯导电材料 4

我国现有森林资源一直处于供不应求的状态，为满足人类对木材的需要，人工速生林(尤其是杨木)，在我国大范围发展。生材由于成材时间短，大部分存在密度低、木质松软、物理力学性能差等缺点，在高附加值领域的应用较少。浸渍和机械压缩密实化一直是学术界和产业界高度重视的一种低密度木材强化方法，可以有效提高木材的力学性能。由于无须添加化学试剂，压缩密实化的木材环保性好、成本低，但吸水后的尺寸不稳定是其技术瓶颈之一，且不具有导电性能，其应用领域大幅受限。

石墨烯作为新型碳纳米结构材料，由碳原子以 sp^2 杂化轨道形成的六边形呈晶格状平面二维薄膜，具有优异的电学[电子迁移率 $1.5\times10^4 cm^2/(V\cdot s)$]、力学性能(理论杨氏模量 1.0TPa)。上一章内容采用绿色化学法制备了导电木材，其导电性能及木材原有的物理力学性能与 GO 在实体木材内部的分布、还原程度，实体木材孔隙结构及绿色法加入的还原剂密切相关。基于此，本部分内容从木材孔隙结构变化角度考虑，将密实化手段和浸渍 GO 的方法结合，一方面，GO 可以在热压的温度下进行还原；另一方面，热压的物理机械作用可以减轻 GO 还原过程中的卷曲形态变化，致使还原后的石墨烯在木材内部分布更加均匀，导电效果更好。热压处理除了赋予木材导电性，也提高了材料的物理机械性能。因此，本试验采用间歇式机械力热压还原的方式来制得木基石墨烯导电材料。

4.1 材料与方法

4.1.1 试验材料(表 4-1)

表 4-1 试验的主要材料

名称	纯度	生产来源
速生杨木	—	内蒙古自治区呼和浩特市，平均树龄 11a，平均胸径 15cm，向树皮方向依次截取厚度为 3cm 的弦切板材，将其气干至含水率 12%后，加工成规格为 3cm×3cm×1cm 的试样，挑选出无明显缺陷的试样密封备用

（续）

名称	纯度	生产来源
石墨粉	分析纯	天津市恒兴化学试剂制造有限公司

4.1.2　试验仪器设备

本部分试验中主要使用的仪器设备除了与上一章一致的以外，剩余的见表 4-2。

表 4-2　试验的部分仪器设备

仪器名称	型号	生产厂家
MN 压力成型机	0320	无锡市中凯橡塑机械有限公司(中国)
恒温恒湿箱	BC1500	上海一横科学仪器有限公司(中国)

4.1.3　材料制备

将预先制备好的纵向×弦向×径向为 3cm×3cm×4cm 的杨木试样进行冷热水、冷冻循环处理，直至水的颜色澄清透明，之后在真空干燥箱中 60℃ 处理 24h，至含水率到 10%以内。

试验采用改进 Hummers 法来制备 GO 前驱体，方法同上一章 GO 前驱体的制备。

试验采用脉冲式真空法(0.08MPa，25℃，10min 真空+3min 常压+5min 真空)初步得到木材/氧化石墨烯复合材料，将样品在真空干燥箱中 60℃处理 24h，至绝干。

经过干燥处理后，利用间歇式热压机机械压力及热量共同对木材机体中的 GO 进行还原，以电阻率为衡量指标，以 GO 前驱体分散液的浓度(1~5mg/mL)、试件压缩率(压缩率范围为 0~60%)、热压温度(140~220℃)、热压时间(5~75min)为影响因素，重点考察机械热压过程中 GO 重新分布对材料导电性能的影响，确定出制备导电木材的最优工艺，并研究此种制备工艺下的三维导电机理，最后从材料的电磁屏蔽性能、吸波性能、物理力学性能等进一步确定出石墨烯在木材基质模板中的生长方式及对材料原有性能的影响，证明 rGO 与木材之间的关系。

4.2　结果与分析

4.2.1　试验因素对材料导电性能的影响

4.2.1.1　GO 前驱体浓度对导电线路的影响

GO 前驱体以分散液的形式，在脉冲式真空条件下进入木材基质模板中发生原位生长，之后的间歇式机械力热压过程使得 GO 在木材机体中还原时发生一定程度的重新分布。如

图 4-1 所示，(a)为 GO 分散液浓度对材料表面电阻率的影响，(b)为 GO 分散液浓度对材料体积电阻率的影响，可以看出：① 材料 3 个方向表面电阻率与体积电阻率的趋势基本一致，说明木材基质模板从表及里的三维通道无阻碍，渗透性能较好，且制备的 GO 分散液的粒径适应木材基质模板的孔隙。② 同样热压还原条件下，GO 分散液浓度<3mg/mL 时，材料 3 个方向的导电性能大小始终为纵向>径向>弦向，且随着 GO 分散液浓度的增大，差异性减小，与木材原有基质模板孔隙分布的三维差异出现一定差别，这可能是热压过程中，上下多孔透气压板与弦切面直接接触，导致材料径向孔隙中的 GO 在还原过程中发生重新排布，间歇式机械力使得部分孔壁破碎时，原有相邻孔壁内的 GO 重新分布并连通，最终还原具有导电效果的 rGO。同时，材料的径向在垂直平面内发生一定错位扭曲，使得此平面内的 GO 分布连通性变得不均匀，致使其导电性能弱于弦向。GO 分散液浓度>3mg/mL 时，导电性能的顺序为纵向>弦向>径向。这可能是 GO 分散液浓度变大后，热压机械力导致的错位扭曲对导电性能的影响程度小于 GO 分散液浓度的影响，GO 的片层连通性较好。③ 材料 3 个方向的导电性能均是在 GO 分散液浓度为 3mg/mL 时达到最好，说明此浓度下的 GO 在木材基质模板中脱氧还原生成的 rGO 构建的导电线路最佳。

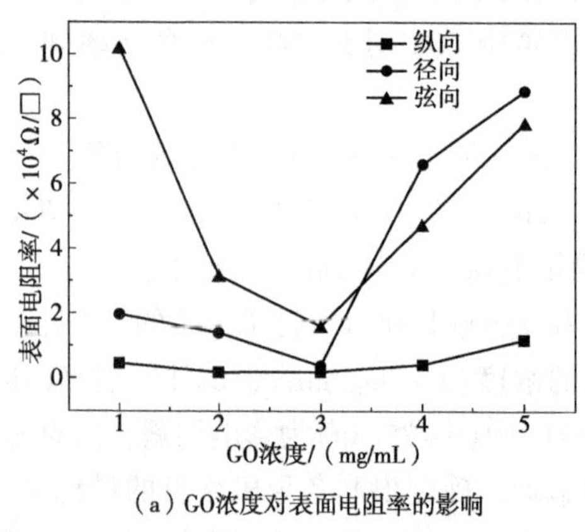

（a）GO浓度对表面电阻率的影响

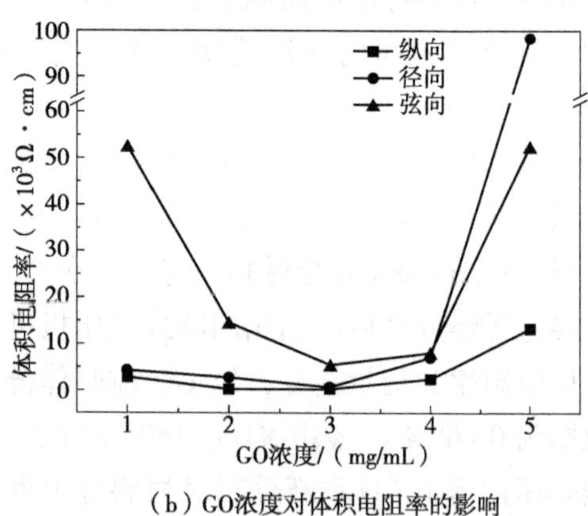

（b）GO浓度对体积电阻率的影响

图 4-1　GO 浓度的影响

4.2.1.2　间歇式机械力热压对 rGO 的导电线路及还原度的影响

间歇式机械力热压过程使得 GO 在木材机体中发生一定程度的重新分布时，机械挤压作用也促进了 GO 的脱氧程度、苯环结构的平整度及与木材孔壁的接触。图 4-2 显示，随着压缩率的增加，3 个方向的表面电阻率及体积电阻率先迅速降低，之后变化趋势平缓，在压缩率为 45%时达到最小，之后上升。其原因可能是初始压缩率的增加，大幅度促进了 rGO 导电线路的进一步连通及 GO 脱氧程度的增加，压缩率大于 15%之后，机械挤压作用的影响变小，直至压缩率为 45%，导电效果达到最好。

4.2.1.3　热压温度对 rGO 还原度的影响

温度是木材机体中 GO 发生脱氧反应恢复苯环共轭结构的直接能量来源，影响着 rGO

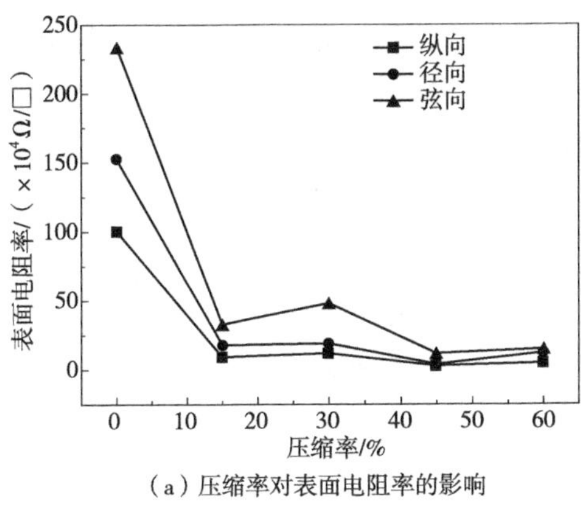

(a) 压缩率对表面电阻率的影响

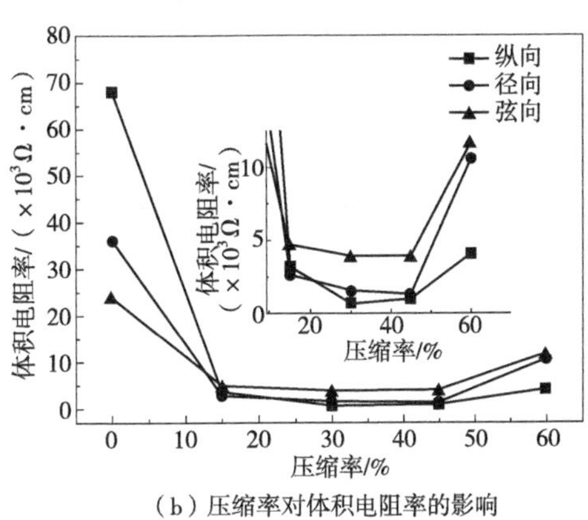

(b) 压缩率对体积电阻率的影响

图 4-2 间歇式热压机械力的影响

的还原度。本试验是以木材基质模板为主进行研究，温度过高会导致木材机体的过度损坏，初步考虑 140~220℃阶段内木材机体中 rGO 的还原过程。由图 4-3 可知，随着温度的增加，3 个方向导电性能的顺序为纵向>径向>弦向，导电性能在 200℃达到最佳，大于 200℃时，3 个方向的导电性能均变差，且弦向的表面电阻率大于径向的表面电阻率。因此，在 200℃时，材料吸收的能量既保证了 rGO 的原位生长，又保留了木材原有的骨架结构，是间歇式机械力热压过程的最佳温度。

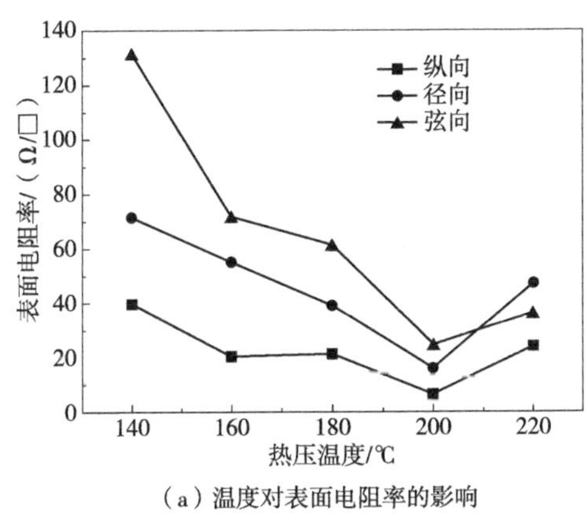

(a) 温度对表面电阻率的影响

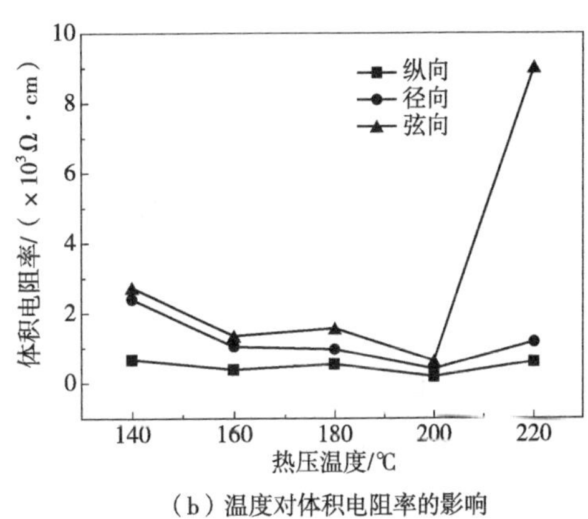

(b) 温度对体积电阻率的影响

图 4-3 热压温度的影响

4.2.1.4 热压时间对 rGO 还原度的影响

热压时间是能量的累积过程，实际试验中，间歇式机械力热压过程在进行到 30min 时停止，之后是保温热传递过程。图 4-4 显示，热压时间<30min 时，由于间歇式机械力的作用，木材基质模板 3 个方向都出现一定挤压，使得部分孔隙被破坏，孔壁上的 rGO 发生重

新分布且为连续分布，随着时间的增加，源源不断的恒定能量传送至木材机体中，致使rGO在新形成的导电线路中原位快速生长，表面电阻率和体积电阻率急速下降，导电效果明显。热压时间在30~45min时，木材机体中的rGO在已经形成的导电线路中继续生长，在45min时生长到最佳，之后随着时间的继续增加，木材基质模板中的三大组分吸收过多的能量发生部分分解，rGO形成的导电线路也受到影响，导电效果变差。

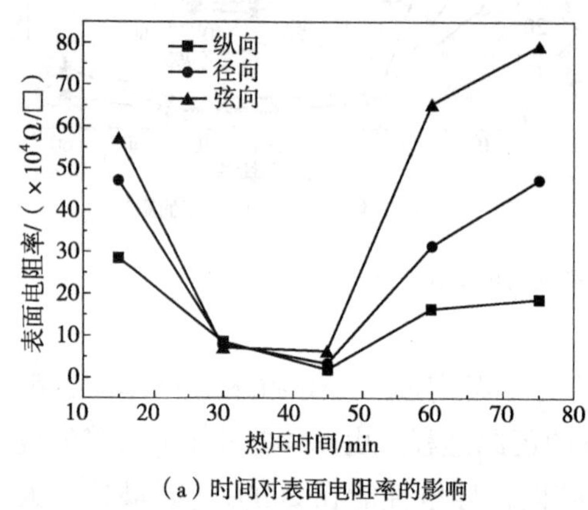

(a)时间对表面电阻率的影响

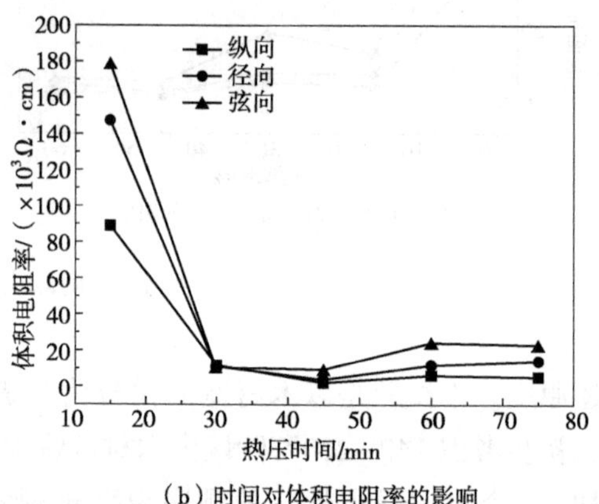

(b)时间对体积电阻率的影响

图4-4 热压时间的影响

4.2.2 材料三维导电性的分析

4.2.2.1 霍尔效应—范德堡测试法对材料三维导电性的分析

本部分试验采用霍尔效应—范德堡测试法从材料导电性能形成的原因测试材料的导电性，进一步验证直流测试导电性的准确性。

表4-3 霍尔效应分析法

指标	纵向	径向	弦向
载体类型	n	n	n
载流子面密度/(10^{10}/cm^2)	1103	432	516
载流子体积密度/(10^{11}/cm^3)	551.5	216	258
霍尔系数/(10^6cm^3/C)	-0.113	-2.889	-2.419
体积电阻率/(Ω·cm)	3.8	48.04	70.70
电子迁移率/[10^3 cm^2/(V·s)]	0.7926	1.686	0.552

由表4-3可知，3个切面均为n型半导体，说明材料主要是以自由电子为多数载流子的半导体材料，电子的面密度及体密度间接反映电子的浓度，顺序为纵向>弦向>径向，电子迁移率的顺序为径向>纵向>弦向，3个方向的电阻率数值分别为纵向3.8Ω·cm、径向48.04Ω·cm、弦向70.70Ω·cm，说明热压机械力的作用导致rGO在3个方向导电线路差

异变小，纵向 rGO 的浓度较大，导电线路的重排对导电性能的影响不大，径向 rGO 导电线路的重排效果影响大于 rGO 浓度的影响，与直流法测试的规律一致。

4.2.2.2 三维宏观导电通路图分析

如图 4-5 所示，用导线将两面贴有铜箔的密实化木材/石墨烯导电材料(DST-WEW@GEC)串联在带有稳压电源的电路中，闭合开关后发现 DST-WEW@ GEC 3 个方向均可以使电路中的二极管变亮，在亮度一致的条件下，3 个方向电压的大小顺序纵向>径向>弦向。这说明本次制备的导电材料仍具有三维各向异性，但 rGO 在 3 个方向构建的导电线路并不是严格按照木材原有的孔隙结构分布，且由于热压机械力的作用导致径向的导电效果大于弦向。

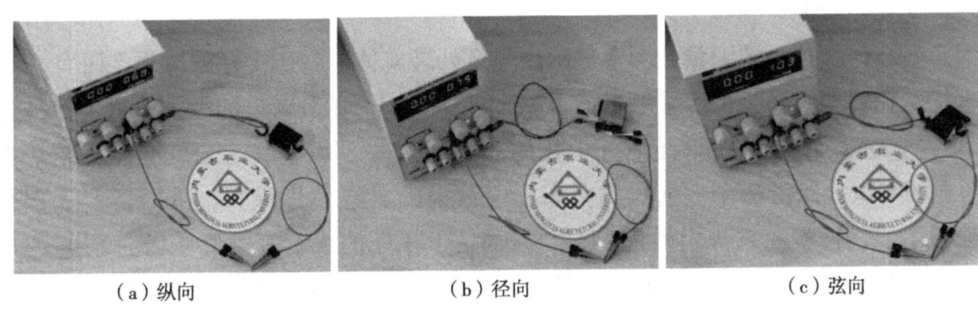

图 4-5 三维导电通路图

4.2.3 材料的导电机理分析

机械挤压作用使得 GO 发生一定程度的重排，片层结构平整，紧密与木材机体结合，片层间连续性提高，且提高了 GO 的脱氧程度。由图 4-6 的木材/GO 复合材料(W/GO)可以看出，GO 沿着木材的三维孔隙严格分布，GO 分布的顺序为纵向>径向≈弦向，均匀度为纵向>弦向>径向。经机械热压处理后，DST-WEW@ GEC 径向上的厚度缩小约一倍，弦切面表面变得光滑平整，横截面和径切面均发生一定程度的扭曲，机械力作用引起木材骨

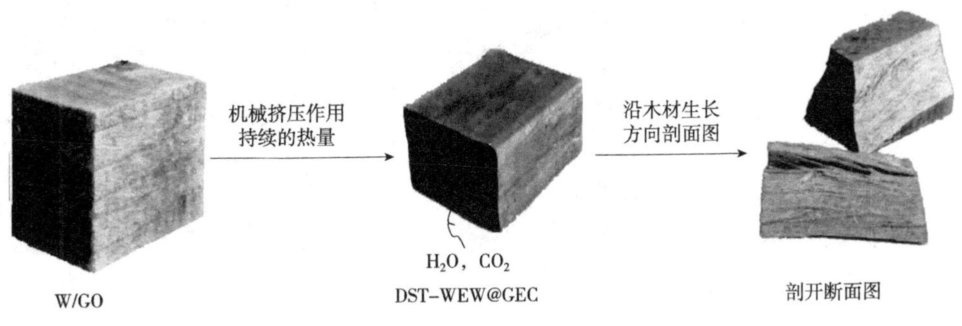

图 4-6 导电机理分析

架结构的变形，直接影响着其孔隙结构上分布 GO 的重排，3 个切面上灰黑色的变化，说明持续的热量促使 GO 脱氧生成了连续性的 rGO，恢复了大 π 键共轭结构，构建了三维的导电线路。从弦切面虚线内的 rGO 分布可明显看出，rGO 脱离木材原来骨架结构的束缚，在平面内完全连续，形成完整的导电平面，结合断面图可以看出，径切面和弦切面上的 rGO 由于所依附孔壁彼此间的接近，也分布更加均匀，缩小了木材原有三维各向异性引起的导电性的差异，验证了上述三维导电结果分析的准确性。

4.2.4 导电材料的结构分析

4.2.4.1 微观形貌分析

图 4-7 为 OLS 拍摄的图像，图中显示出热压处理实体木材产生轻微炭化，而有 rGO 生长的木材炭化程度减弱，说明 rGO 的存在减弱了木材成分的分解。间歇式机械力热压过程使得 DST-WEW@ GEC 的径切面部分生长的 rGO 发生局部堆叠，均匀度变差，弦切面的 rGO 形成的导电线路沿各个方向均匀分布，横截面的 rGO 浓度最大，依旧保留了部分孔隙，证明了前述材料三维导电性能的分析。总之，rGO 的浓度直接影响着片层间的连续性，其次是导电线路的构建，间歇式热压机械力接触面导致弦切面的 rGO 结构更为平整地与木材机体紧密接触，提高了导电线路的畅通度。

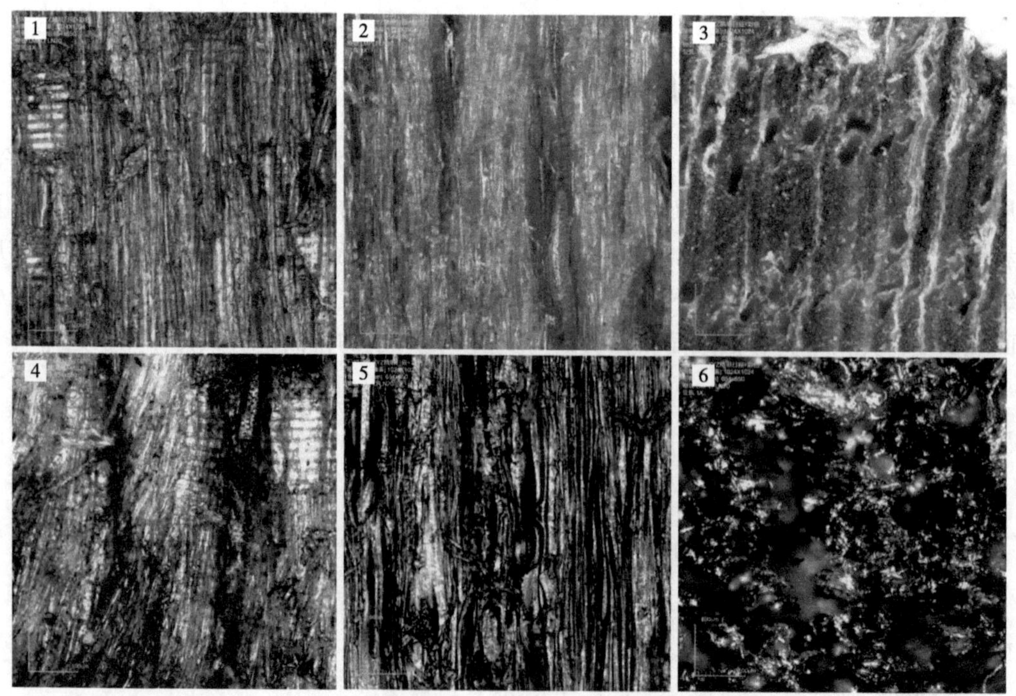

1. DST-WEW的径切面；2. DST-WEW的弦切面；3. DST-WEW的横截面；4. DST-WEW@GEC的径切面；5. DST-WEW@GEC的弦切面；6. 为DST-WEW@GEC的横截面。

图 4-7 OLS 分析图像

4.2.4.2 SEM 形貌分析

SEM 进一步对材料的径切面和横截面区域进行了微观分析，图 4-8(a)依次为密实化杨木素材(DST-WEW)的径切面、横截面及 EDS 分析图，可清晰地看出木材中的导管、木射线及纹孔结构，且导管与木射线由于热压过程导致出现部分破碎，右上角的局部放大图中纹孔清晰可见，纹孔周围有大量破碎过程中产生的木屑；横截面的管孔及木纤维由于制样软化过程中水分的影响导致回弹现象较为严重，说明单纯的机械热压过程难以提高木材的尺寸稳定性。图 4-8(b)依次为 DST-WEW@ GEC 的径切面、横截面及 EDS 分析图，可以看出它与 DST-WEW 同等制样及放大倍数条件下，rGO 在木材管道、木射线及纹孔以膜的形式紧贴管壁均匀生长，在厚度方向上的堆叠及热力学运动较差；横截面图中，管孔及木射线等基本处于压扁状态，说明制样的软化过程对材料的回弹影响较差，木材的尺寸稳定性提高，右上角的局部放大图可以看出 rGO 沿着横截面的管壁明显变厚，黑色圈可明显看出 rGO 沿着木材的孔隙内壁分布，且明显提高了木材在切片过程中的韧性，rGO 的经典褶皱结构在管孔内部分布均匀，有大量薄膜枝桠状结构明显黏附在横截面的管壁上并凸出。白色圈里为管孔之间的胞间层，也可以看到 rGO 的片层分布，说明 rGO 均匀进到木材细胞壁。上述分析说明 rGO 在木材的多尺度孔隙结构中均匀生长，且连续性较好，构建了导电线路。SEM 形貌结构分析中测试的 EDS 谱图显示出，DST-WEW 硫氢比为 3.1，DST-WEW@ GEC 的硫氢比为 5.1，前面试验中 GO 的碳氧比为 0.8，说明 GO 在木材机体中进行间歇式机械力热压还原的程度达 2 倍以上，大量 rGO 填充于木材机体内部。

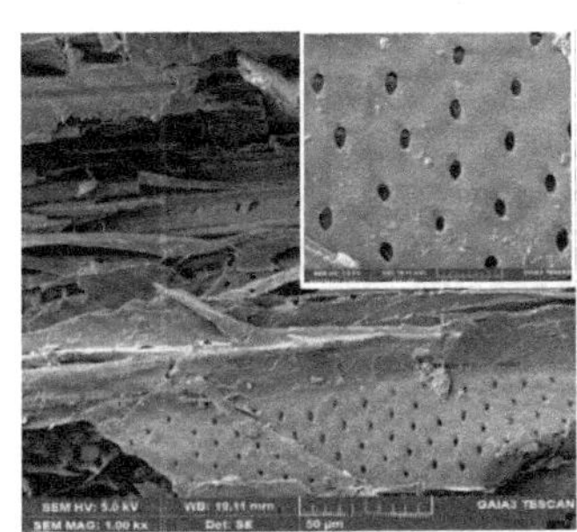
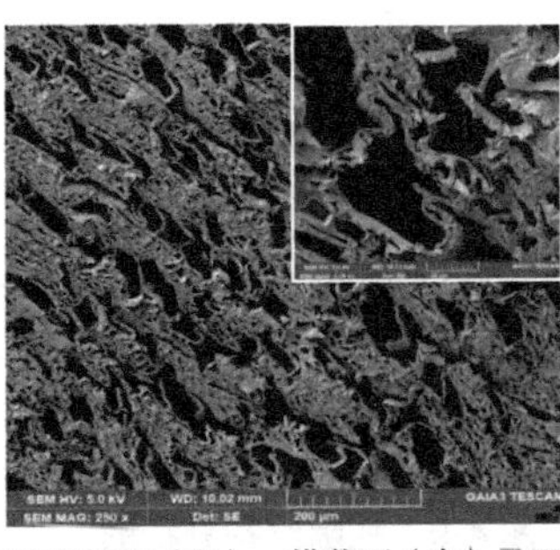
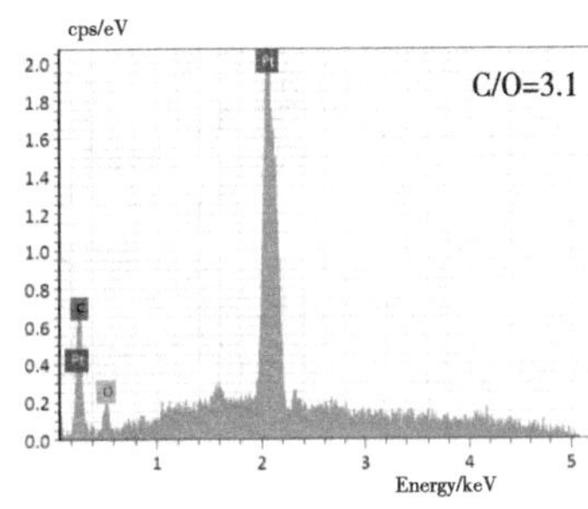

(a) DST-WEW的径切面（左）、横截面（中）及EDS分析图（右）

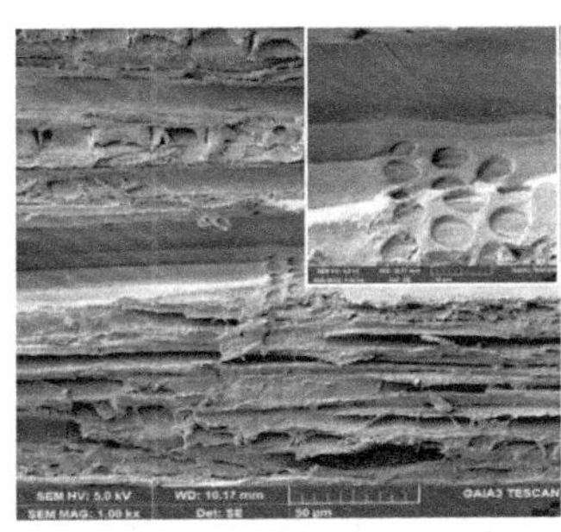

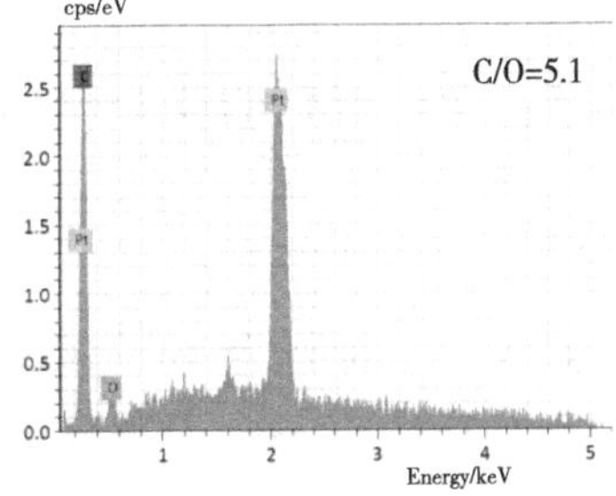

(b) DST-WEW@GEC的径切面（左）、横截面（右）及EDS分析图（右）

图 4-8 扫描电镜及能谱分析图

4.2.4.3 压汞仪孔隙结构分析

上述形貌直观地显示了局部 rGO 在木材基质模板中的生长，为获得 rGO 在木材整体孔隙中的分布情况，本试验借助压汞仪对材料的孔隙结构进行了分析，如图 4-9 所示。随着孔径的增加，二者累计孔体积的变化趋势一致，但 DST-WEW@ GEC 不同孔隙范围的累计孔体积均小于 DST-WEW，说明 rGO 在木材机体中的多尺度孔隙中均有分布。对数微分孔体积显示，WEW 在 198301nm 附近出现最大峰，此阶段为大的导管分布，DST-WEW@ GEC 则没有，说明此范围内的孔隙中分布大量 rGO。DST-WEW@ GEC 在 18087～5215nm 的峰形发生明显右移，且峰形明显减小，说明此范围内的孔隙也发生了大量 rGO 的填充。在 5215～1519nm，DST-WEW@ GEC 的峰及峰高均明显右移，新的峰高在 2842nm，说明此处 rGO 的分布较多。在 1519～348nm 内，DST-WEW@ GEC 的峰形尖锐，峰高大于 DST-WEW，且均明显左移，其原因可能是与弦切面相比，热压过程中压板未与径切面接触，导致径切面上孔隙中的 rGO 与木材管壁的结合，出现一定的间隙导致。总之，DST-WEW@ GEC 的微孔和中孔较 DST-WEW 大幅减少，说明 rGO 填充于纹孔、木射线细胞腔和细胞间隙等，且均匀分布，整体形成导电通路，从结构上实现了导电。

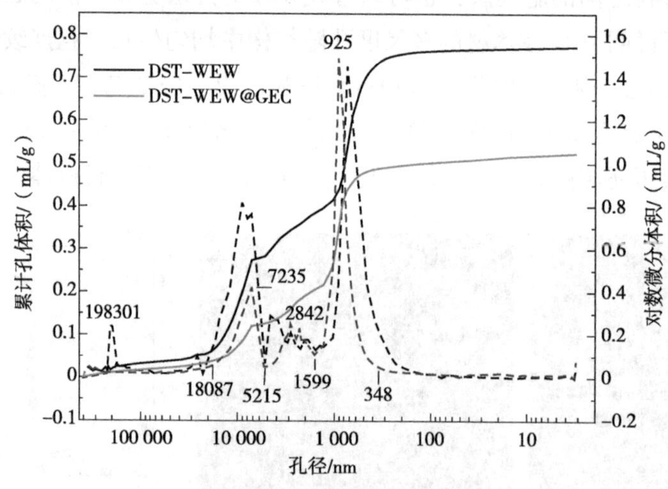

图 4-9 孔隙结构分析图

4.2.5 导电材料的成分分析

4.2.5.1 CRM 分析

CRM 是表征石墨烯的层数及缺陷程度的有力工具。G 峰大约在 1580cm^{-1}，该峰能有效反映石墨烯的层数。D 峰在 1350cm^{-1}，通常被认为是石墨烯的无序振动峰，用于表征石墨烯样品中的结构缺陷或边缘，一般用 D 峰与 G 峰的强度比(I_D/I_G)以及 G 峰的半峰宽(FWHM)来表征石墨烯中的缺陷密度。图 4-10(a)、(b)分别为 DST-WEW、DST-WEW@

GEC 的 CRM 分析，从图中可以看出 rGO 由于热压作用在弦切面均匀连续分布。图 4-10(c)为 DST-WEW、DST-WEW@ GEC 的 CRM 分析图，由于木材的拉曼峰极其微弱，rGO 的拉曼光谱信号较强，对比可以明显看出 DST-WEW@ GEC 结构中有明显 rGO 的 D 峰与 G 峰，且 I_D/I_G为 0. 84，说明 D 峰代表的缺陷程度较小，rGO 在间歇式机械热压还原过程中的-OH、-COOH、C-O-C 充分脱落，碳的芳香环结构恢复，共轭大 π 键体系得以恢复，拥有导电性能。

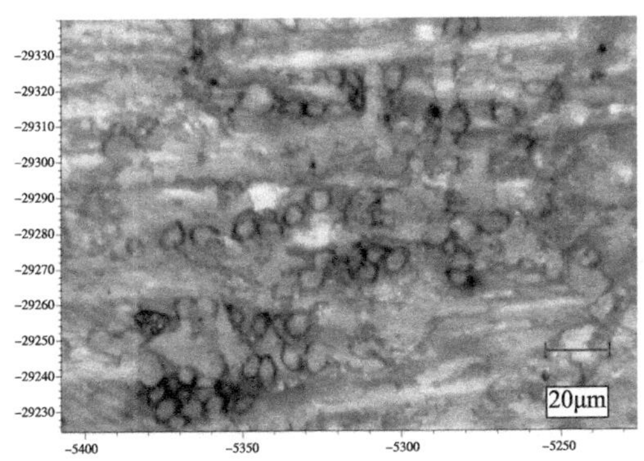

(a) DST-WEW的CRM成像

(b) DST-WEW@GEC的CRM成像

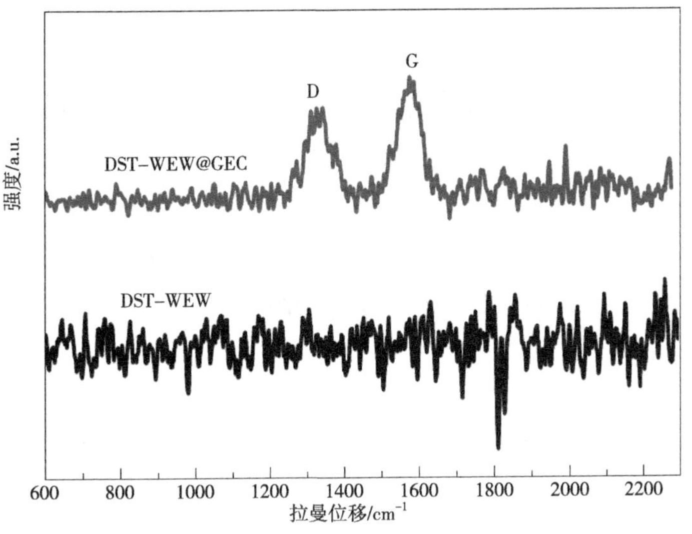

(c) DST-WEW及DST-WEW@GEC的CRM分析图

图 4-10 CRM 分析图

4. 2. 5. 2 XRD 分析

如图 4-11 所示，纤维素的 3 个衍射峰 2θ 值为 17°[纤维素(101)的结晶峰]、23°[纤维素(002)晶面的结晶峰]和 36. 5°[纤维素(040)晶面的结晶峰]的位置并没有发生改变，说明 DST-WEW@ GEC 并没有破坏木材的结晶结构，只是结晶度有所降低，其原因可能是

rGO 在木材机体中的生长阻碍了木材原有特征峰的表达。氧化石墨烯 2θ 值为 9.42°(001)晶面和 43°(100)晶面的特征衍射峰均没有显现，这说明 GO 在木材基质模板中的还原程度较大，生成了具有导电性的 rGO。

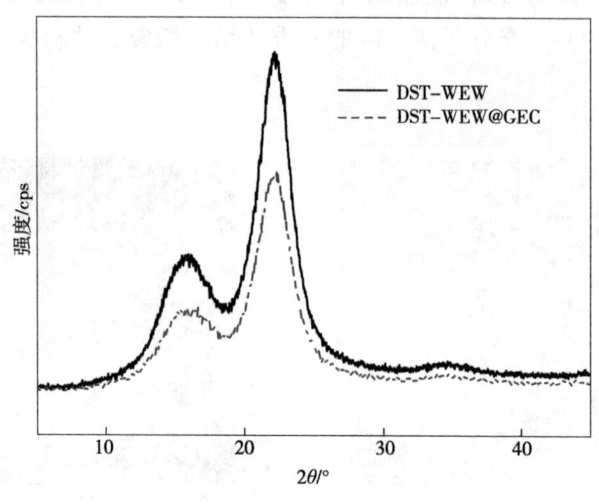

图 4-11 XRD 分析图

4.2.5.3 FTIR 分析

如图 4-12 所示，与 DST-WEW 相比，缔合态-OH 的特征峰位由 3315cm^{-1} 移至 3423cm^{-1}，且特征峰的振动强度大幅度增强，峰形宽度变窄，其原因是 GO 与木材进行复合时，其结构上的-OH 与木材结构中的-OH 发生氢键缔合，形成大量的多聚体，将 GO 以"铆钉"的形式固定在木材管壁。DST-WEW@GEC 官能团-CH_2中-CH 在 2923cm^{-1}的反对称伸缩振动明显增强，1425cm^{-1}处-CH_2的剪式振动增强，其原因是 DST-WEW@GEC 中的

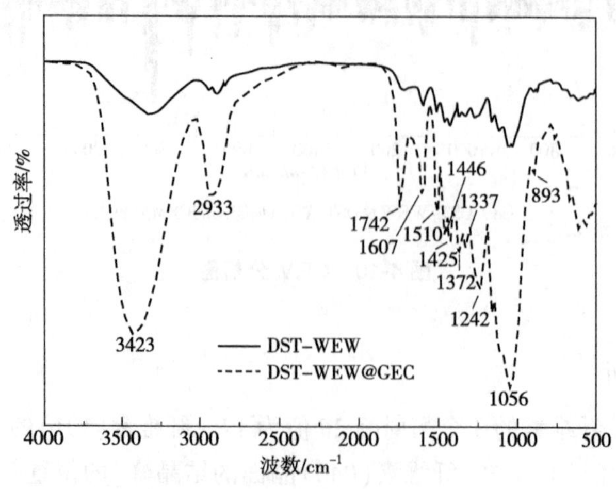

图 4-12 FTIR 分析图

GO在还原过程中，片层结构上的-COOH分解，以CO_2的形式脱落，致使-CH_2基团大量增加，说明GO在木材机体内部发生了良好的还原。1742cm^{-1}处C=O官能团的伸缩振动，1242cm^{-1}处环氧基C-O-C的非对称伸缩振动，1050cm^{-1}处烷氧键C-O的非对称伸缩振动均增强，说明了DST-WEW@GEC中rGO碳基面边缘处的-COOH与木材中的游离态-OH以酯键的形式进行了大量化学键合。在1600cm^{-1}、1510cm^{-1}、1425cm^{-1}处特征吸收峰峰形尖锐增强，是苯环的骨架变形振动，说明GO在木材机体中的苯环共轭大π键恢复。1372cm^{-1}处C-H弯曲振动增强，898 cm^{-1}、771 cm^{-1}、666cm^{-1}处出现苯环的C-H面外弯曲振动肩峰，进一步说明rGO苯环结构上-COOH与木材中的游离态-OH发生酯化反应，致使rGO苯环结构产生不同程度的取代物。以上分析说明了rGO完整分布于木材机体中，木材与GO含氧官能团发生化学键合，两者结合紧密，共轭大π键的恢复提供了电子运行的轨道，是构成导电线路的基础。

4.2.5.4 X射线光电子能谱分析

前述内容基本是定量分析，X射线光电子能谱也可以对导电材料中的官能团进行定性分析，如图4-13(a)所示，DST-WEW的碳氧比为0.58，DST-WEW@GEC的碳氧比为1.27，明显提高2倍，DST-WEW@GEC中氧元素的含量降低，碳元素的含量增加，说明间歇式机械力热压过程有效去除了含氧官能团，使其更加接近石墨烯结构。由图4-13(b)可知，与DST-WEW相比，DST-WEW@GEC的C=O基本消失，O-C-O官能团峰高值从6223.49减少到3699.26，其原因可能是GO片层结构上的-COOH、C-O-C在间歇式机械力热压还原过程中以CO_2的形式脱落，生成了更多的-CH_2基团，释放出了具有导电性的石墨烯；C-O官能团峰高值从18619.9减少到1188.8，其原因可能是木材结构中的游离态-OH与GO片层上的-COOH发生了酯化反应，与-OH发生氢键结合作用导致。由图4-13(c)可知，DST-WEW@GEC的含氧官能团O-C=O峰高值从22280.5减小到17930.9，进一步验证了C1s的分峰结果，说明DST-WEW@GEC中GO与木材的-OH进行了有机结合，且间歇式机械力热压还原过程中GO片层结构上剩余的-OH、-COOH、C-O-C也以H_2O(气体)及CO_2的形式脱落。GO结构上含氧官能团大量去除，大π共轭结构被修复，使电子更容易在Pz轨道上定向移动，增大载流子浓度从而释放导电性。剩余C=O的峰位置由531.8eV又红移至531.2eV，说明其价态降低，电子云密度升高，自由电子的浓度增加，提高了导电效率。

4.2.5.5 微观功函数—价带分析

由图4-14可知，功函数的大小标志着电子在金属中束缚的强弱，功函数越大，电子越不容易离开金属，是体现电子传输能力的一个重要物理量。电子在深度为X的势阱内，要使费米面上的电子逃离金属，至少须使之获得$W=X-EF$的能量，W称为脱出功，又称为功函数。脱出功越小，电子脱离金属越容易。由霍尔效应测试可知，本试验制备的导电材料为n型半导体，所以半导体材料的E_f位于带隙之间，它与价电子所能填充的最高能量位置价带顶(VBM)之间有一个未知的能量差，该能量可以大到与禁带宽度Eg相当。

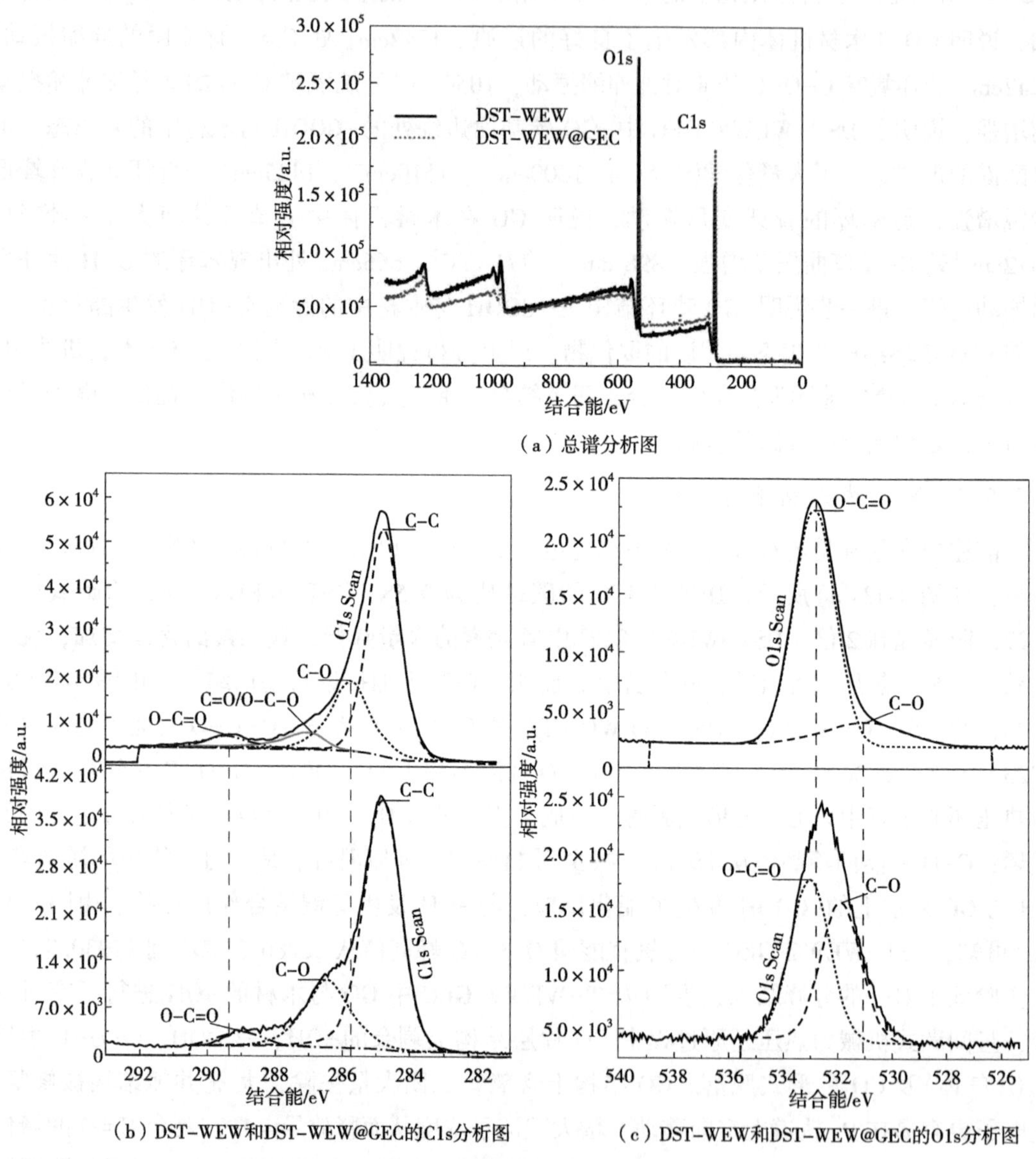

（a）总谱分析图

（b）DST-WEW和DST-WEW@GEC的C1s分析图　（c）DST-WEW和DST-WEW@GEC的O1s分析图

图 4-13　XPS 总谱及分峰图

功函数(Φ)= 21. 2−19. 5 = 1. 7eV，功函数(逸出功)是指从费米能级到真空能级之间的逸出功为电子发生迁移需要的能量，本研究的此数值接近于金属材料 *K* 的数值，说明电子在此材料中的穿行需要的能量较小。逸出功越小，越有利于载流子的传导。硅的功函数为 1. 12eV，小于本材料。本次制备材料的价带值为 2. 5eV，与氧化亚铁接近，但氧化亚铁极其不稳定，极易进一步失去电子变成氧化铁，说明本次制备材料中的 rGO 苯环共轭结构恢复较好，其内部的价带极易发生电子的跃迁，可以提高导电效果。

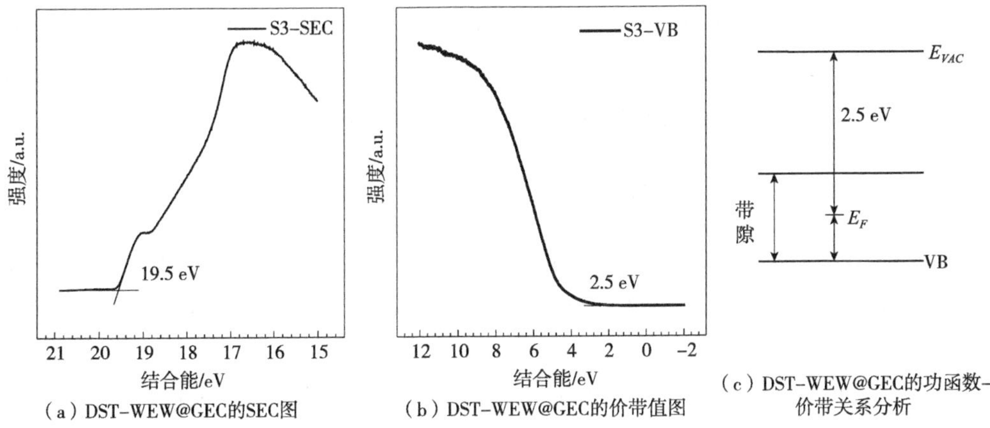

（a）DST-WEW@GEC的SEC图　（b）DST-WEW@GEC的价带值图　（c）DST-WEW@GEC的功函数-价带关系分析

图 4-14　紫外光电子能谱分析图

4.2.5.6　TG-DSC 分析

上述内容定性定量的从导电材料的结晶度、官能团及价带角度分析了 rGO 与木材基质模板的关系。图 4-15 的 TG-DSC 曲线显示了从材料随温度变化的稳定性角度分析的二者关系。在 0~400℃范围内，DST-WEW@ GEC 的吸热量比 DST-WEW 低，且失重趋势相对平缓，一方面是因为 DST-WEW@ GEC 中 rGO 与木材中游离态-OH 发生化学键合，致使游离态-OH 较少，而 DST-WEW 中的游离态-OH 较多，结合了空气中的水分子，需要更高的热量去释放。另一方面是由于 rGO 与木材复合后，其大量的苯环片层结构碳层起到隔离热和氧气的作用，延缓了木材的热解，提高木材的热稳定性。DSC 曲线中，DST-WEW 在 450℃时产生一个明显的吸热峰，可能是木质素分解过程达到了最大程度，吸热反应生成了固体炭和木醋液；DST-WEW@ GEC 在 430℃出现一个小而宽广的放热峰，原因是其内部的 rGO 阻碍了木质素的分解，同时 rGO 片层结构上剩余的少量较稳定的含氧官能团断

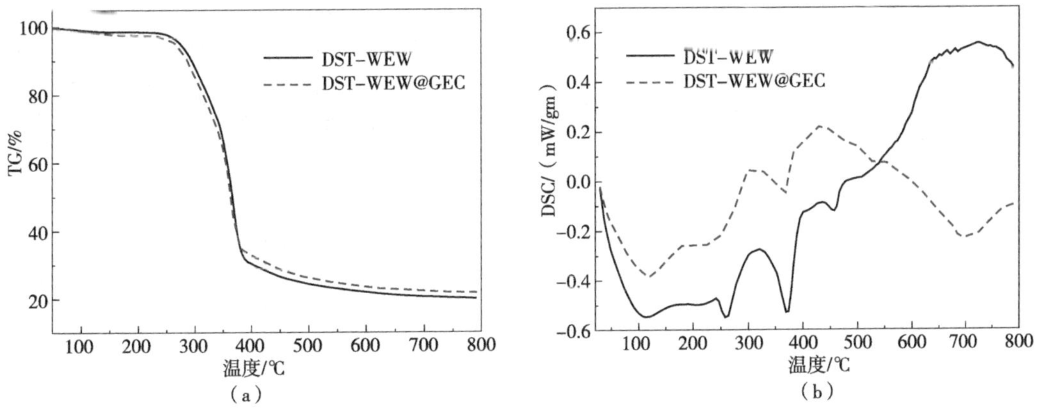

（a）　（b）

图 4-15　TG-DSC 曲线分析图

裂所致。540~780℃，DST-WEW 出现一个宽而广的放热峰，可能是残余木质素和炭化纤维素燃烧导致放热；DST-WEW@ GEC 在此阶段产生一个吸热峰，可能是木材与 rGO 键合的酯基发生断裂所致。综合以上分析可知，DST-WEW@ GEC 中的 rGO 片层上含氧官能团几乎被去除，使其还原后更接近石墨烯结构，便于导电通路的形成。

4.2.6 电磁屏蔽—吸波性能分析

本试验对木材进行了弦切面的间歇式机械力热压工艺处理，导致木材原有的三维各向异性孔隙分布出现一定变化，弦切面的管壁彼此间贴附，甚至发生一定程度坍塌，径切面和横截面的孔隙发生一定变形，基于其 3 个方向上导电性的差异，依旧对 3 个方向的电磁屏蔽性能进行了分析，如图 4-16 所示。图 4-16(a)为材料 3 个方向的电磁屏蔽效能分布，三者的电磁屏蔽效能值随着频率的增加而增大，弦向在 26.5~40GHz 范围内最大值为 26.8dB，径向为 18.5dB，纵向为 15.3dB。图 4-16(b)~(d)，分别为材料弦向、径向及纵向的吸波效能值，在 DST-WEW@ GEC 3 个方向的吸波效能仍具有一定差异，弦向在拟合厚度为 4.5mm，35~

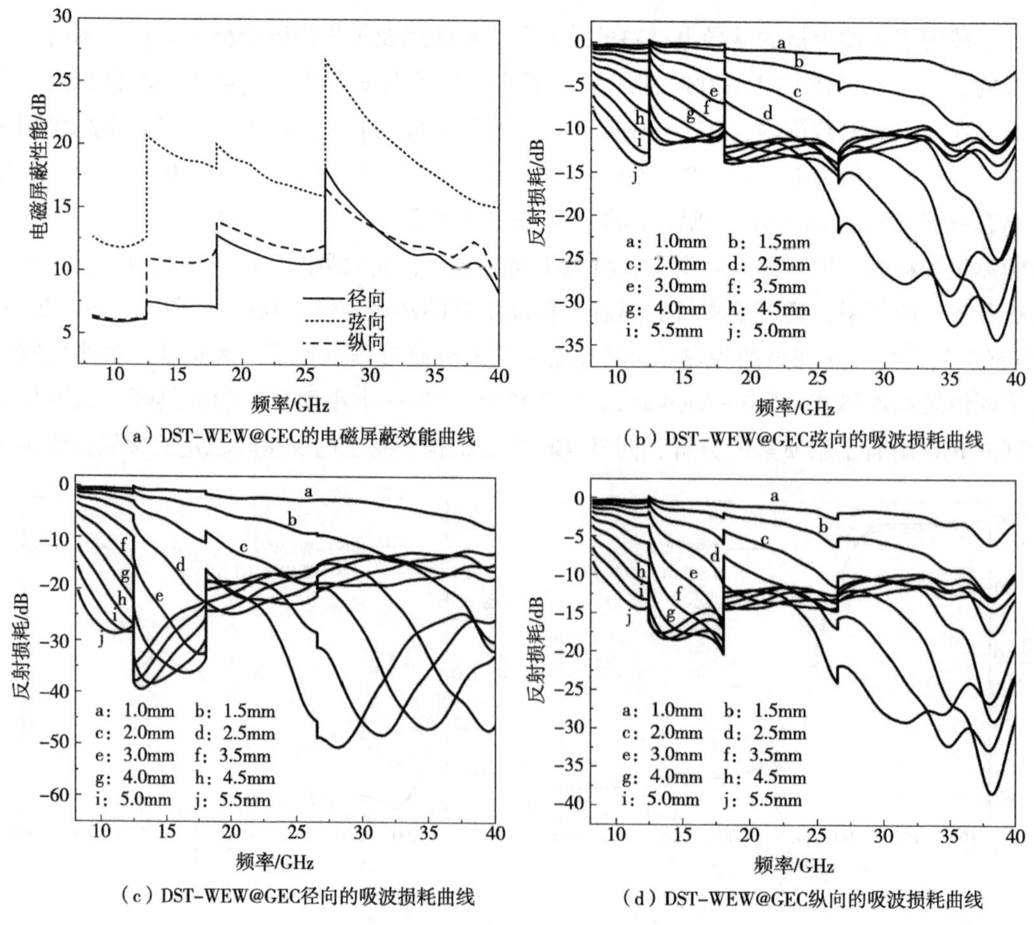

(a) DST-WEW@GEC的电磁屏蔽效能曲线

(b) DST-WEW@GEC弦向的吸波损耗曲线

(c) DST-WEW@GEC径向的吸波损耗曲线

(d) DST-WEW@GEC纵向的吸波损耗曲线

图 4-16 电磁屏蔽及吸波性能分析

40GHz 范围内达到最大值，为-33.5dB；径向在拟合厚度为 5.5mm，25~30GHz 范围内达到最大值，为-52.5dB；纵向在拟合厚度为 4.5mm，35~40GHz 范围内达到最大值，为-38.5dB。其原因可能是热压过程的机械力使弦切面的 rGO 的片层结构更为平整，且加速了片层结构上含氧官能团的逃逸，致使导电通路更加畅通，方便电磁波的吸收衰减效果。其次，间歇式机械热压力在作用于弦切面的过程中，材料径切面上的孔隙在垂直于其平面的方向发生扩大扭曲，横截面上的孔隙发生挤压，致使弦向和纵向的吸波性能差距减小。

4.2.7 导电材料的物理力学性能分析

4.2.7.1 密度分析

间歇式机械力热压过程使得木材 3 个方向的孔隙结构均发生一定程度的缩小变形，导致其密度明显增大。图 4-17 为 DST-WEW 和 DST-WEW@GEC 的气干密度及全干密度，图中显示出二者由于含水率的不同，全干密度均大于各自的气干密度，DST-WEW@GEC 的全干密度比 DST-WEW 提高 24%，气干密度提高 29%，说明 rGO 在木材机体内部的分布均匀，且 rGO 的还原程度较大，降低了气干条件下 DST-WEW@GECWEW 的吸水性能。

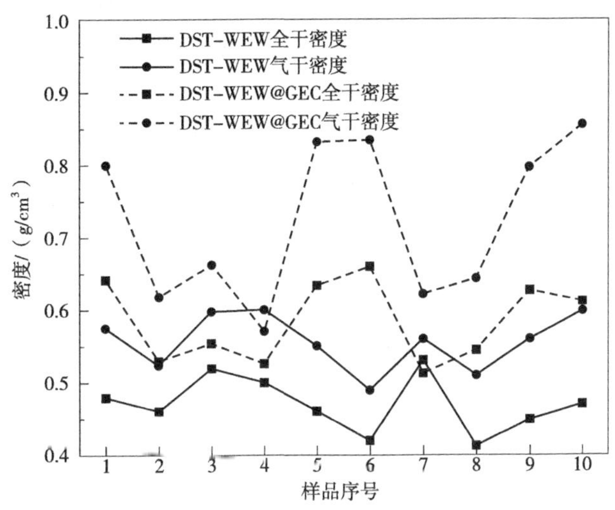

图 4-17 密度分析图

4.2.7.2 尺寸稳定性分析

(1)吸水性

木材是由骨架结构的细胞壁独立围绕成的中空结构，以串并联的方式构成，细胞壁中含有大量吸水性自由-OH，与外界的水分始终保持着间歇式吸附—解吸平衡，导致木材的尺寸出现变化，严重影响使用性能。图 4-18 为 DST-WEW 及 DST-WEW@GEC 的吸水性分析图，可明显看出与 rGO 复合后，材料的吸水性能减弱，降低了 43%。同时也说明 rGO 在木材机体内部的还原程度较大，提高了材料的疏水性能。

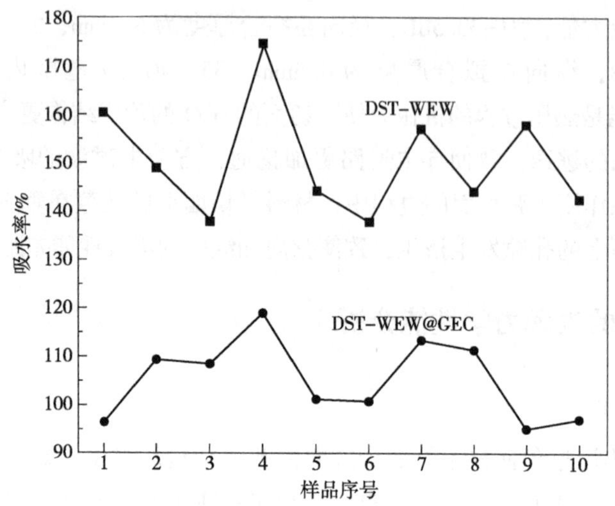

图 4-18 吸水性分析图

(2)润湿性

木材表面润湿性可以通过表面接触角测定。液体在材料表面接触角(θ)越小，表明液体与材料表面润湿性能越好。当 $\theta=0$ 时，完全润湿；$\theta<90°$时，则固体表面是亲水性的，即液体较易润湿固体，其角越小，表示润湿性越好；$\theta=90°$时，是润湿与否的分界线；$\theta>90°$，不润湿，则固体表面是疏水性的，容易在表面上移动；$\theta=180°$时，完全不润湿。本试验采用座滴法研究了液滴在同等条件下滴到实体木材及导电木材表面上的润湿性能连续性变化，如图 4-19 所示，水滴滴在 DET-WEW 表面，不到 8s 便发生瞬间润湿，表面接触角视为 0°，说明本次试验中只进行机械力热压处理的木材尺寸稳定性并未得到提高。

图 4-19 DST-WEW 的润湿角

图 4-20 为 DST-WEW@ GEC 3 个切面的瞬时润湿角及随时间增加后的变化示意图，从中可以看出，DST-WEW@ GEC 径切面的润湿角最大，为 124.5°；其次为弦切面，为 117.1°；最后为横截面，为 95.5°，且径切面的润湿角保留时间最长，在 2 分 14 秒仍保持 55°，液滴稳定，润湿角不再减小。上述结果说明，rGO 在木材的 3 个切面均有分布，明显提高了木材的疏水性，且润湿角与 3 个切面的孔隙密切相关；横截面润湿角最小且保留时间最短的原因是其孔隙内部的 rGO 紧贴管孔以片层形式贴覆分布，保留了木材原有的中空孔隙结构，致使水滴棱空渗透；弦切面的润湿角保留时间低于径切面的原因是由于弦切面的孔隙分布没有径切面发达，导致 rGO 在弦切面的分布连续性较差导致。润湿角的差异一方面说明 rGO 提高了木材的疏水性能，另一方面说明 rGO 在木材机体内部的分布是沿着孔隙内壁生长，保留了木材原有的孔隙结构，且 rGO 在木材孔隙中的还原程度较大，脱出了大量亲水性官能团，展露出更多芳香环的共轭结构，方便 rGO 导电性的释放。

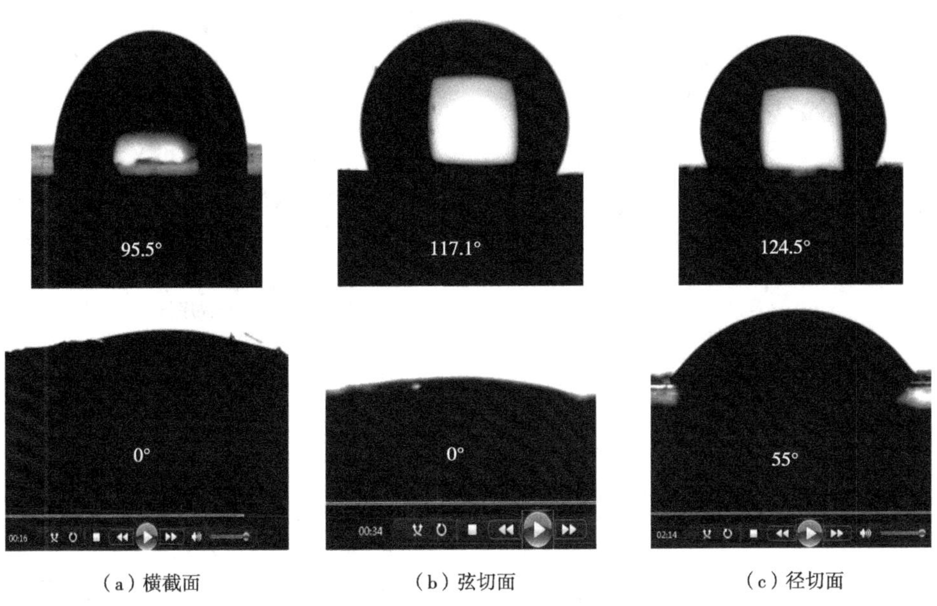

（a）横截面　（b）弦切面　（c）径切面

图 4-20　DST-WEW@GEC 3 个切面的润湿角

（3）干缩湿胀性

木材的干缩湿胀性与细胞壁的变化密切相关，间接反映出 rGO 是否进入到细胞壁。图 4-21 为依据《木材湿胀性测定方法》（GB/T 1934.2—2009）和《木材干缩性测定方法》（GB/T 1932—2009）测试的 DST-WEW 及 DST-WEW@ GEC 的湿胀干缩性。图 4-21 显示出，DST-WEW@ GEC 弦向、径向、体积的吸湿膨胀率及全干缩率均小于 DST-WEW，全干到气干的径向吸湿膨胀率由 5.02%降低到 1.52%，弦向吸湿膨胀率由 4.13%降低到 0.57%，体积吸湿膨胀率由 5.54%降低到 2.13%；全干到吸水稳定的径向吸湿膨胀率由 13.17%降低到 4.73%，弦向吸湿膨胀率由 6.54%降低到 2.83%，体积吸湿膨胀率由 22.12%降低到 8%；

湿材到全干的径向干缩率由 6.15%下降到 2.04%，弦向干缩率由 11.98%下降至 3.08%，体积干缩率由 17.14%下降至 4.43%；湿材到气干的径向干缩率由 3.1%降至 0.67%，弦向干缩率由 6.41%降至 1.18%，体积干缩率由 6.28%降至 1.47%。DST-WEW@GEC 的吸湿膨胀率依旧小于 DST-WEW，说明 rGO 提高了材料的尺寸稳定性。其原因可能是吸水过程中 DST-WEW 的原有孔隙发生张开导致，GO 与木材复合后，以氢键、酯键的形式固定了木材中的部分游离态-OH，使其吸湿性能下降。同时，GO 片层结构上剩余的含氧官能团最大程度的脱落，使 rGO 以片层的形式黏附于木材纤维的细胞管壁，减弱了木材中剩余游离态-OH 与外界水分子的结合程度。因此，上述分析说明 rGO 既提高了木材的尺寸稳定性，又在木材机体内部充分还原，恢复了石墨烯的完整疏水性片层结构，方便形成导电通路。

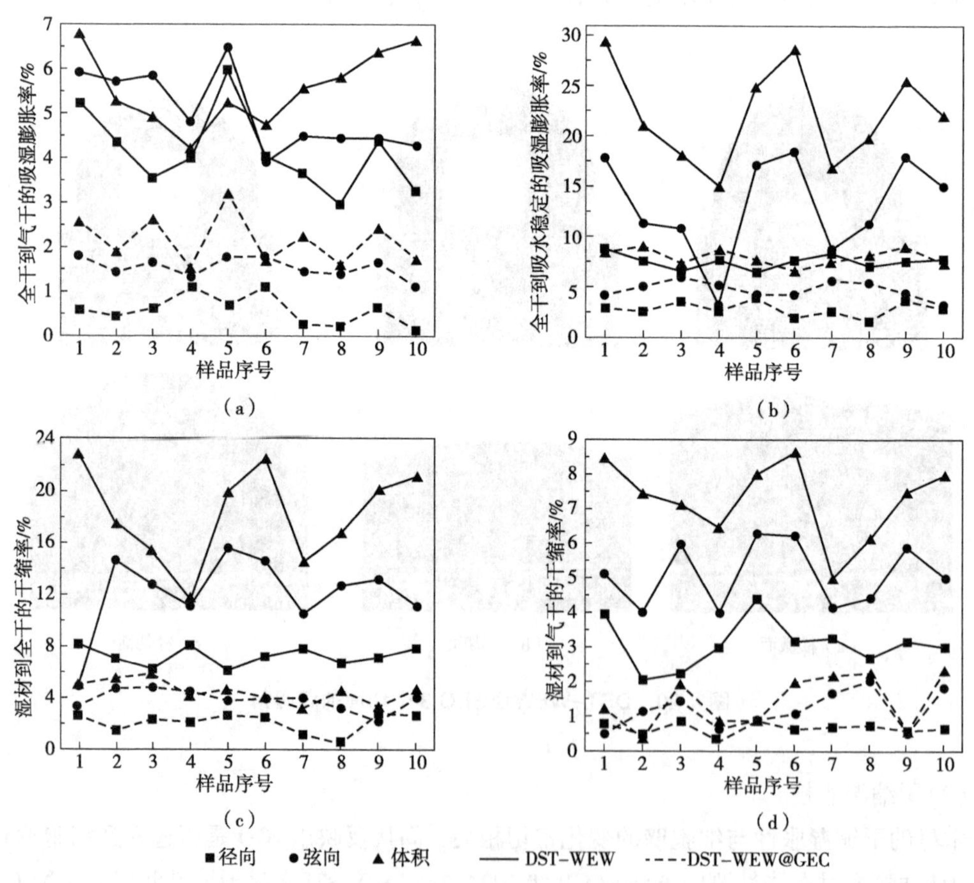

图 4-21　干缩湿胀性分析图

4.2.7.3　力学性能分析

木材是一类介于弹性体和非弹性体之间的高弹性高分子材料，在应用于家具、地板、结构工程等领域时，往往需要承受较大的外来荷载，在这些外来荷载的作用下，其表现出弯曲、变形、压缩甚至表面压溃，因此需要一定的性能指标来衡量其抵御和承受外来荷载的能力。抗弯强度为木材承受横向荷载的能力，用来评价木材的容许应力。抗弯强度值越大，木材承受横向荷载的能力也就越强。弹性模量表现的是木材的刚度或弹性，是木材产生一个一致的正应变所需要的正应力，也就是衡量其在比例极限内抵抗弯曲变形的能力。木材在承受外来荷载时，其变形和抗弯弹性模量成反比，弹性模量值越大，则越刚硬，越不容易发生弯曲变形；弹性模量值越小，则越柔曲，越容易发生弯曲变形。

间歇式机械力热压过程可显著提高材料的力学性能。图 4-22 显示了 WEW、DST-WEW、DST-WEW@ GEC 的抗弯强度及抗弯弹性模量的对比分析，WEW 的静曲强度均值为 83.185MPa，抗弯弹性模量均值为 7310.8MPa；DST-WEW 的抗弯强度、抗弯弹性模量分别为 123.294MPa、15389.2MPa；DST-WEW@ GEC 的抗弯强度、抗弯弹性模量分别为 168.921MPa、17563.8MPa，比 DST-WEW 的分别提高了 27%、12%。这是由于机械力热压过程后，木材密度增大，弹性模量增强，且 rGO 的较高强度和延展性，提高了木材的弹性模量，使木材间的差异性减小，整体性更好。上述力学性能的增大，既说明 rGO 能较好地浸渍到木材细胞壁中，增加了木材细胞壁的强度和刚度，明显提高了木材的力学性能，又间接反映出 rGO 在木材机体内部均匀分布，且还原程度较大，释放了石墨烯的天然力学特色。

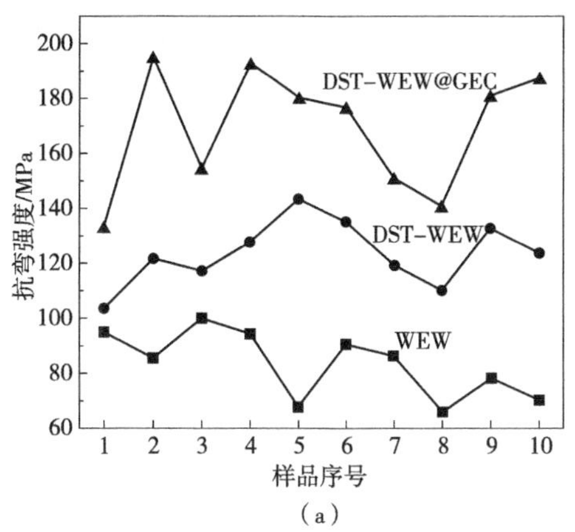

(a)

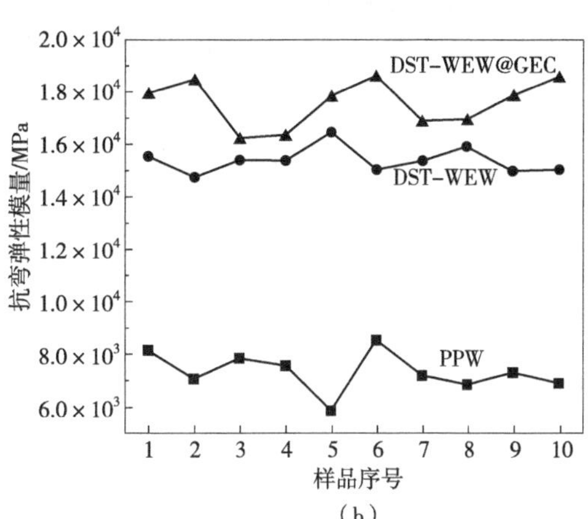

(b)

图 4-22 力学性能分析图

4.3 本章小结

本章采用木材传统改性的方法——密实化处理，借助加热及机械力的作用对预先加入木材中的 GO 进行还原，发现此方法制备的材料具有更好的导电性能，力学强度大幅提高，尺寸稳定性也提高，且 GO 的用量较少，是一种绿色可行的木材改性方法，具体结论如下：

(1) 材料的三维各向异性导电性能受所在方向 GO 浓度和机械力热压过程的共同作用影响，当浸渍的 GO 浓度为 3mg/mL，热压温度为 200℃，热压时间为 45min，试件压缩率达到 45%时，3 个方向的导电性能最好，电阻率数值分别为纵向 3.8Ω · cm，径向 48.04Ω · cm，弦向 70.70Ω · cm。

（2）rGO 以氢键与酯键的形式在木材机体中的导管、纹孔、木射线细胞腔和细胞间隙等部位沿着管壁原位生长并连续，构建了完整的导电通路。rGO 在木材基质模板中原位生长过程中，脱掉了其片层结构上大量的含氧官能团，恢复了具有高速电子运行的大 π 键共轭体系。

（3）该材料具有电磁屏蔽及吸波性能，结果显示出三者的电磁屏蔽效能值随着频率的增加而增大，在 26.5~40GHz 范围内达到最大值，弦向为 26.8dB，径向为 18.5dB，纵向为 15.3dB。吸波效能方面，弦向在拟合厚度为 4.5mm，35~40GHz 范围内达到最大值，为 -33.5dB；径向在拟合厚度为 5.5mm 时，25~30GHz 范围内达到最大值，为 -52.5dB；纵向在拟合厚度为 4.5mm，35~40GHz 范围内达到最大值，为 -38.5dB。

（4）该材料的吸水性能明显降低 43%，DST-WEW@GEC 径切面的润湿角最大，为 124.5°；其次为弦切面，为 117.1°；最后为横截面，为 95.5°，且径切面的润湿角保留时间最长，在 2 分 14s 仍保持 55°，液滴稳定，润湿角不再减小。材料的尺寸稳定性也明显提高。材料的抗弯强度由及抗弯弹性模量比密实化素材分别提高了 27%和 12%，上述力学性能的增大既说明 rGO 能较好地浸渍到木材细胞壁中，增加了木材细胞壁的强度和刚度，明显提高了木材的力学性能，又间接反映出 rGO 在木材机体内部均匀生长，且还原程度较大，释放了石墨烯的天然力学特色。

5 热法还原制备木材/石墨烯导电材料

石墨烯是由碳原子以 sp^2 杂化轨道形式组成的六边形呈晶格状的平面二维薄膜，其厚度是一个碳原子的厚度，每一个碳原子都与最近邻的 3 个碳原子形成键，碳—碳键键长均为 1.42 Å，键角为 120°，从而构成稳定的六边形平面晶体结构。同时，每个碳原子还通过剩下的未成键 2p 电子，在垂直于晶格平面的方向上形成共轭大 π 键，使石墨烯的电阻率为 10^{-6}S · m，机械强度高达 130GPa，备受研究者们的青睐。现有制备石墨烯材料的手段主要以石墨烯的前驱体 GO 为中间转换体，其结构上的亲水性-疏水性结构方便各种改性、合成处理，之后再通过各类物理、化学还原方法将 GO 上剩余的含氧官能团去除，修补缺陷，改变微观结构，释放石墨烯的导电性能。

GO 作为石墨烯与其他物质发生各类接枝共聚的中间体，其本身不具有导电性能，需要经过脱氧还原处理，释放石墨烯的导电性。常规的还原方法中，热法还原是一种常见的还原方法，其基本原理是将 GO 中的含氧官能团在高温下以水分子、二氧化碳或者一氧化碳的形式进行分解还原。Gilje 等曾经报道过的 GO 薄膜的表面电阻为 $4\times10^{10}\Omega/m^2$，而还原之后则降低至 $4\times10^{6}\Omega/m^2$。Dolbin 等人使用真空抽滤法将 GO 制成层数均匀可控的大面积薄膜，并在氮气环境下从 200℃下退火后，发现 GO 薄膜的表面电阻从 $10^{11}\Omega/m^2$ 急剧降低到了 $10^{5}\Omega/m^2$，1100℃热处理的方法得到还原 GO 膜，导电率高达 $10^{-5}\Omega/m$，接近石墨的水平。温度的提升可以有效促进石墨烯缺陷的修复，当处理温度提升至 3000℃时，形成完美石墨晶格结构，具有超高的电阻率 10^{-6}S · m。

介于本研究中 GO 附着于木材基质模板的孔隙结构中，为保留木材原有天然结构且不增加除石墨烯之外的其他材料，本章试验在前述绿色化学法及机械热压法的基础上，单纯考察热量对导电木材制备过程的影响。同时，为了最大程度地保证木材原有的机械力学性能，本部分试验形式分为 2 种，一种是在尽量保留木材力学性能的前提下采用低温隔氧处理的方式释放具有导电性的 rGO，另一种是采用高温处理的方式制备导电材料。

5.1 试验材料与仪器

5.1.1 试验材料

与第 4 章一致。

5.1.2 试验仪器设备

除与第 4 章一致外，本章试验中主要使用的仪器见表 5-1。

表 5-1 试验的部分仪器设备

仪器名称	型号	生产厂家
高温实验电炉	GR-AF12/11	上海贵尔机械设备有限公司(中国)
全无油润滑空气压缩机	VW-042/10	安庆市无油压缩机厂

5.1.3 材料制备

将预先制备的纵向×弦向×纵向＝3cm×3cm×4cm 的北京杨木边材进行冷热水、冷冻循环处理，直至水的颜色澄清透明，之后在 60℃ 的干燥箱中处理 24h，至含水率在 10% 以下。

本试验采用改进 Hummers 法来制备 GO 前驱体，方法同第 3 章 GO 的制备。

本试验采用填充法将 GO 分散液浸渍到木材基质模板中，并利用脉冲式真空法(0.08MPa，25℃，10min 真空+3min 常压+5min 真空)初步得到木材氧化石墨烯复合材料(W/GO)。

经过绝干(60℃，24h)处理后，采用两种热法还原的方式对材料进行处理，一是在保留木材原有力学性能前提下结合低温隔氧还原制备的导电木材(N_2环境下，温度范围为 140~250℃，时间范围为 0.5~3.5h)，评价了木材基质模板中 GO 还原度对材料三维导电性能的影响，结合 OLS-SEM、N_2-压汞仪孔隙结构、FTIR、XPS、XRD、TG-DSC、CRM 对热法处理后 rGO 与木材基质模板的关系及材料的导电机理进行分析，并分析 rGO 还原度与材料电磁屏蔽性能、吸波性能及物理力学性能之间的关系。二是高温炭化下制备的导电木材，考察了 GO 前驱体浓度(1~5mg/mL)、温度(600~800℃)及时间(15~75min)对材料三维导电性能的影响，利用 OLS-SEM、FTIR、XPS、XRD、TG-DSC、CRM 对材料的导电机理进行分析，最后利用材料的电磁屏蔽及吸波性能对导电性能进一步分析验证。

5.2 低温隔氧还原法试验的结果与分析

5.2.1 材料的导电性能分析

5.2.1.1 GO 前驱体浓度对 rGO 导电线路连通性的影响

GO 片层在木材机体内的均匀有效分布，是后续导电通路形成的前提。只有石墨烯片层界面之间紧密结合才能够实现载流子的有效传输以及对外界载荷的有效传递和分散，从而表现出 rGO 的宏观导电性以及机械柔韧性。因此，GO 浓度是导电网络的关键，是最重要的影响因素之一，由图 5-1 可知，随着 GO 浓度的增加，复合材料的表面电阻率呈现先快速降低后趋于平衡稳定的趋势，最佳值为 $3.58\times10^4\Omega$/□；体积电阻率呈现先快速降低，在 GO 浓度为 3mg/mL 时达到最佳值，为 $10^4\Omega\cdot$ cm，后续又升高；木材机体内部的 rGO 形成随着 GO 浓度的增加先增加，在 3mg/mL 增重率为 1.50%，之后又增加的趋势。其原因是在 GO 浓度小于 3mg/mL 时，浸渍进入木材机体内部的 GO 可发生充分的还原，GO 浓度越高，生成的 rGO 的片层连接性能越好，因此导电性提高，电阻率降低，rGO 的实际重量先增加，在 3mg/mL 降低的原因说明此浓度下的 GO 在木材机体内部的分布最均匀，还原程度最高。在 GO 浓度大于 3mg/mL 时，随着 GO 浓度的增加，表面电阻率趋于稳定，体积电阻率呈现增大的趋势，rGO 的有效量持续增加，此时是 GO 浓度增加后其进入木材机体内部的量增大，致使 GO 片层在厚度方向发生重叠，因此总重量增加，但重叠阻碍了 GO 的充分还原，因此体积电阻率下降，木材机体表面集聚的 GO 还原程度达到最大，难以再提高。

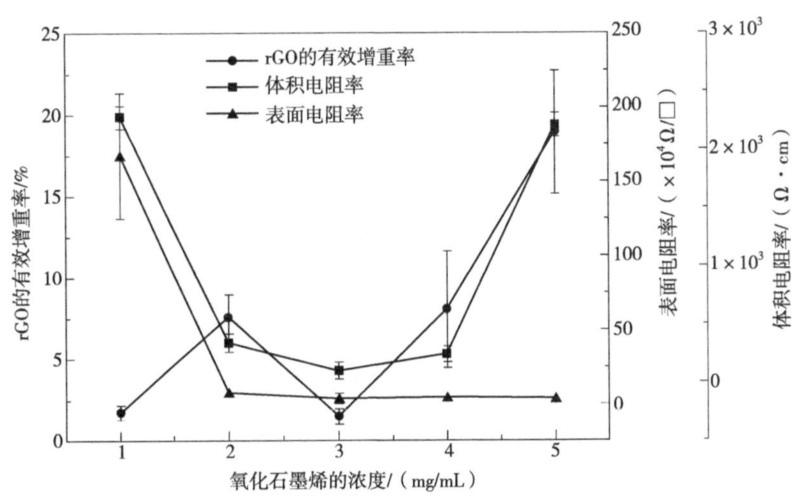

图 5-1 GO 浓度的影响

5.2.1.2 温度对木材基质模板中 rGO 还原程度的影响

在 GO 浓度达到最佳后，GO 片层间连通，为电子的运动构建了良好的网络结构，但片层结构上的含氧官能团依旧阻碍着电子的运动，需要尽可能多地去除掉，以恢复石墨烯完整的共轭芳香环结构，此过程需要足够的能量方便 GO 片层结构上-O-、-COOH、-OH 等彼此发生结合并脱落，提高载流子在苯环平面结构的运动，致使导电效果提升。因此，温度作为能量的来源至关重要。图 5-2 显示了低温制备导电木材(210℃-WEW@GEC)随温度变化的导电性，为尽量保证木材力学性能，本试验只进行到 250℃，图中显示出材料的表面电阻率和体积电阻率在 150℃的数值为 $10^9 \sim 10^{10}$，属于绝缘体范畴，随着温度的增加，电阻率以指数级别下降，从右上角的放大图可以看出从 210℃开始，在同一指数范围内下降，趋势较为缓慢。但当温度达 230℃时，试验过程中材料表面出现明显的灰分，说明材料的力学性能下降，综合考虑 210℃为本试验的最佳温度，其表面电阻率为 $6.52 \times 10^5 \Omega/\square$，体积电阻率为 $365.6\Omega \cdot cm$。

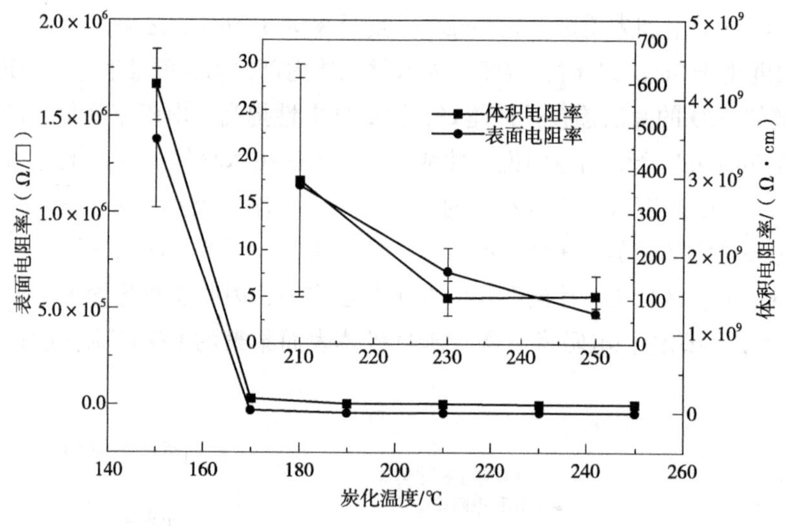

图 5-2 温度的影响

5.2.1.3 热还原时间对木材基质模板中 rGO 还原程度的影响

温度确定后，时间是热量的累积，图 5-3 为时间对材料导电性的影响，从图中可以看出，在时间达到 0.5h 时，材料的导电性基本属于抗静电材料范畴，随着时间的增加，电阻率持续下降，在 2.5h 趋于稳定，材料的表面电阻率为 $1.70 \times 10^5 \Omega/\square$，体积电阻率为 $43.63\Omega \cdot cm$，rGO 在此温度范围的还原程度达到最大。

5.2.1.4 RGO 有效增重率对材料导电性能的影响分析

图 5-4 以纵向导电性为衡量指标，又采用多次 GO 前驱体浸渍的方式最大程度地提高 GO 在木材机体内部的总量，之后采用上述最优的热还原工艺对材料进行了处理，并通过

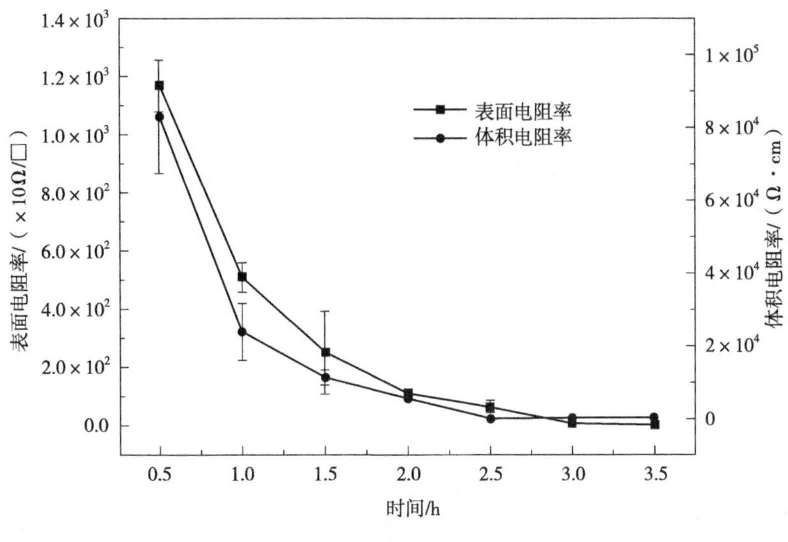

图 5-3 时间的影响

多次重量的称量计算获得了 rGO 的有效增重率与导电性的关系，由图 5-4 可知，材料的表面电阻率在 rGO 有效增重率为 11.27%时达到最佳，为 $2.8\times10^3\Omega/\square$，体积电阻率在 rGO 增重率为 22.87%时达到最佳，为 35.31Ω · cm，二者并不是随着增重率的增加而增大。其原因可能是表面电阻率随着表层 GO 的增加，GO 片层彼此间发生物理化学作用紧密贴附，导致 GO 片层结构上的含氧官能团难以充分吸附能量发生逃逸，致使表层的 GO 还原性较差导致。在达到最佳填充量之前，随着 rGO 有效量的增加，其在木材机体内部沿着多尺度孔隙结构构建的导电网络不断完善并联通，在超过 rGO 最佳量后，多余的 GO 片层反而阻碍了原有导电通路的畅通，致使材料导电性减弱。

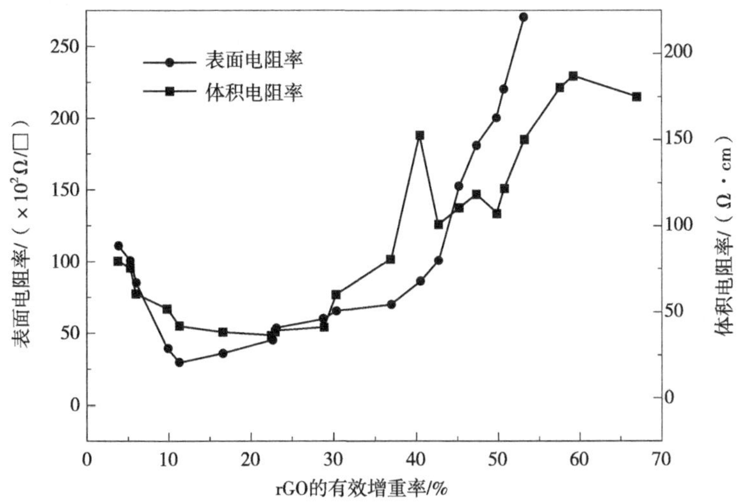

图 5-4 rGO 增重率与导电性的关系图

5.2.2 导电材料的导电机理分析

以前2章分析中可知，GO分散液沿着木材孔隙结构分布过程中，直接以氢键和酯键的形式与WEW发生化学键合，图5-5中可以看出，GO在WEW的基质模板中分布，在隔氧热还原过程中，GO片层上剩余的含氧官能团携带少量苯环结构上的碳原子形成H_2O（气体）、CO_2、CO沿着WEW的基质模板中空孔隙逃逸，灰黑色的rGO以薄层连续的形式在木材基质模板中形成大面积导电通路。

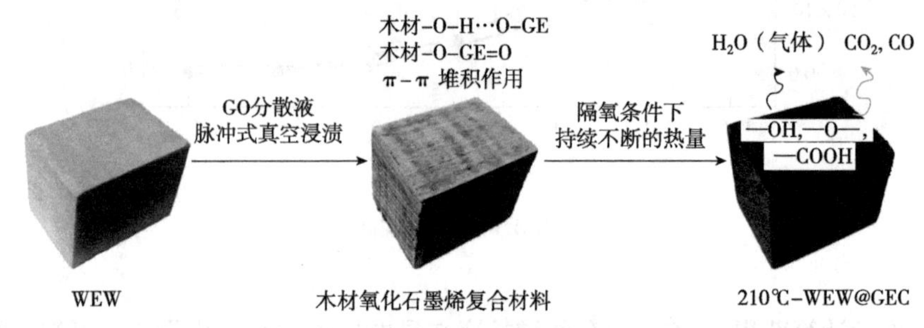

图5-5 导电机理分析图

5.2.3 材料的三维导电性分析

5.2.3.1 霍尔效应—范德堡测试法

表5-2为采用霍尔效应—范德堡测试法获得的材料导电性，可以看出热还原法得到的rGO虽然仍是以片层形式沿着导管壁分布，但其导电性并不完全与木材的三维各向异性一致，其大小顺序为：纵向>径向>弦向，由于热处理过程中半纤维素及部分纤维素的降解，一定程度上破坏了材料的导电通路导致。表中结果同时说明，由于孔隙度的影响，材料单位体积内的载流子密度差异性较大，且孔隙差异性越大、越多，载流子由于跃迁困难，导致迁移率较弱。

表5-2 霍尔效应—范德堡测试法的材料导电性分析

指标	纵向	弦向	径向
载流子类型	n	n	n
载流子面密度/(10^{10}/ cm^2)	7.27	353	3.71
载流子体密度/(10^{11}/cm^3)	4.14	176.5	1.86
霍尔系数/(10^6 cm^3/C)	-16.4	-0.354	-33.5
电阻率/(10^3 Ω · cm)	1.903	2.1	6.073
载流子迁移率/[$10^3 cm^2$/(V · s)]	0.7926	1.686	0.552

5.2.3.2 三维导电通路图分析

从前几章内容中可知，GO前驱体在木材基质模板中的分布依旧具有三维各向异性，后续还原方式直接影响着材料的三维导电性能。图 5-6 展示了低温隔氧条件下材料的三维导电效果。由图 5-6 可知，在二极管亮度一致的条件下，闭合回路中 3 个方向的导电性能有差异(如图中稳压电源面板上的电压显示)，结果表明，低温隔氧制备导电木材的三维各向异性的差异明显减小，与霍尔效应分析的三维导电性差异规律一致。

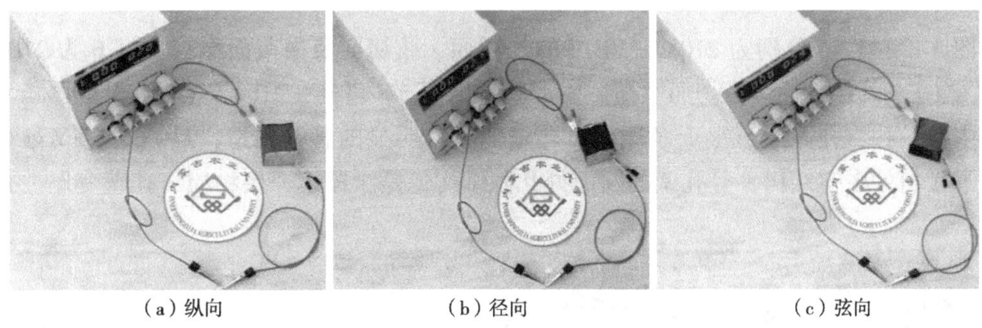

(a) 纵向　　(b) 径向　　(c) 弦向

图 5-6　三维导电通路图

5.2.4　RGO 在木材机体孔隙中的生长分布分析

5.2.4.1　OLS 形貌分析

OLS 可以对样品进行断层扫描和彩色成像，进行无损伤观察和分析样品的三维空间结构。图 5-7 中 1~3 分别为 210℃-WEW 的径切面、弦切面及横截面形貌，图 5-7 中 4~6 分

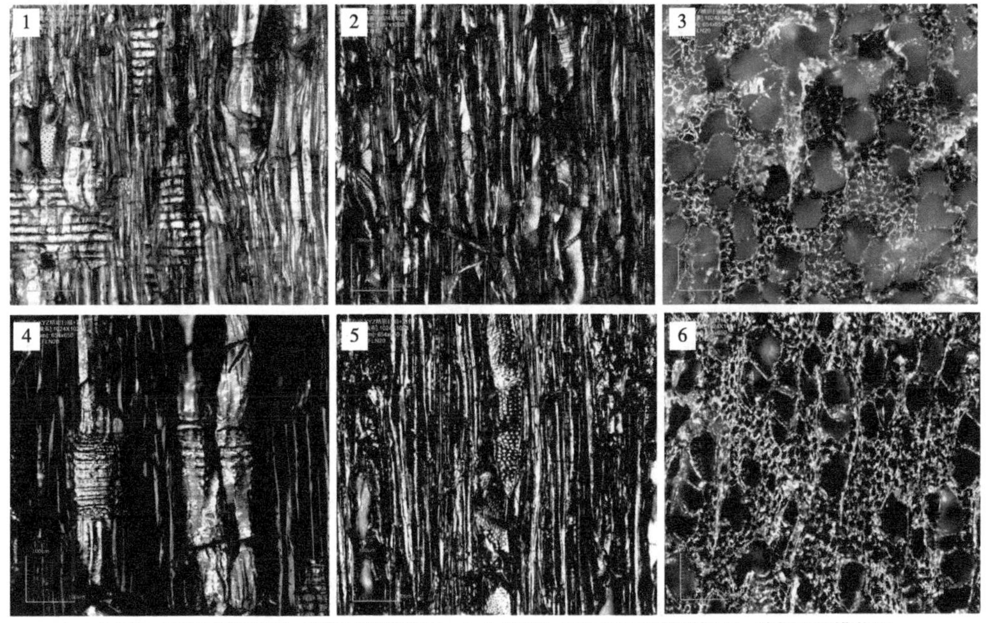

1~3. 210℃-WEW的径切面、弦切面及横截面；4~6. 210℃-WEW@GEC的径切面、弦切面及横截面。

图 5-7　OLS 形貌分析图

别为 210℃-WEW@GEC 的径切面、弦切面及横截面形貌，可以清晰看出 rGO 在木材内部均匀生长，在导管内壁、木射线、纹孔等孔隙内部均有分布，由横截面可看出，rGO 在导管、木纤维、轴向薄壁组织均是以薄层的形式与这类细胞的内壁紧密结合，以及细胞之间的胞间层均有分布。

5.2.4.2 SEM 微观形貌分析

图 5-8 中 1~3 分别为 210℃-WEW 的径切面、弦切面及横截面形貌，4~6 为 210℃-WEW@GEC 的径切面、弦切面及横截面形貌。由图 5-8 可知，210℃-WEW 保留了杨木素材的中空结构，孔隙通道很干净透彻，孔壁能看出明显的管壁构造；210℃-WEW@GEC 保留了素材的中空结构，且孔壁的断面处孔隙结构像是涂覆了一层物质，孔壁变厚，孔壁

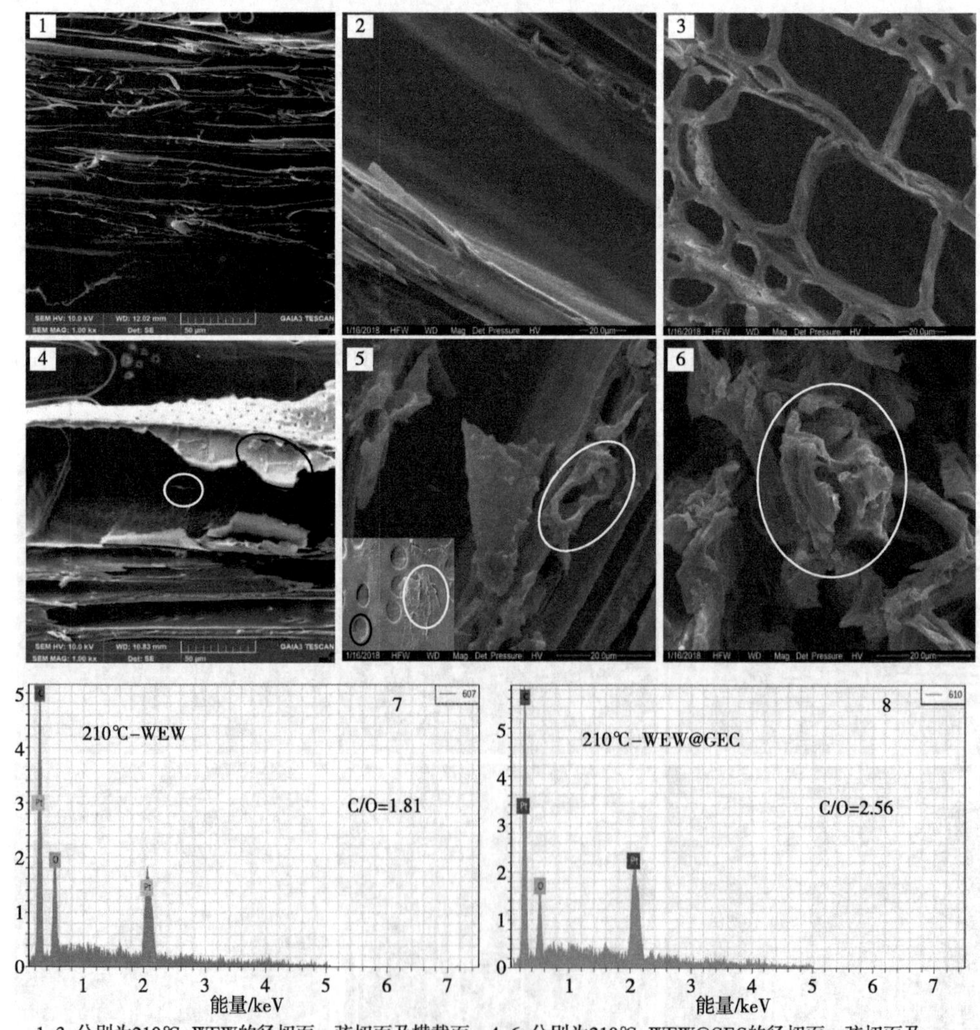

1~3. 分别为210℃-WEW的径切面、弦切面及横截面；4~6. 分别为210℃-WEW@GEC的径切面、弦切面及横截面；7、8. 分别为210℃-WEW和210℃-WEW@GEC的EDS碳氧比分析。

图 5-8 SEM 微观形貌分析图

内部有rGO的褶皱结构出现；从横截面可看出 210℃-WEW@ GEC 的孔壁较厚，断面处高低参差不齐，rGO 的柔韧性导致切割过程产生一定的拉丝效果，且管壁上有 rGO 的褶皱结构，说明 rGO 以片层形式在木材孔隙内部均匀发生了贴合。图 5-8 中 4 里的白色虚线圈为径切面导管壁上的 rGO 褶皱，其以片层形式紧紧贴附在导管内壁，黑色实线圈里为部分制样切片导致撕裂开的管壁，可看到明显的 rGO 褶皱。图 5-8 中 5 为 210℃-WEW@ GEC 的弦切面，与图 5-8 中 2 的素材图相比，rGO 以片层形式紧贴导致难以看出，但可看到部分的多层 rGO 片层叠加结构，白色实线圈中的木射线断面图可看出 rGO 沿着木射线管壁均匀贴敷，白色虚线圈为导管壁的纹孔上典型的 rGO 褶皱结构，黑色实线圈里的小片层为 rGO 的片层结构。图 5-8 中 6 为 210℃-WEW@ GEC 的横截面放大图，与图 5-8 中 3 的素材相比，可明显看到白色虚线圈里的 rGO 片层有大量起伏如波浪的褶皱，且片层上有一些小孔，片层之间的范德华力也较差，贴合作用较差，可能是热还原过程中 GO 片层上的氧原子以气体的形式克服石墨片层间的范德华力作用，冲破部分 rGO 片层逃逸导致。也可看到管孔之间的细胞壁间隙里也有 rGO 的片层结构，说明 rGO 进入木材细胞壁内部。从三维方向的扫描图看出，rGO 以片层沿着木材管孔内壁均匀贴覆，并未出现断层，提供了良好的导电通路。图 5-8 中 7、8 分别为 210℃-WEW 和 210℃-WEW@ GEC 的 EDS 碳氧比分析图，显示出 210℃-WEW@ GEC 的碳氧比较低，说明 rGO 在木材机体内部得到了良好还原。

5.2.5 导电材料的孔隙结构分析

5.2.5.1 压汞仪

图 5-9 为压汞仪对材料的孔隙分析曲线图，图 5-10 为图 5-9 的 400~10nm 的局部放大图。由图 5-9 可知，210℃-WEW 不同尺寸范围的累计孔体积均大于 210℃-WEW@ GEC，且二者的曲线变化基本一致，说明 rGO 均匀进入到木材孔隙内部，在木材孔隙内壁均匀生长。由图 5-9 可知，在 78910~17438nm 内，210℃-WEW 的对数微分体积大于 210℃-WEW@ GEC；在 17438~5413nm 内，210℃-WEW@ GEC 的对数微分体积大于 210℃-WEW，其原因可能是在 45176~17438nm 范围原有孔隙进入 GO，致使此范围内的孔隙直径变小，使这些孔隙的尺寸落在 17438~5413nm 内；在 1601~440nm 内，210℃-WEW@ GEC 的对数微分体积明显大于 210℃-WEW，说明此范围内的孔隙也达到了 rGO 的良好生长，在 440~10nm 内，由图 5-10 的局部放大图可知，210℃-WEW@ GEC 的对数微分体积总体大于 210℃-WEW，440~283nm、120~40nm、17~12nm 范围内 rGO 的生长效果更加明显，上述分析说明 rGO 在木材的大孔(孔径>5μm，管胞和射线管胞中大的细胞腔以及胞间道)和中孔(0.8μm<孔径<5μm，管胞间隙、木射线薄壁细胞腔、纹孔膜边缘开口)分布较多，在微孔(孔径<0.8μm，纹孔膜上微孔以及管胞壁上较大的孔)也正常分布。

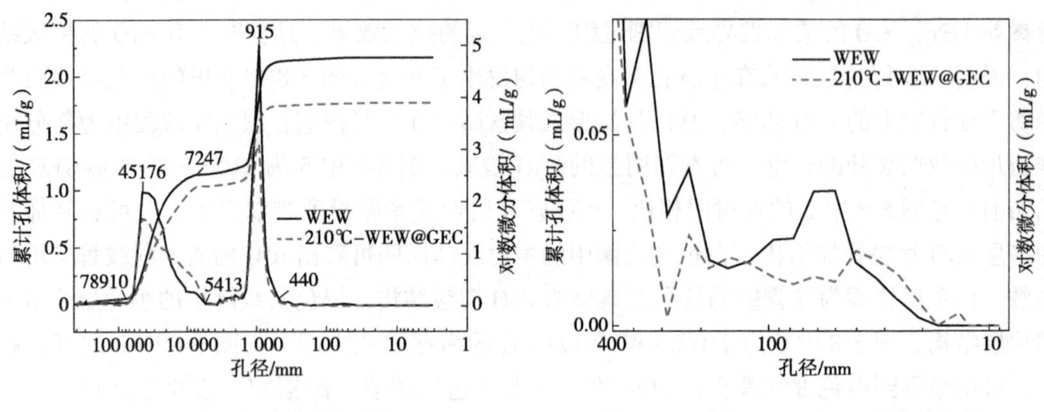

图 5-9　压汞仪孔隙分析曲线图　　　图 5-10　孔径 400–10nm 局部放大图

5.2.5.2　BJH 法孔隙分布分析

图 5-11(a)为 GO 的孔容孔径分布曲线，可以看出 GO 在 1~8nm 的孔隙较多，其次为 20~40nm。图 5-11(b)为 210℃-WEW 和 210℃-WEW@GEC 的孔径分布曲线，可以看出

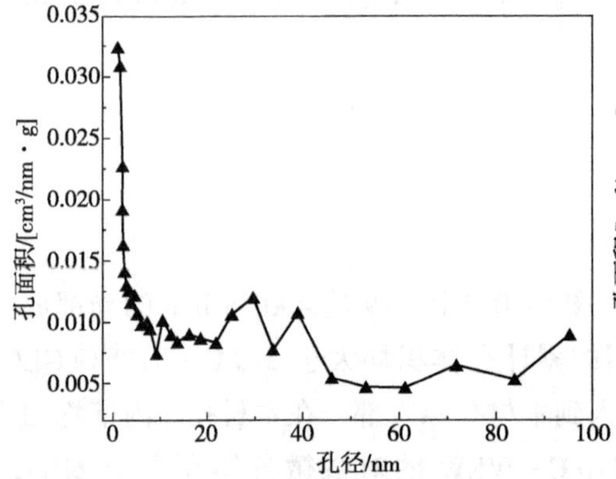

（a）GO的孔容孔径分布曲线

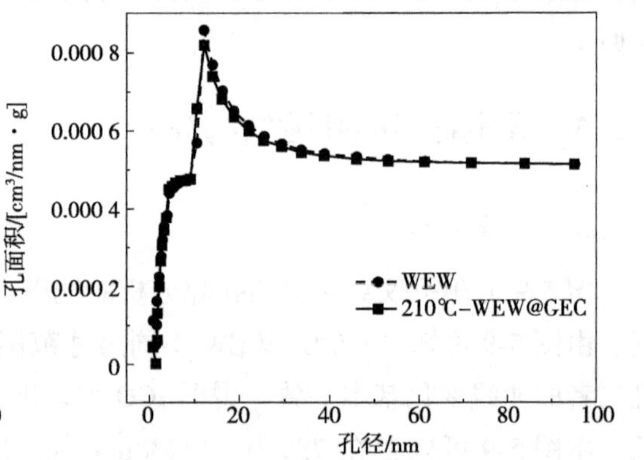

（b）210℃-WEW和210℃-WEW@GEC的孔径分布曲线

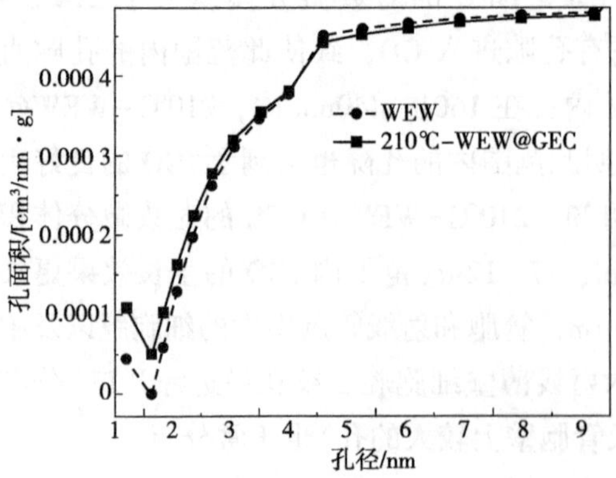

（c）b图孔径在1~9nm的局部放大

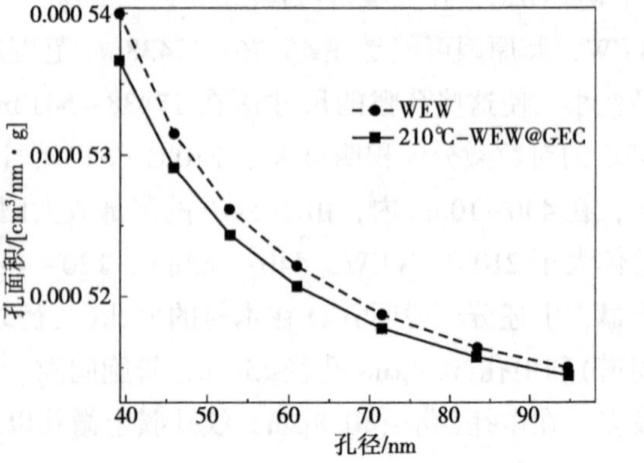

（d）b图孔径在40~95nm的局部放大

图 5-11　BJH 法测试的孔容孔径分布曲线

9~25nm 内，rGO 在木材内部的生长，使此阶段 210℃-WEW@ GEC 的孔隙大于 210℃-WEW。图 5-11(c)为图 5-11(b)孔径在 1~9nm 的局部放大图，可以看出此阶段 210℃-WEW 的孔隙度大于 210℃-WEW@ GEC，其原因可能是此时的孔隙较小，rGO 在木材此阶段孔隙的生长覆盖了 rGO 孔隙的表达导致。图 5-11(d)为图 5-11(b)孔径在 40~95nm 的局部放大图，210℃-WEW@ GEC 的孔隙度大于 210℃-WEW，说明此阶段 rGO 在木材孔隙的生长率较大，致使木材与 rGO 孔隙叠加的总和大于 210℃-WEW。

因此，上述压汞仪及 BJH 法微孔的分析可知，由于 GO 前驱体中存在多种片层尺寸，致使其不同程度地分布于木材各类孔隙中，甚至进入木材细胞壁非结晶区的微纤丝间隙中。

5.2.6 导电材料的成分分析

5.2.6.1 FTIR 分析

图 5-12 中，210℃-WEW@ GEC 在 3351cm^{-1}处缔合态-OH 明显增多且发生蓝移，说明 GO 前驱体沿着木材基质模板分布过程中，其片层结构上的-OH 与木材中的游离态-OH 以“铆钉”形式结合，形成氢键。2920cm^{-1}、2890cm^{-1}对应纤维素及半纤维-CH 的伸缩振动及弯曲振动峰，二者均增强，是木材基质模板中生长的 rGO 与纤维素及半纤维结构上的游离态-OH、-COOH 键合后，其结构上的芳烃 C-H 伸缩振动导致。1740cm^{-1}处的峰为半纤维素的 C=O 伸缩振动明显增强，说明 rGO 在木材管壁的生长阻碍了半纤维的分解。1610cm^{-1}、1510cm^{-1}、1458cm^{-1}处的峰发生明显增强，是 rGO 结构上的苯环 C=C 伸缩振动引起，607cm^{-1}处苯环的弯曲振动明显增强，是 rGO 的苯环结构所致。1374cm^{-1}为木质素愈创木基单元上的 C-H 弯曲振动，1253cm^{-1}处为木质素的苯环氧基的伸缩振动峰，均增强，说明 rGO 的生长也阻碍了木质素的分解。1240cm^{-1}处的 C-O-C 非对称伸缩振动，说明 GO 沿着木材孔隙内壁分布过程中，-COOH 与木材中的游离态-OH 以酯的形式键合。

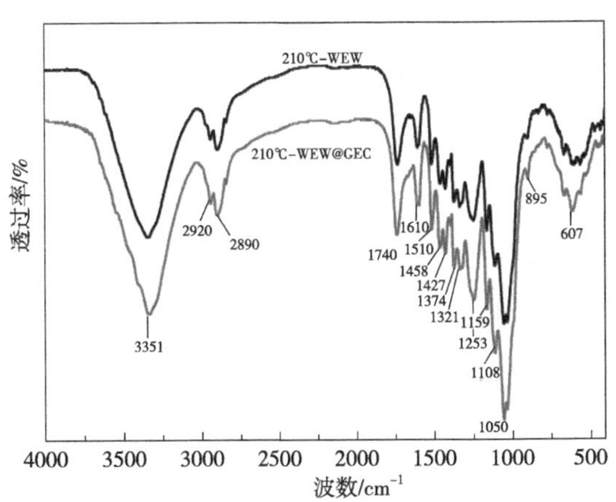

图 5-12 FTIR 分析图

1050cm^{-1}处表征纤维素、半纤维素上的醚键伸缩振动的吸收峰增加，说明 rGO 在木材中原位生长后，其结构中的苯环所占的比例增大，对木材中的甲基发生了一定程度的覆盖导致。上述峰位的变化说明 GO 在木材基质模板中以氢键、酯键的形式原位生长后，隔氧热还原处理提供了大量的能量，导致 GO 苯环上的氧原子大量减少，有效碳原子比例明显增加，使 GO 生成大量的 rGO，释放导电性能。

5.2.6.2 CRM 分析

CRM 是用于表征碳纳米材料结构特征和性能的有效工具。其中，G 峰（1580cm^{-1}）代表 sp^{2}碳原子结构，而 D 峰（1350cm^{-1}）则代表位于石墨烯边缘的缺陷及无定形结构，通常用 D 峰和 G 峰的强度之比（I_D/I_G）来评价纳米碳材料的石墨化程度，I_D/I_G的比值越小，表明 GO 的还原程度越高，比值越大表明 GO 的氧化程度越大。由图 5-13 可知，I_D/I_G为 0.20，G 峰是 D 峰的 5 倍，说明在木材机体内部 GO 的 sp^{2}结构有较好的恢复，其结构上的含氧官能团明显减少，即 GO 得到还原，释放出具有导电性的 rGO。

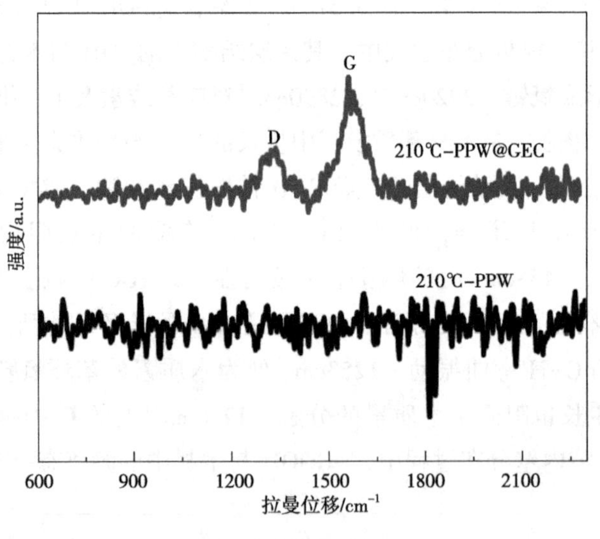

图 5-13　CRM 分析图

5.2.6.3 XRD 分析

木材的纤维中有结晶态和非结晶态两种形式，结晶区纤维素分子链排列整齐、分子间结合力大，而非结晶区中，纤维分子之间氢键结合少，分子排列无秩序，通过改性后结晶度的变化不仅可推断改性剂在木材内部的浸渍效果，还可以解释木材力学性能变化的原因。图 5-14 为 WEW、210℃-WEW 及 210℃-WEW@GEC 的衍射峰，衍射角 2θ 为 16°出现纤维素（101）的结晶峰，2θ 为 23°附近出现纤维素（002）晶面的结晶峰，2θ 为 36.5°附近出现纤维素（040）晶面的结晶峰。图 5-14 中显示出 3 种木材结晶峰的位置没有发生变化，说明 GO 浸渍及低温热处理没有破坏木材的结晶结构，木材物理结构保持完好，即结晶层的距离没有发生变化。2θ 为 16°、22°的衍射峰明显变强，利用结晶度计算公式计算出图中 WEW 的结晶度为 35%，210℃-WEW 的为 41%，210℃-WEW@GEC 的为 37%，可能是未进行低温处理前 GO 渗透到细胞壁内部，与纤维素非结晶区的游离态-OH 缔合成氢键所致，低温处理过程中有部分 GO 与半纤维之间形成酯键导致半纤维素的降解程度减弱，因此，210℃-WEW@GEC 的结晶度略高于 210℃-WEW。上述结晶度的分析表明 rGO 进入到木材细胞壁，与纤维素及半纤维素发生化学键合，提高了木材热稳定性的同时也说明二者的结合方便了导电网络的形成。

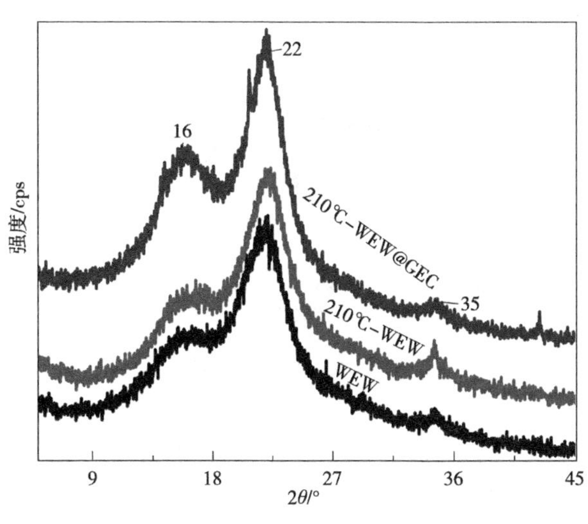

图 5-14 XRD 分析图

5.2.6.4 XPS 分析

第 4 章中 XPS 分析显示 WEW 的碳氧比为 0.58，图 5-15 显示 210℃-WEW 的碳氧比为 0.72，210℃-WEW@GEC 的碳氧比为 0.70，表明 210℃的低温处理提高了二者的碳氧比，且二者的区别很小，其原因一是 rGO 在木材机体内部的还原程度较小，二是 rGO 与木材中的含氧官能团键合，且又以物理吸附作用包裹在木材细胞壁表面，致使木材中半纤维及部分纤维素的降解程度减小，炭化程度减弱。二者官能团变化如图 5-16 的分峰图所示，图 5-16(a)、(b)上图分别为 210℃-WEW 的 C1s 及 O1s 分峰图，图 5-16(a)、(b)下图分别为 210℃-WEW@GEC 的 C1s 及 O1s 分峰图，C1s 谱图中，官能团 C-C/C-H 的峰高由 18502 cps 降至 18163cps，可能是 rGO 阻碍了木材成分的降解，炭化程度减弱。官能团 C-O 由 14315cps 升高至 15410cps，可能是 GO 与木材机体中的自由-OH 发生氢键缔合，官能团 O-C=O 由 3277cps 升高至 3699cps，可能是 GO 的-OH、-COOH 与木材中的游离态-COOH、-OH 形成酯键所致，且峰最高处由 287.34cps 降低至 287.10cps，说明此官能团的电荷发生转移，降低了功函数，提高了材料的载流子密度。O1s 谱图中，C-O 官能团峰高由 27782cps 升高至 31863cps，增幅为 14.6%，C=O 由 7746cps 降低至 4390cps，降幅为

43%，说明 rGO 与木材之间的氢键缔合及酯化反应都很强，剩余 C = O 的峰位置由 531.8eV 红移至 531.2eV，说明其价态降低，电子云密度升高，自由电子的浓度增加，提高了导电效率。

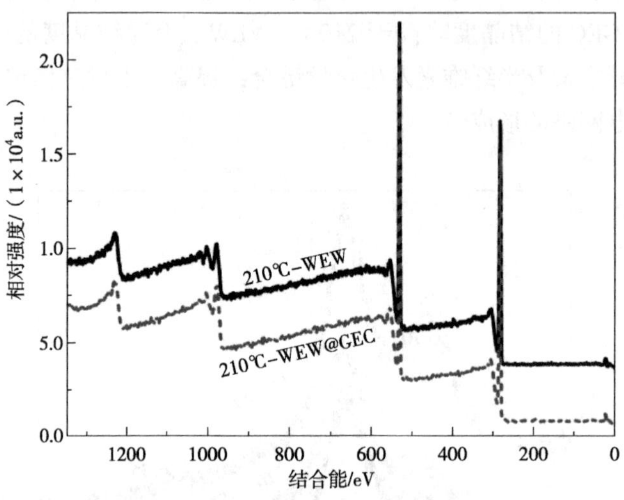

图 5-15　总谱分析图

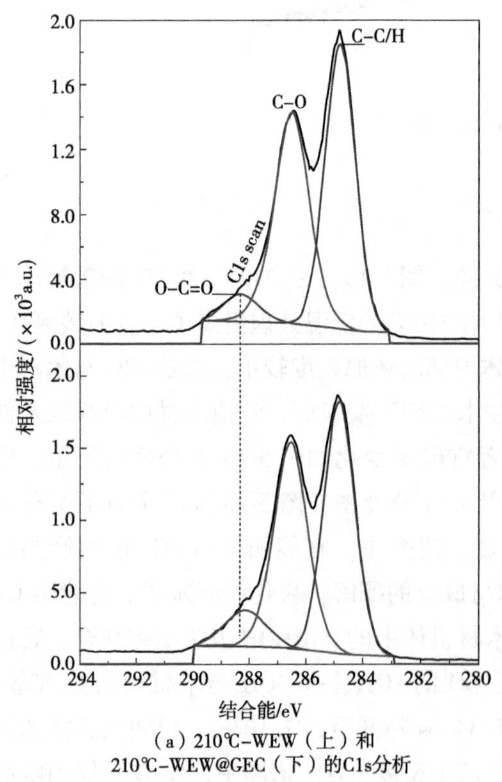

（a）210℃-WEW（上）和 210℃-WEW@GEC（下）的C1s分析

（b）210℃-WEW（上）和 210℃-WEW@GEC（下）的O1s分析

图 5-16　分峰图

5.2.6.5 紫外光电子能谱分析

由图 5-17 可知，210℃-WEW@ GEC 的功函数 $\Phi=21.2-18.7=2.5$eV，功函数(逸出功)是指从费米能级到真空能级之间的逸出功为电子发生迁移需要的能量，本书的此数值接近于 As_2S_3的数值，说明电子在此材料中的穿行需要的能量较小。逸出功越小，越有利于载流子的传导。其价带值为 1.6eV，数值较小，说明容易发生电子的跃迁。

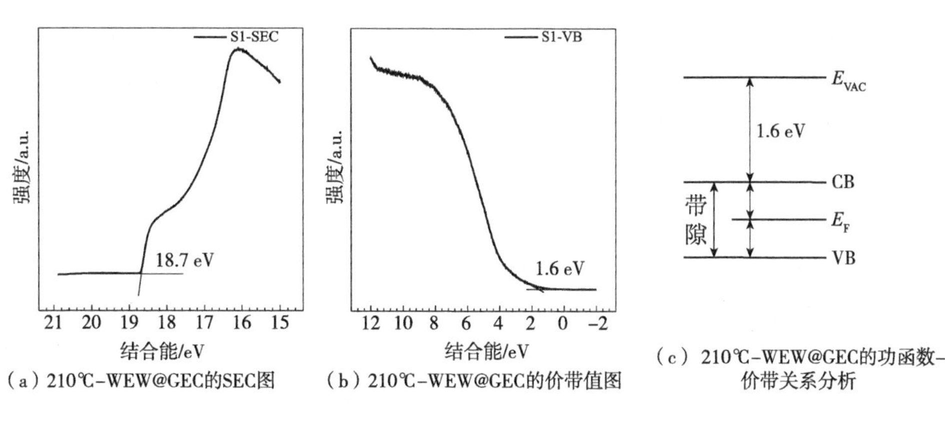

（a）210℃-WEW@GEC的SEC图　（b）210℃-WEW@GEC的价带值图　（c）210℃-WEW@GEC的功函数-价带关系分析

图 5-17　功函数-价带分析图

5.2.6.6 TG-DSC 曲线分析

上述采用 XPS、FTIR 得出负载 rGO 后，材料的 C-O 由于氢键的形成而增强，C=O 由于酯键的形成而固定住了半纤维素，XRD 结晶度分析得出 rGO 减弱了半纤维素的分解。本部分采用 TG-DSC 在宏观分析了 rGO 对材料中各组分的影响，并间接反映出 rGO 与木材之间的关系，如图 5-18 所示。图中显示出二者的 TG 失重曲线在 380℃之前基本一致，从

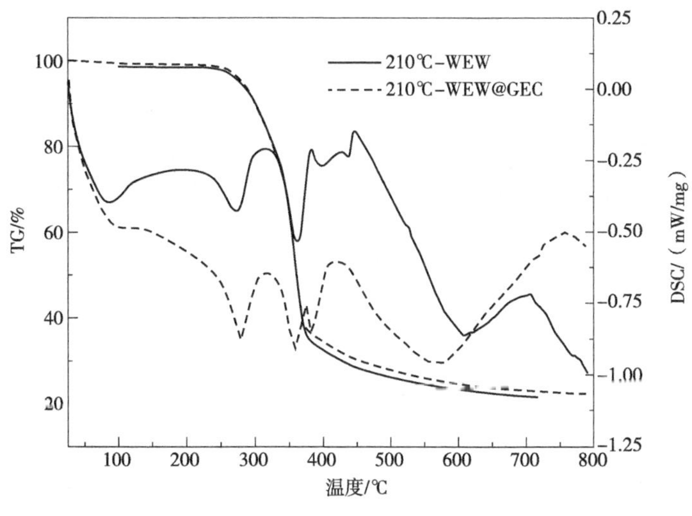

图 5-18　TG-DSC 分析图

380℃之后 210℃-WEW@GEC 的失重量明显小于 210℃-WEW。DSC 曲线中，210℃-WEW 在 85℃有一个小的吸热峰，归因于其结构中部分游离态-OH 吸附的自由水，398℃和 441℃处各有一个小峰，是纤维素及部分木质素分解引起，210℃-WEW@GEC 在 380℃附近多出一个小的吸热峰，归因于材料中 rGO 片层结构上剩余的含氧官能团逃逸，575℃附近，210℃-WEW@GEC 比 210℃-WEW 提前 34℃出现一个大的吸热峰，可能是 rGO 与纤维素的键合作用致使其在此处发生分解导致，210℃-WEW 在 704℃由于木质素的热解出现一个大的放热峰，210℃-WEW@GEC 则在 750℃出现。以上分析说明因为 rGO 的键合作用，明显提高了木材中纤维素及木质素的分解温度，提高了材料的热稳定性，也间接说明 rGO 在木材内部均匀生长，与纤维素及木质素发生化学键合。

5.2.7 电磁屏蔽及吸波性能分析

图 5-19(a)分别为纵向、弦向及径向的电磁屏蔽效能分析图，DST-WEW@GEC 3 个方向的电磁屏蔽效能仍具有一定差异，随着测试波段频率的增加，三者的效能值均增加，在

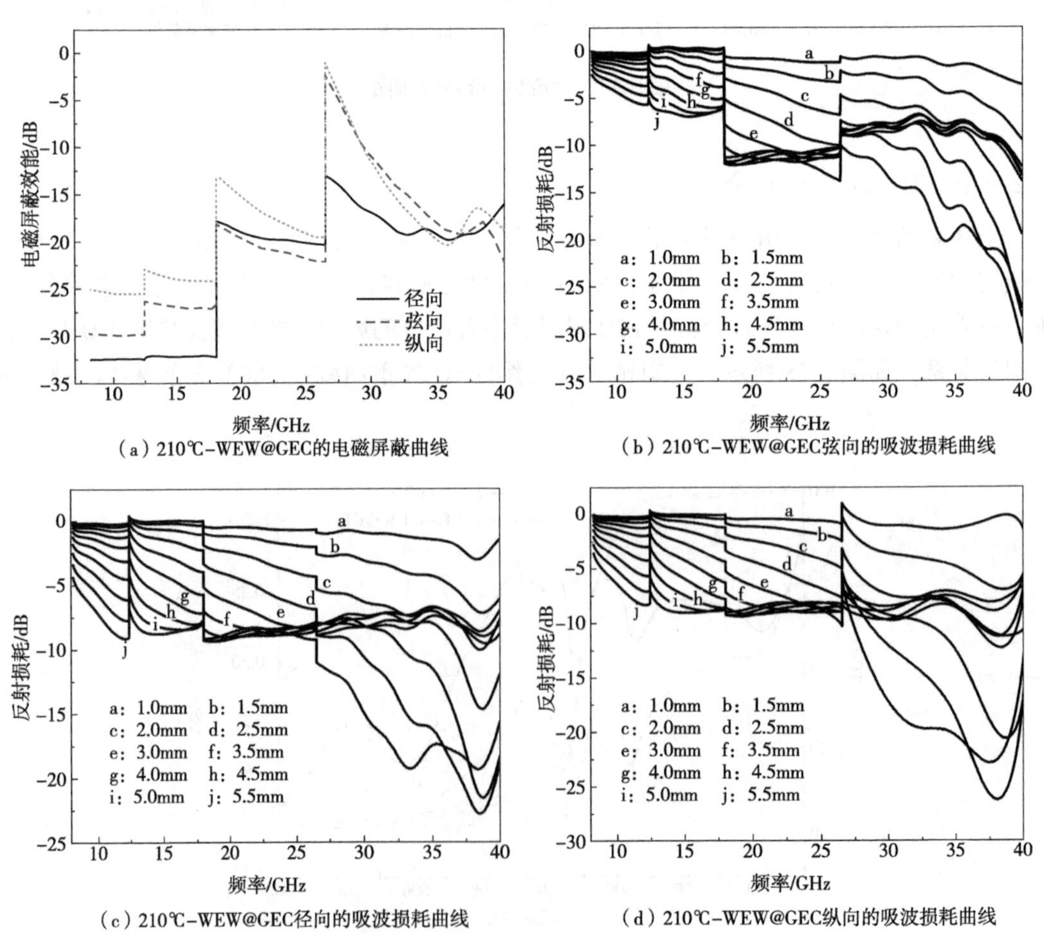

(a) 210℃-WEW@GEC的电磁屏蔽曲线

(b) 210℃-WEW@GEC弦向的吸波损耗曲线

(c) 210℃-WEW@GEC径向的吸波损耗曲线

(d) 210℃-WEW@GEC纵向的吸波损耗曲线

图 5-19 电磁屏蔽及吸波性能分析图

低频和高频段内，其大小顺序为：纵向>弦向>径向；在中频段内，其大小顺序为：纵向>径向>弦向；在高频段内的最大值：纵向为 14.6dB，弦向为 13.8dB，径向为 9.8dB。图 5-19(b)～(d)分别为材料 3 个方向的吸波损耗性能图，由图可知，吸波损耗性能显示出三者均在拟合厚度为 5.0mm 时达到最佳，弦向为-31.1dB，径向-22.8dB，纵向-26.4dB，说明木材基质模板中的 rGO 在低温隔氧过程中脱氧成功，具有三维导电性的同时，也赋予了材料的三维电磁屏蔽及吸波性能。

5.2.8 rGO 对木材基质模板物理力学性能的影响

5.2.8.1 密度分析

图 5-20 为 210℃-WEW@GEC 和 210℃-WEW 的全干密度及气干密度分析，由于负载了 rGO，210℃-WEW@GEC 的全干密度及气干密度略微增大，增大率分别为 6.6%和 6.8%，这说明 rGO 沿着木材孔隙均匀生长，材料的比重增加较小，仍然具有质轻的优势。全干密度和气干密度的差异性较小，说明 rGO 在固定了木材中部分吸水性基团的同时，分布于木材孔隙内部 rGO 也阻碍了木材与外界水分的接触，且 rGO 结构上的亲水性基团也较少，说明 rGO 在木材机体内部的还原程度较好。

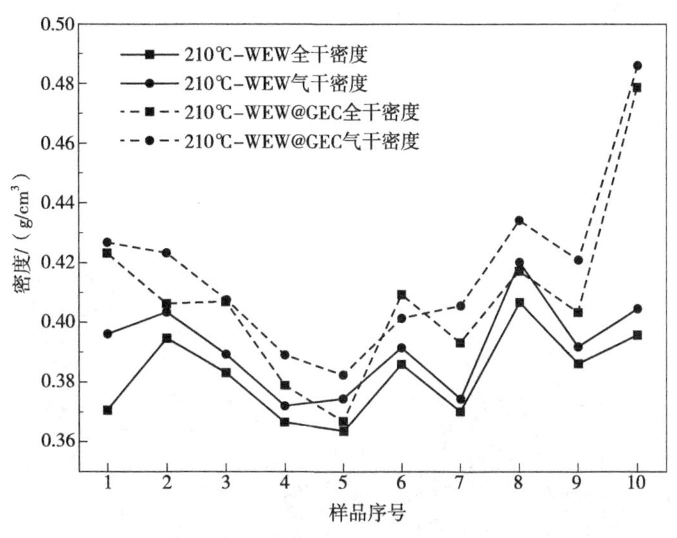

图 5-20 密度分析图

5.2.8.2 尺寸稳定性分析

(1)吸水性

图 5-21 为材料的吸水性分析，从图中可以看出 210℃-WEW@GEC 的吸水率明显低于 210℃-WEW，降低率约为 18.6%，与上述全干密度及气干密度的差异形势一致，这也证明 rGO 明显降低了材料的吸水性，也间接说明 rGO 在木材机体内部均匀分布，且还原程度较大。

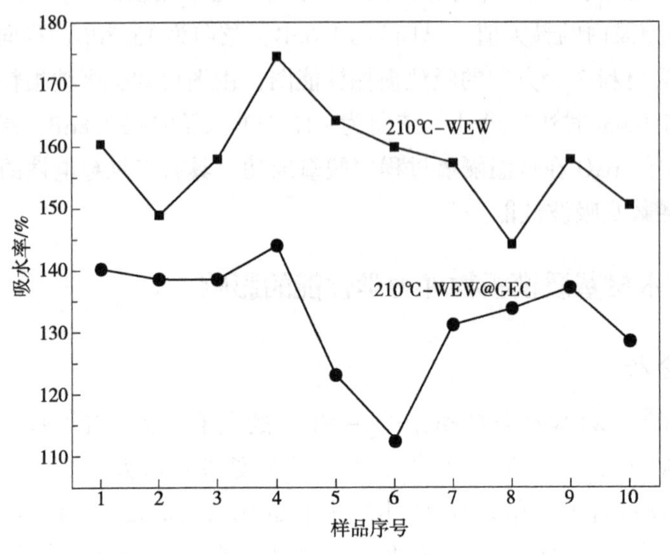

图 5-21　吸水性分析图

(2) 润湿性

图 5-22 为材料充分润湿角分析，在仪器滴加水滴后，210℃-WEW 的水滴一接触到表面，立马就发生扩散，在 1min 时水滴稳定，角度为 33.2°，210℃-WEW@GEC 的 3 个切面接触水滴后，水滴在表面有较长时间的停留，以径切面为例，润湿角在 94s 时依旧保持不变，为 109.9°。这说明 GO 与木材充分复合并还原，且降低了材料的吸湿性。

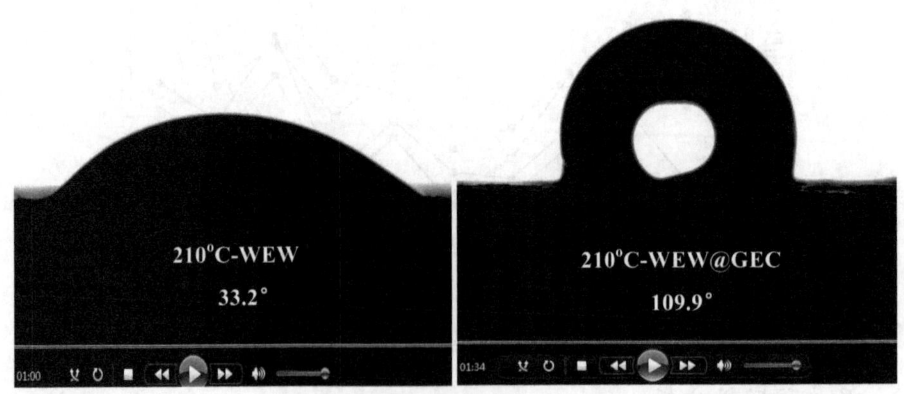

图 5-22　润湿角分析图

(3) 干缩湿胀性

木材的干缩湿胀性能是尺寸稳定性的核心，体现了木材细胞壁的变化。图 5-23 采用国家标准要求的方法测试了材料的湿胀及干缩性能，显示出 210℃-WEW@GEC 的吸湿膨胀率及全干干缩率均比 210℃-WEW 低，全干到气干吸湿膨胀率径向降低 80.78%，弦向降低 65.23%，体积降低 74.42%；全干到吸水稳定吸湿膨胀率径向降低 41.44%，弦向降低 26.20%，体积降低 78.70%；湿材至全干的全干缩率径向降低 54.17%，弦向降低 47.01%，体积降低 46.36%；湿材至气干的全干缩率径向降低 80.80%，弦向降低 51.20%，体积降低 75.10%。这说明 rGO 成功进入到细胞壁内部，固定住了吸水性基团，导致 210℃-WEW@GEC 的尺寸稳定性提高。

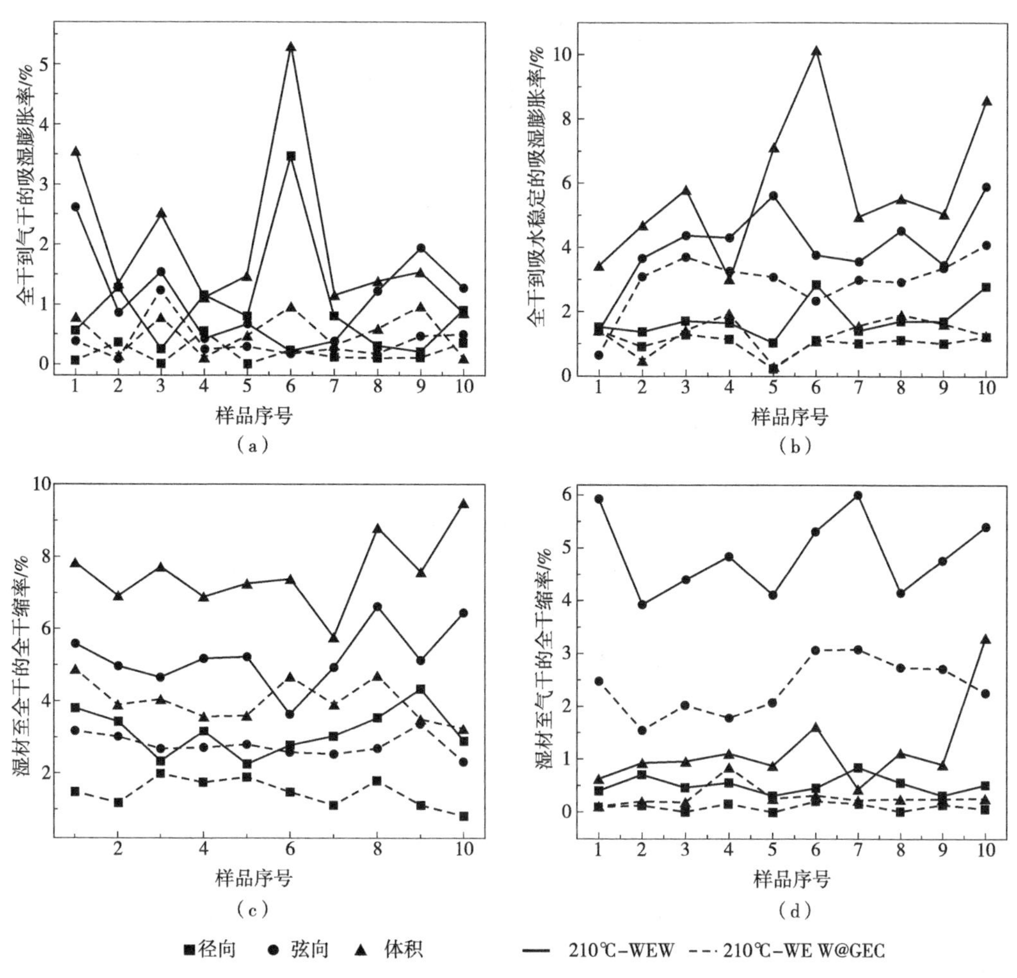

图 5-23 干缩湿胀性分析图

5.2.8.3 力学性能分析

(1)硬度

图 5-24 为材料的硬度分析，图中显示出 210℃-WEW@GEC 与 210℃-WEW 相比，硬度在纵向降低 23.35%、径向降低 25.25%、弦向降低 14.52%，这可能是 rGO 平行片层方向柔韧性较大，且片层之间的滑移导致。硬度的结果表明 rGO 提高了材料的柔韧性，也说

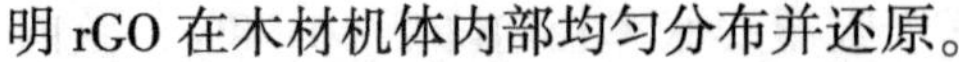

明 rGO 在木材机体内部均匀分布并还原。

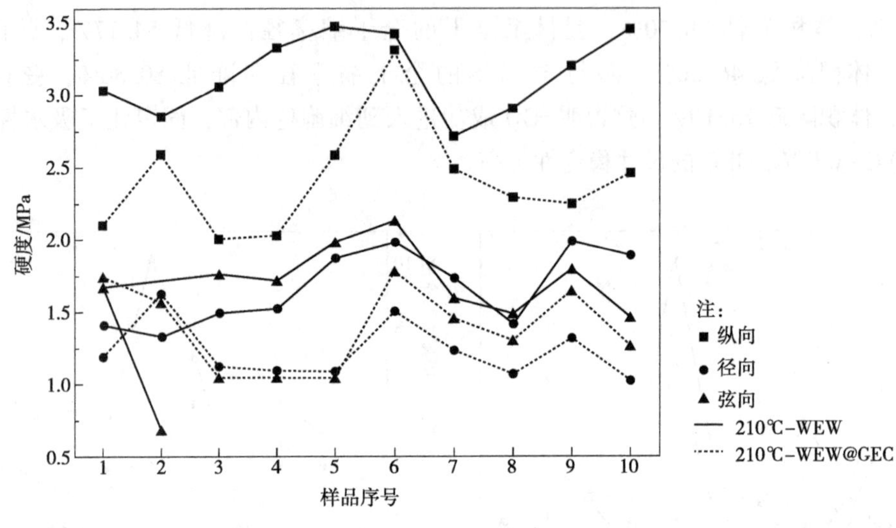

图 5-24　硬度分析图

(2)静曲强度及抗弯弹性模量

木材作为结构材，其力学性能是重要的衡量指标，图 5-25 为 210℃-WEW@ GEC 和 210℃-WEW 的静曲强度及弹性模量分析，显示出 rGO 使静曲强度提高 26.56%，抗弯弹性模量提高 20.75%，这可能是 rGO 的柔韧性片层结构在木材机体内部均匀分布导致。力学强度的增加进一步验证了 XRD 分析结果的准确性，说明 rGO 与细胞壁中的纤维素及半纤维素均发生了键合，且 rGO 的还原程度较大，充分释放了 rGO 的力学性能的同时，也进一步说明 rGO 的导电性也得到释放。

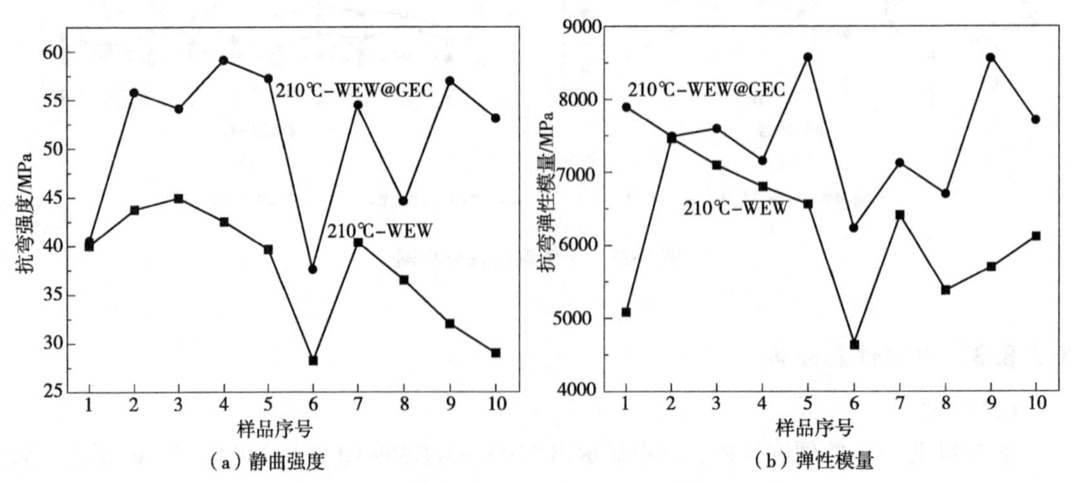

图 5-25　抗弯强度及抗弯弹性模量分析图

5.3 隔氧高温炭化法制备导电材料

5.3.1 试验步骤

图 5-26 为 750℃-WEW@GEC 的制备流程图。图 5-26 中，1 为杨木素材(PPW)，2 为渗透性预处理样品(为提高杨木的渗透效果，本试验采用冷、热水抽提循环处理的方法改善试件的渗透性)。试验步骤为：①将杨木素材试件置于 80℃去离子水中进行蒸煮处理，除去木材中部分树脂及单宁等浸提物。②再将①中处理完的试件在-18℃条件下进行冷冻处理，木材细胞腔中的水从自由的液态变为固态，分子间距离增大，使细胞腔直径增大，导致细胞壁受压，细胞的纹孔膜受到破坏，从而促进水分及浸渍液体的传递。③重复以上两个步骤，直至水煮后的液体颜色清澈透明，此时的样品为 WEW，可以看出其体积大小基本无变化，颜色变浅。图 5-26 中 3 为木材与 GO 分散液进行脉冲式真空复合处理后的木材氧化石墨烯复合材料，实际可以看出材料的颜色均匀覆盖了 GO 的棕黄色。图 5-26 中 4 为经高温隔氧热还原后得到的木基石墨烯复合材料 750℃-WEW@GEC，材料的径向及弦向尺寸明显变小，整体发生皱缩，并且未发生开裂。

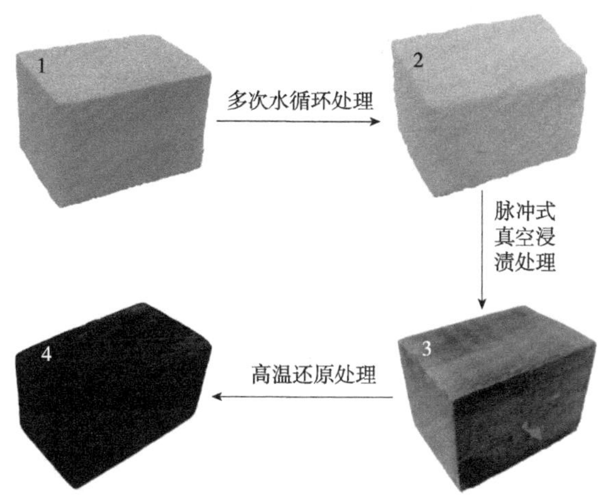

图 5-26 750℃-WEW@GEC 的制备流程图

5.3.2 制备条件优化

本部分内容将分析 GO 浓度、炭化温度、炭化时间对材料导电性能的影响。由图 5-27～图 5-29 可知，GO 浓度在 4mg/mL、炭化温度 750℃、时间 30min 的条件下，750℃-WEW@GEC 在横截面、径切面、弦切面 3 个不同方向的体积电阻率达到最佳，分别为

0. 641Ω · cm、2. 153Ω · cm、2. 932Ω · cm。

5. 3. 2. 1　GO 浓度对材料导电性能的影响

GO 浓度直接影响着还原后 rGO 在木材机体内部的连通性，浓度太大，容易引起 GO 片层间彼此粘连，还原难度变大，浓度太小，影响导电通路的形成。图 5-27 为 GO 浓度的影响分析，由图可知随着 GO 浓度的增加，750℃-WEW@GEC 表现出典型的渗滤特征。当 GO 浓度过低时，热还原过程中生成的 rGO 间距大，电子发生连续迁移的效率较低，导电性能减弱，随着浓度从 2mg/mL 到 4mg/mL 逐渐增加，热还原的条件下 GO 片层上的含氧官能团遭到高温破坏而发生分解，且得到的 rGO 片层产生了一定的连续性，使 750℃-WEW@GEC 形成一定的导电通路，导电性增强，GO 浓度过大时，GO 还原不充分，生成的 rGO 片层在垂直方向发生大量堆叠。当浓度大于 4mg/mL 时，真空浸渍过程中 GO 片层发生一定的堆叠，在还原过程中导致 GO 还原效果不充分，难以形成连续的导电通路，导电性减弱。此温度下 GO 的最佳浓度大于低温还原的原因是温度越高，导致木材组分发生大幅度降解，致使孔隙增大的程度较高，影响了 rGO 片层的连续性。

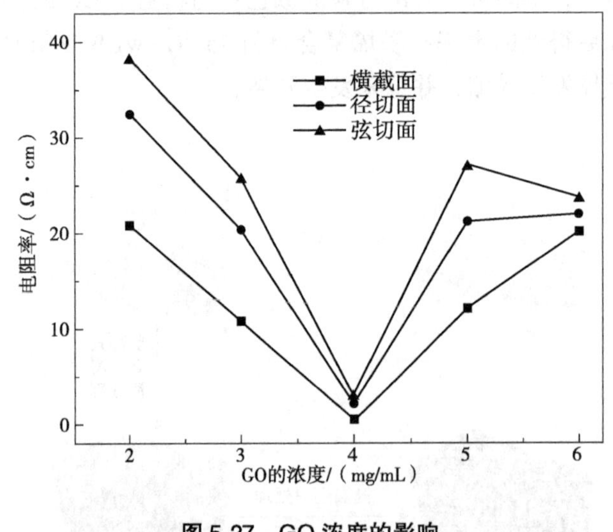

图 5-27　GO 浓度的影响

5. 3. 2. 2　炭化温度对材料导电性能的影响

热处理温度直接关系着木材结构中 GO 组分上含氧官能团需要能量逃逸的程度，图 5-28 展现了炭化温度对导电性能的影响。由图可知，600~750℃时，材料 3 个方向的电阻率曲线快速下降，且 3 个方向的电阻率差异性较大，大小关系为纵向<弦向<径向。其原因一方面可能是在最佳 GO 含量前提下，随着温度的升高，均匀分布于木质机体内部的 GO 吸收了充足的能量，其片层结构上的自由含氧官能团-OH、-COOH、C-O-C 等以水分子及二氧化碳的形式脱落，石墨烯的苯环结构增多，释放出导电性能，且由于木材孔隙的三维各向异性导致 rGO 在 3 个方向分布的均匀性不同导致；另一方面是木材结构中的残留木质

素一定程度上使石墨化程度提升，综合提高了材料的导电性。在温度大于750℃时，材料3个方向的电阻率趋于稳定，且差异性明显减小，纵向的电阻率有轻微上升趋势。这可能是随着温度的升高，木材内组分降解程度增大，纵向上以导管及木纤维为主的细胞壁发生大幅度分解，破坏了部分rGO的连通性导致。

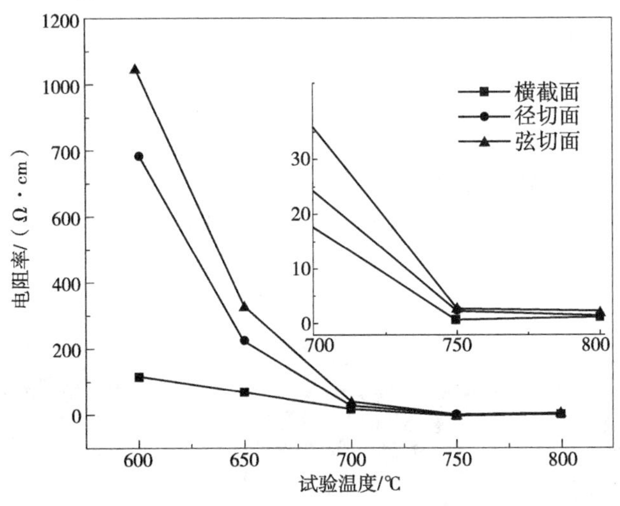

图5-28　炭化温度的影响

5.3.2.3　炭化时间对导电性能的影响

炭化时间是炭化温度的一种累加形式，图5-29为材料3个方向电阻率随炭化时间变化的曲线，从中可以看出，材料的纵向、弦向及径向的电阻率均随着时间的增加快速下降，在炭化时间为30min时，3个方向的电阻率达到最低，之后随着时间的增加，三者的电阻

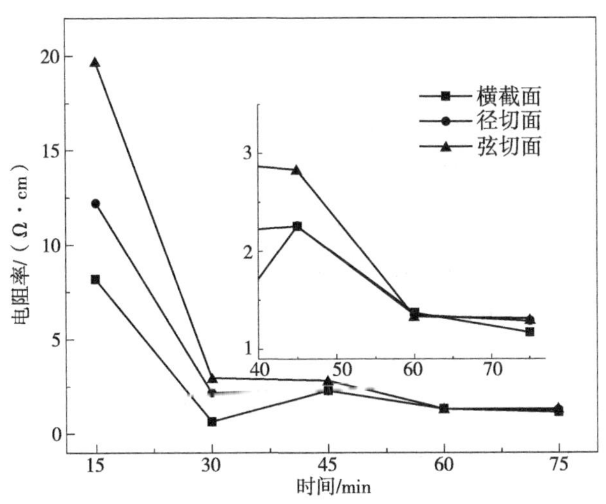

图5-29　炭化时间的影响

率先增大后趋于稳定，可能是时间的增加导致了能量的累积，rGO 在此温度范围内的还原已达到最佳，能量的过度增加造成了木材孔隙结构的大幅度破坏，导致原有的三维导电网络结构发生局部中断，严重影响了材料的导电性能。

综合上述 3 个优化条件制备的导电木材具有三维导电性能，但由于高温条件下木材基质模板中的成分大量分解，rGO 的还原程度大幅度提高，导致 rGO 在材料 3 个方向形成的导电线路更加畅通，3 个方向的导电差异性变小。

5.3.3 导电性分析

图 5-30 为材料的三维导电通路图。由图可知，将 750℃-WEW@ GEC 3 个方向接入到电路中，在二极管发光发亮最大的条件下，三者的输出电压差别很小，进一步高温处理下的导电材料具有 3 维导电性能，且三个方向的导电差异性很小。

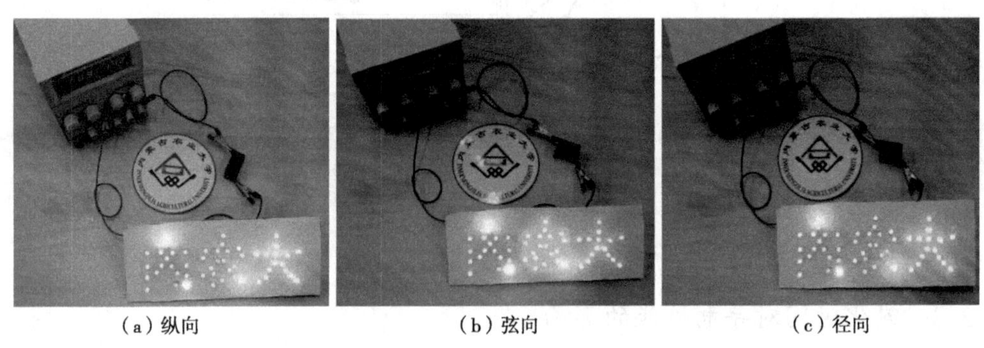

(a) 纵向　　(b) 弦向　　(c) 径向

图 5-30　三维导电通路图

5.3.4 导电形成过程分析

5.3.4.1 微观形貌分析

图 5-31 为材料的 SEM 微观形貌结构图，图中 1、2 分别为 750℃-WEW 的径切面和横截面图，可明显看出其孔隙结构清晰，导管壁上的纹孔也清晰可见，制样过程中由于炭化后木材的脆性较大，产生大量碎屑和粉末填充于样品中。图中 3、4 分别为 750℃-WEW@ GEC 的径切面和横截面图，可看出 rGO 以大片膜状结构分布于导管中，且由于纹孔高低不平导致膜状 rGO 随着纹孔的起伏而呈现一定波浪状形态，横截面中可看出 rGO 沿着管孔的深度方向以薄膜形式紧密与管孔壁结合，保留了木材原有的中空孔隙结构，管孔边缘由于 rGO 的片层滑移作用产生一定的柔韧性。图中 5 为 750℃-WEW 的弦切面图，可以看出导管、木射线、纹孔的清晰结构。图中 6 为 5 中纹孔的局部放大图，可以看出 750℃的炭化处理使纹孔上的纹孔膜发生大量脱落，纹孔清晰可见。图中 7 为 750℃-WEW@ GEC 的弦切面图，可以看出导管内部的纹孔上出现大量连续状片层物质，仍然是由于纹孔的起伏

作用呈现波浪状分布。图中 8 为 7 中虚线圈的局部放大图，可明显看出纹孔口及周围出现大量辐射状分布的枝桠状褶皱片层结构的 rGO，具有三维立体的效果，显示出 rGO 不仅仅是通过导管渗透，纹孔里也发生大量渗透，沿着木射线管孔也分布着大量枝桠状片层rGO。

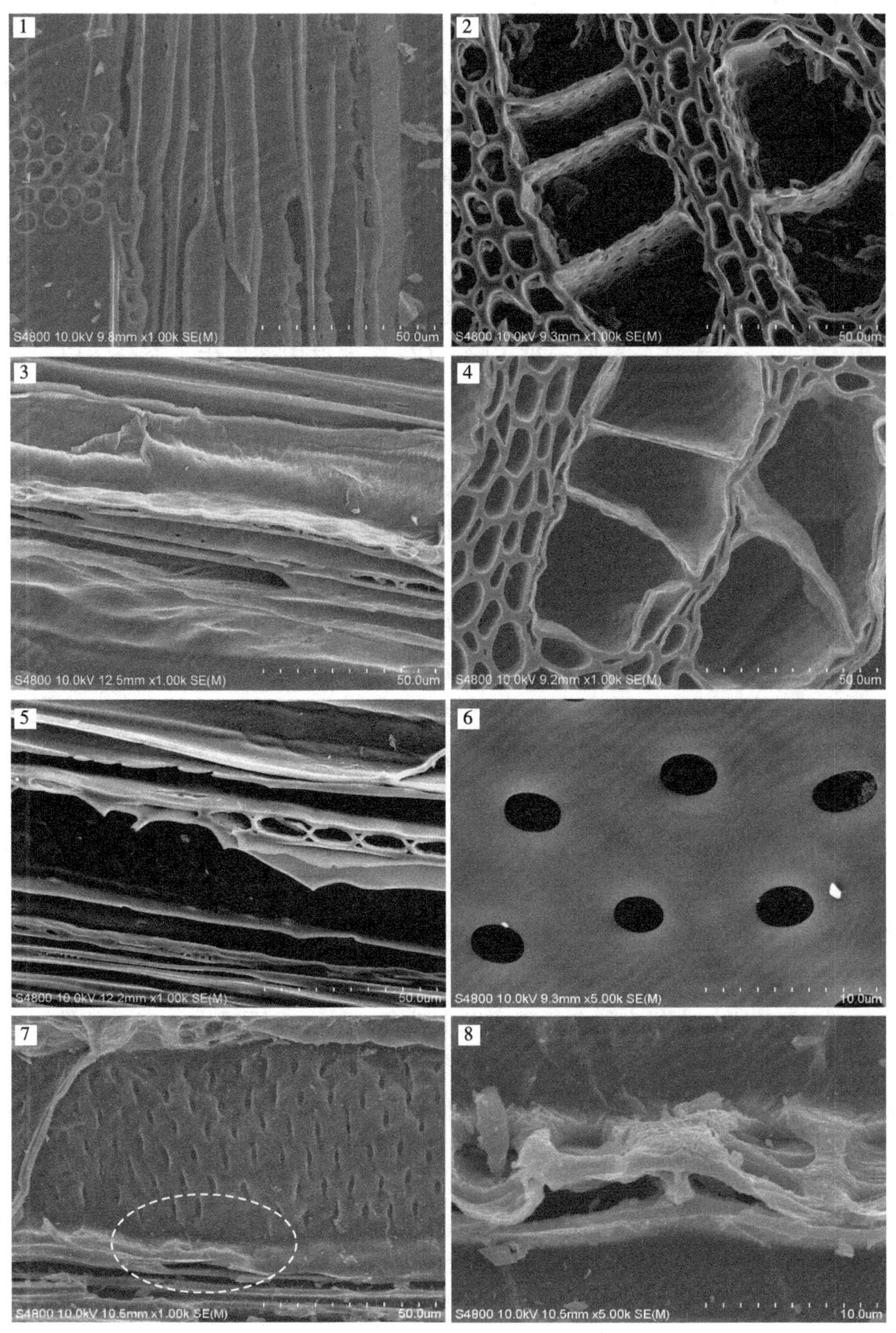

1、2. 750℃-WEW的径切面和横截面图；3、4. 750℃-WEW@GEC的径切面和横截面图；
5. 750℃-WEW的弦切面图；6. 5中纹孔的局部放大图；7. 750℃-WEW@GEC的弦切面图；
8. 7中虚线圈的局部放大图。

图 5-31　SEM 微观形貌结构图

上述3个切面剖面图的分析可知，rGO在木材的3个方向均匀分布，且连续性较好，构建了完整的导电通路。

5.3.4.2 XPS分析

图5-32(a)是750℃-WEW@GEC与750℃-WEW的X射线光电子能谱总谱图。285.2eV处的特征峰为碳元素，533.2eV处的特征峰为氧元素。由图可知，750℃-WEW@GEC的碳元素的强度较同等条件下炭化素材大大提升，且碳氧比为3.21，而750℃-WEW的碳氧比为2.99，碳氧比提高说明GO被还原，其原因可能是GO还原过程中，碳含量增加，氧含量减少，热还原使GO结构上的苯环为共轭结构，含氧基团减少，rGO的共轭结构得到一定的修复，使碳原子sp^2杂化区域增加，rGO片层间的$\pi-\pi$堆积作用增强，促进电子的传导，导电性增强。rGO引入了大量的碳原子，在高温条件下，GO结构上的含氧官能团发生大量脱落，大部分氧原子被去除，GO在木材内部发生了充分还原，石墨化程度提高。从而进一步说明750℃-WEW@GEC具有良好的导电效果。

由图5-32(b)和(c)可知，750℃-WEW@GEC的C-C、C-H峰的强度较750℃-WEW明显增强。其原因可能是由于高温状态下，GO被还原，同时生成多环芳烃，石墨化程度升高，使得碳含量上升。rGO的共轭结构使其与芳烃结构的小分子利用$\pi-\pi$堆积作用相互结合，$\pi-\pi$结构可促进电子的传导，使750℃-WEW@GEC的导电性增强。同时，750℃-WEW@GEC的C-OH峰与C-O-C峰消失，说明材料中不含有C-OH与C-O-C两种官能团，其原因可能是GO结构上的C-OH与C-O-C两种官能团最易发生分解，以水蒸气和二氧化碳的形式被释放出来，碳原子上连接的含氧官能团被去除，从而使氧的含量下降，碳平面的结构趋于完整，rGO的共轭结构得到一定的修复，利于电子的传输，表明GO还原程度高，材料的导电性增强。750℃-WEW@GEC的C=O峰与O-C=O峰的强度高于750℃-WEW，其原因是C=O与O-C=O两种官能团是木材原有的-OH、-COOH与GO片层上的-OH、-COOH发生酯化反应，完成有机结合。

由图5-32(d)和(e)可知，750℃-WEW@GEC的O-C=O峰及C-O峰的强度较750℃-WEW均降低。一方面是由于高温热处理条件下，一部分含氧基团发生热解，另一部分GO中的含氧基团与木材中的含氧基团发生键合；另一方面是由于高温条件下，含氧基团遭到破坏，GO被还原，石墨化程度提高。该变化说明在高温条件下，含氧官能团发生分解，使氧含量降低，碳氧比显著提高，石墨化程度显著提高，促进了电子的传输迁移。

5.3.4.3 CRM分析

图5-33为750℃-WEW@GEC选区(40μm×40μm)，图5-34为对应选取的面扫谱结果，1340cm^{-1}左右的峰为D峰，1586cm^{-1}附近的峰为G峰，材料的G峰强度明显增强，这是由于在还原过程中，GO片层中大量sp^3杂化的碳原子重新转变为sp^2杂化的碳原子，使石墨烯片层间的$\pi-\pi$堆积作用增强，从而有利于电子的传输。I_D/I_G为0.48，说明rGO在炭化素材内部的无规则碳比例减少，微晶逐渐成长，碳层排列趋于有序，且在高温处理的条件下，GO被还原，rGO的共轭结构获得了一定的修复，生成碳原子sp^2杂化区域，石墨

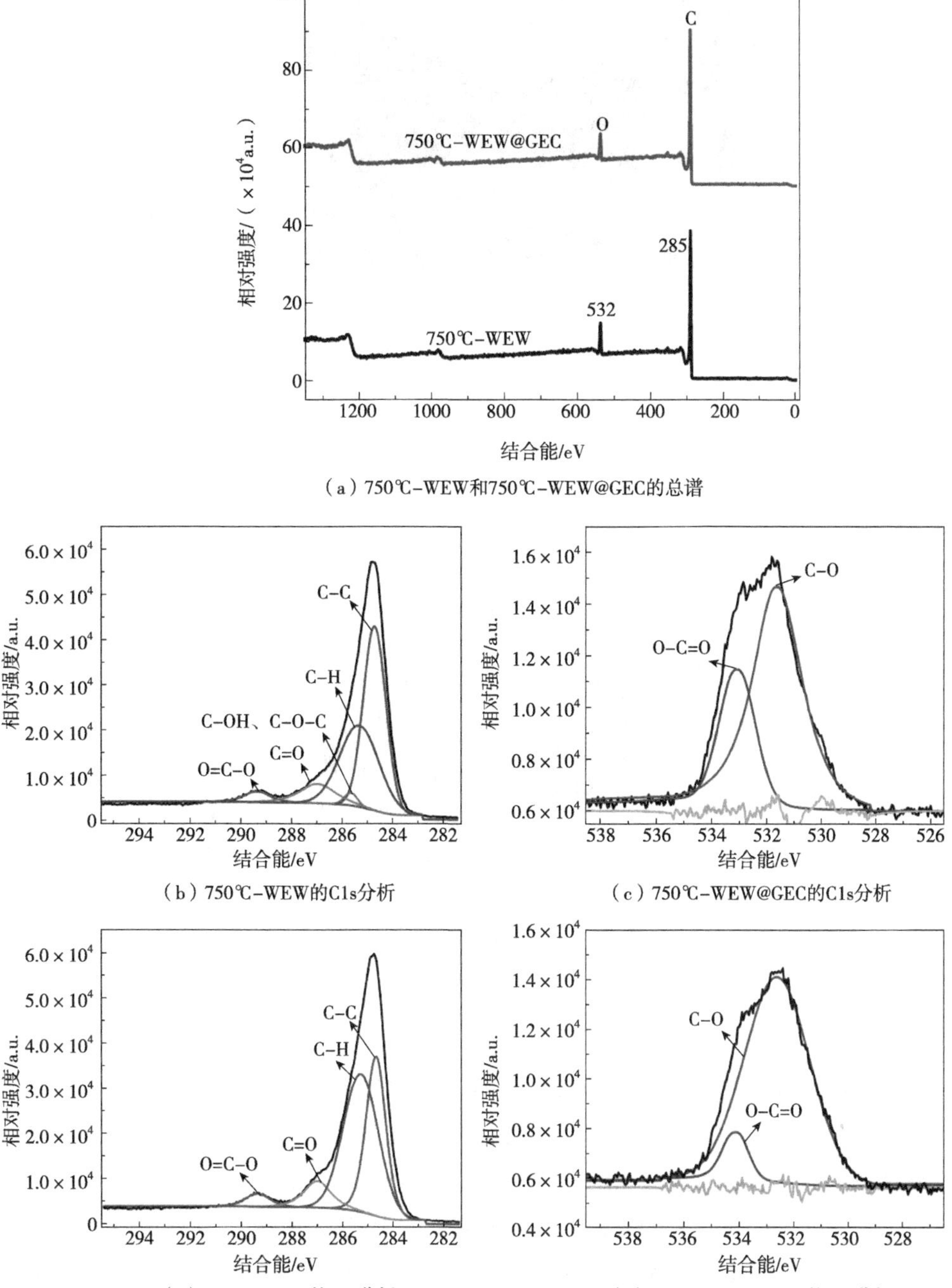

（a）750℃-WEW和750℃-WEW@GEC的总谱

（b）750℃-WEW的C1s分析

（c）750℃-WEW@GEC的C1s分析

（d）750℃-WEW的O1s分析

（e）750℃-WEW@GEC的O1s分析

图 5-32 XPS 分析图

化程度更高。总之，选区内连续 rGO 的分布，说明其在木材机体内部构建了完整的导电网络，方便电子的穿行。

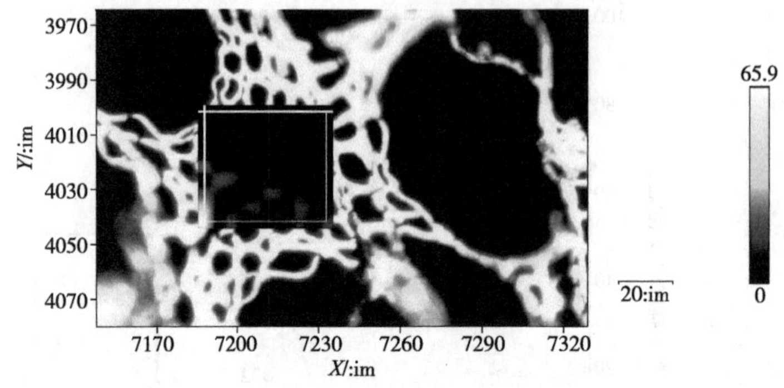

图 5-33 材料 CRM 局部成像

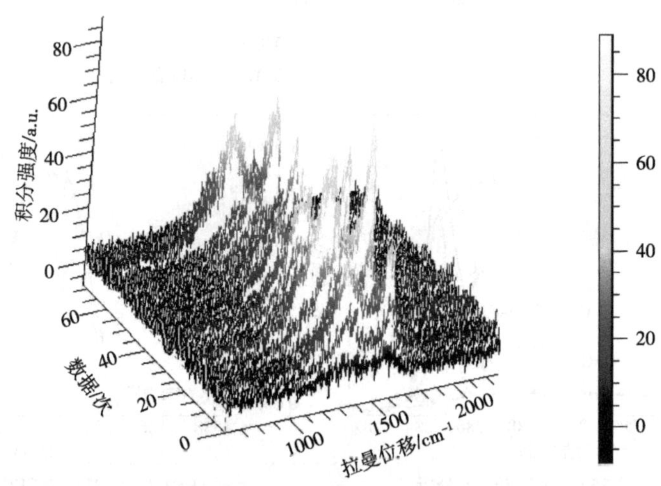

图 5-34 局部成像对应面扫谱图

5.3.4.4 FTIR 分析

图 5-35 为 750℃-WEW@GEC 与 750℃-WEW 的红外光谱分析图。与 750℃-WEW 相比，750℃-WEW@GEC 在 3434cm^{-1}对应缔合态-OH 的伸缩振动强度显著减弱，这说明-OH 的数量减少，一方面是由于 GO 通过-OH、-COOH 等与木材中纤维素-OH、-COOH 发生键合；另一方面是高温条件下，rGO 片层结构上剩余的-OH 以水分子的形式脱落，GO 被充分还原，石墨化程度大大提高，氧对碳上的电子束缚能力降低，增强了电子在碳平面上的传导，导电性增强。并且该峰的峰形较尖，说明通过化学键的结合紧密，木材与石墨烯充分结合且不会发生脱落，证明木材与 rGO 的结合程度比较好。波数 1635cm^{-1}为木质素结构中 C=O 伸缩振动，750℃-WEW@GEC 的吸收峰明显减弱，说明木质素中的 C=O 与 GO 进行了化学键合。波数 1398cm^{-1}为炭化纤维素-CH 的弯曲振动峰，750℃-WEW@GEC 在此处的峰蓝移至 1514cm^{-1}，可能是 rGO 上的-OH 与纤维素上含有-OH 的碳缔

合，导致碳上另一边的 C-H 受酯基的影响，电子云密度增加，谱峰向高波数移动。波数 1056cm^{-1}为炭化纤维素 C-O 的伸缩振动峰，750℃-WEW@GEC 在此处的峰红移至 1026cm^{-1}，可能是纤维素中部分 C-O 发生断裂，与 rGO 片层上的-COOH 键合，导致新生成的 C-O-C 键的电子云密度减小，谱峰向低波数移动。上述红外光谱分析结果说明 rGO 通过氢键、酯键的方式与木材中的纤维素、木质素发生键合，且 rGO 上的含氧官能团也大幅度减小，恢复了 rGO 完美的石墨晶形结构，方便了导电通路的形成。

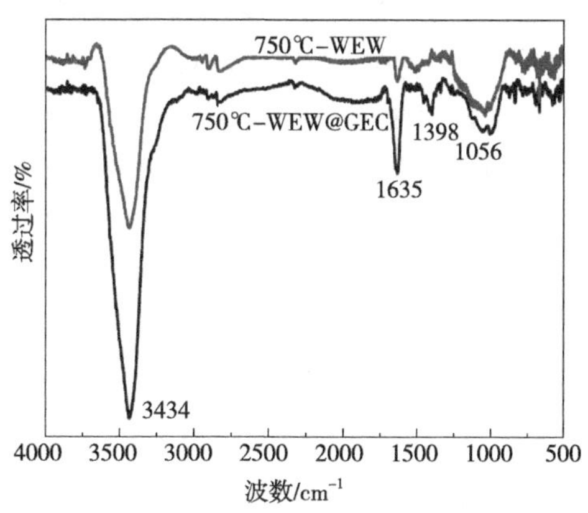

图 5-35 红外光谱分析图

5.3.4.5 XRD 分析

图 5-36 是材料的 XRD 分析图谱。从图中可以看出，750℃-WEW@GEC 与 750℃-WEW 均在 2θ 为 22.38°左右的位置出现了特征衍射峰，但 750℃-WEW@GEC 的衍射峰较 750℃-

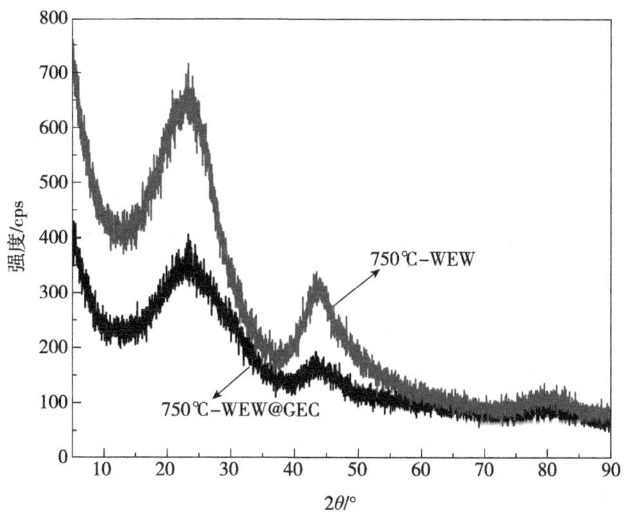

图 5-36 XRD 分析图谱

WEW 的衍射峰强度增强且峰值较大，这是由于在高温热还原处理的过程中，GO 的堆积结构被破坏，GO 被还原，结构中的 sp^2 区域得到一定的修复，增强的 π-π 堆积作用使石墨烯片层之间结合更加紧密，并形成新的石墨晶体堆垛结构。在 2θ 为 42.18°处的峰是石墨烯(110)特征衍射峰，750℃-WEW@GEC 与 750℃-WEW 均在该处出现了特征峰，且 750℃-WEW@GEC 的峰强度更大，说明生成的 rGO 呈现出较好的石墨烯完整结构，导电效果更好。

5.3.4.6 热重分析

图 5-37 为材料的 TG 曲线图，分析研究了材料的热稳定性。由图可知，随着温度的增加，750℃-WEW 的成分不断分解。750℃-WEW@GEC 在 92~260℃ 阶段的失重率较大，可能是其 rGO 结构上存在的含氧官能团发生了热解，以 CO 和 CO_2 形式析出。260~890℃ 阶段，750℃-WEW@GEC 的失重率明显小于 750℃-WEW，说明 rGO 与木材中纤维素及木质素的键合降低了二者的分解强度，也进一步说明 rGO 在木材体内均匀分布并充分还原，与各组分发生了良好键合，固定住了成分的分解。

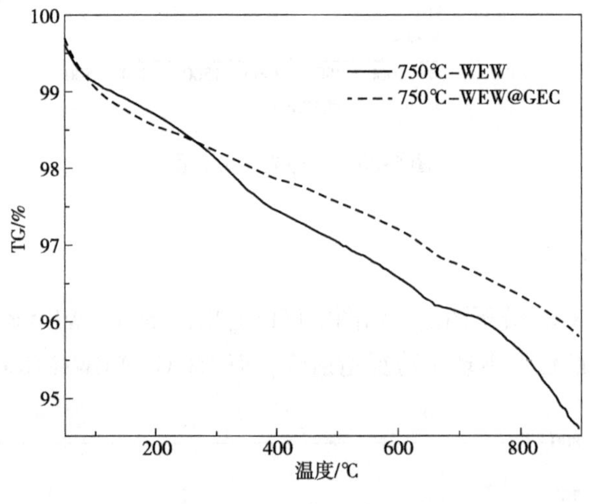

图 5-37　TG 曲线分析图

上述多角度成分分析表明，木材与 GO 的复合，一方面是 GO 片层结构上的-OH、-COOH 与木材纤维素中的-OH、半纤维素中的-OH 和-COOH、木质素中的 C=O 发生化学键合，生成氢键、酯键，即：

$$R_1\text{-COH}+R_2\text{-OH}\rightarrow R_1COR_2+H_2O \tag{5-1}$$

$$R_1\text{-COOH}+R_2\text{-OH}\rightarrow R_1\text{-COOR}_2+H_2O \tag{5-2}$$

另一方面是二者之间存在片层间的范德华力及 π-π 堆积作用。在中温(≥200℃)处理过程中，首先是分布于木材中的 GO 片层结构上的环氧基(C-O-C)以及未发生键合-OH、-COOH，以 H_2O 和 CO_2 形式脱除，同时在该温度条件下，半纤维素等结构中的含氧基团发生分解，导致氧的数量减少，从而降低了氧原子对电子的吸引作用。随着处理时间的延长，木材被炭化并出现一定的石墨化倾向，碳的比例增大。碳氧含量的变化，降低了氧原子对碳原子上电子的束缚，促进了电子在碳平面上的迁移。随着温度的升高，木材中的半纤维素分解，纤维素及木质素炭化，GO 逐渐被还原，结构中的 sp^3 区域逐渐转变为 sp^2 区域，使 rGO 的共轭结构得到一定程度的修复，片层间的 π-π 堆积作用增强，从而促进电子的传输，且炭化纤维素及木质素结构上的 C-H、苯环等官能团与 rGO 片层上的 π 电子发生共轭作用，增强了电子在内部的传导，使材料导电性进一步提高。

5.3.5 电磁屏蔽及吸波性能分析

材料的体积电阻率在 $10^4 \sim 10^7\Omega \cdot cm$ 的范围内可用于抗静电产品，$1 \sim 10^4\Omega \cdot cm$ 的范围内可用于平面发热体，而 $10^{-3} \sim 1\Omega \cdot cm$ 的范围内可用于电磁波屏蔽，上述电阻率的研究内容证明 750℃-WEW@ GEC 具有良好的导电性能。

由图 5-38(a)可知，750℃-WEW@ GEC 的电磁屏蔽效能可达到 40dB，大约是 750℃-

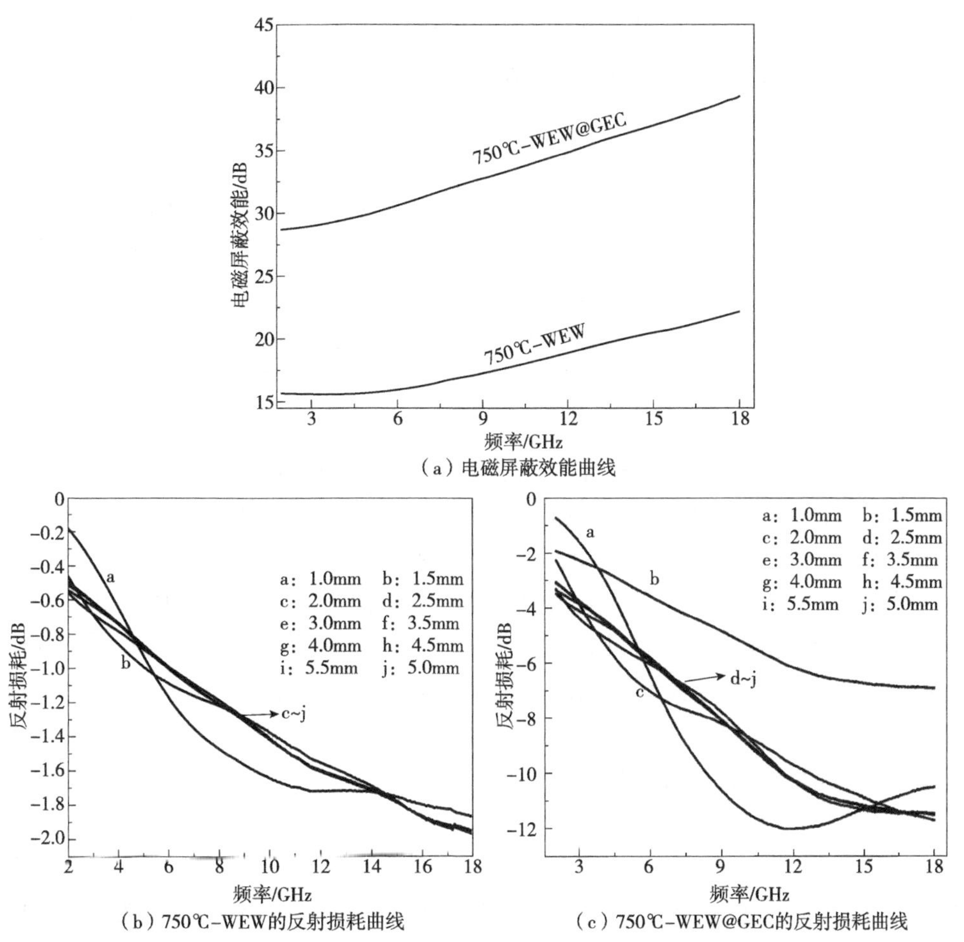

(a) 电磁屏蔽效能曲线

(b) 750℃-WEW的反射损耗曲线

(c) 750℃-WEW@GEC的反射损耗曲线

图 5-38 材料的电磁屏蔽及吸波性能分析图

WEW 的 2 倍。图 5-38(b)、(c)分别为 750℃-WEW 和 750℃-WEW@GEC 的反射损耗随频率变化的曲线图，当吸波材料的反射损耗低于-10dB 时，代表着材料对电磁波的吸收率为 90%，即认为是有效吸收，可以看出 750℃-WEW 的吸波性能较差。从图图 5-38(c)可以看出，750℃WEW@GEC 具有较好的吸波性能。在当吸波材料的反射损耗低于-10dB 时，代表着材料对电磁波的吸收率为 90%，即认为是有效吸收。与石蜡添加量为 1∶1 的条件下，当厚度为 1.0mm 时，材料的反射损耗在 7.3~18GHz 范围内低于-10dB，有效吸收频宽为 9.7GHz，并在 11.6GHz 处达到最强吸收为-12dB；当厚度在 2~5.5mm 范围内时，其余厚度材料的反射损耗在 11.6~18GHz 的范围内均低于-10dB，有效吸收频宽为 6.4GHz。基于上述导电性能的分析，进一步说明本材料可应用于导电领域，如电热材料、抗静电产品等。

5.4 本章小结

本部分内容采用了 2 种热还原的方式释放木材机体内部的 rGO。一种是在尽量保持木材力学性能的前提下，进行的低温隔氧法处理；一种是采用高温炭化法处理的方式对 rGO 的导电性进行释放，具体结论如下：

(1)低温隔氧法处理

① GO 浓度是导电网络的关键，热还原温度及时间是 GO 片层结构恢复完整的动力，在 GO 浓度为 3mg/mL、温度为 210℃、时间为 2.5h 时，材料 3 个方向的电阻率为：纵向 1903Ω · cm、径向 2100Ω · cm、弦向 6073Ω · cm。

② rGO 在木材基质模板中的导管内壁、木射线、纹孔等孔隙内部均匀生长，甚至进入到木材细胞壁非结晶区的微纤丝间隙中。

③ 导电材料的电磁屏蔽性能为：在高频段内的最大值纵向为 14.6dB、弦向为 13.8dB、径向为 9.8dB，吸波损耗性能显示出三者均在拟合厚度为 5.0mm 时达到最佳，弦向为-31.1dB、径向为-22.8dB、纵向为-26.4dB，说明木材基质模板中的 rGO 在低温隔氧过程中脱氧成功，具有三维导电性的同时也赋予了材料的三维电磁屏蔽及吸波性能。

④导电材料的密度、润湿角、吸水性、湿胀干缩性均显示出 rGO 成功进入细胞壁内部，固定了吸水性基团，导致尺寸稳定性提高。硬度、静曲强度、弹性模量分析均表明 rGO 提高了材料的柔韧性，也说明 rGO 在木材机体内部均匀分布并还原 GO，与细胞壁中的纤维素及半纤维素均发生了键合，且 rGO 的还原程度较大，充分释放了石墨烯的力学性能，也进一步说明材料的导电性也得到释放。

(2)高温炭化法处理

① GO 浓度在 4mg/mL、炭化温度 750℃、炭化时间 30min 的条件下，木基石墨烯复合材料在横截面、径切面、弦切面 3 个不同方向的体积电阻率达到最佳，分别为 0.641Ω · cm、2.153Ω · cm、2.932Ω · cm，材料的三维各向异性导电性能的差异明显减小。

② rGO 在木材的 3 个方向均匀生长，且连续性较好，构建了完整的导电通路。

③ 高温隔氧下制备的导电木材电磁屏蔽性能可达到 40dB 左右，材料的反射损耗在 7.3~8GHz 范围内低于-10dB，有效吸收频宽为 9.7GHz，并在 11.6GHz 处达到最强吸收，为-12dB；同时，750℃-WEW@GEC 中 rGO 在木材机体内部分布均匀，并得到充分还原，整体提高了材料的导电、电磁屏蔽及吸波性能。

6 真空浸渍法制备金属络合物改性木材

天然林木全面禁伐政策的实施，国外木材进口的限制，使我国木材供应愈发紧张，发展速生林木成为当今社会共识。人工林木因材质差，不能直接与天然林木相媲美，国内外学者采用木材改性技术提高人工林木的材性，并赋予其一些新的性能，拓宽其应用范围。目前，木材改性技术总体可分为3类，如图6-1所示，包括细胞腔填充改性、细胞壁填充

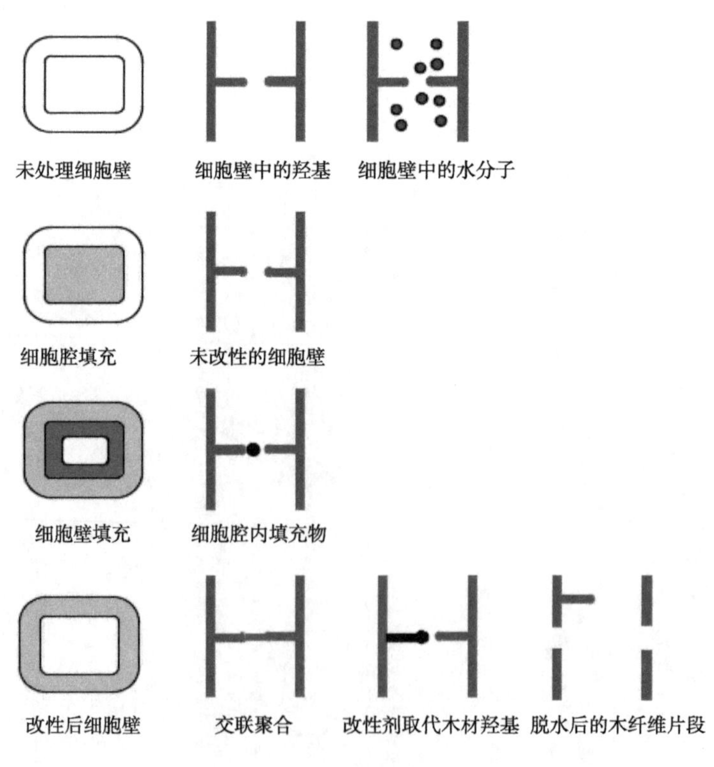

图6-1 不同的木材改性技术

改性和交联聚合改性。具体技术主要包括木材染色、木材防腐阻燃、木材强化、木材乙酰化、木塑复合材料和木材金属化等。木材金属化改性技术起源于20世纪80年代，日本学者在木材上化学镀金属，使其具备导电性能，在国内关于化学镀研究较多的学者有赵广杰、黄金田、王丽娟和李坚等。化学镀虽然工艺简单，但前期处理繁琐，表层易脱落。近几年来，姚晓林等利用水热法制备木材—金属复合材料，发现金属铜和金属镍均匀分布在木纤维细胞壁上，其力学性能和比例极限相对于天然木材均有不同程度的增加。李亚玲等采用穿孔法将改性剂导入速生林活立木中，利用树叶的蒸腾作用对速生杨进行了改性处理，发现改性后的速生杨力学性能、结晶度与尺寸稳定性均得到不同程度的提高。

进入21世纪，人类社会不断前进，物质文明与地球资源及环境之间的矛盾日益尖锐，某些传统经济发展以损耗自然环境为代价的问题日渐突出。材料作为人类社会生存的物质基础，材料科学作为现代科学技术的三大支柱之一，在保护和发展环境方面起着不可替代的先导作用，纳米科技为材料的发展开拓了一条崭新道路，已在许多领域得到成功应用，提高了材料的使用性能。所以，本研究秉持着可持续发展理念，充分考虑材料的绿色特性和环境协调性，以及材料的功能和成本进行深入研究。本章利用纳米金属颗粒盐以络合物的形式与木材相结合，通过真空浸渍法将其导入木材内部，赋予绝缘木材导电性能，拓展其应用范围，提高其应用价值。

6.1 试验材料与仪器

6.1.1 材料制备过程

采用真空浸渍法制备金属络合物改性木材。首先，将天然木材(北京杨木)锯成30mm(弦向)×30mm(径向)×30mm(横向)的试材后，用5%的氨水溶液在100℃中处理3h，以去除试样中的抽提物和内含物，从而改善木材孔隙间的连通性和细胞亲和性，以便金属络合物溶液更好地进入到试材中。同时，试材浸渍在100℃、5%的氨水溶液中，其化学结构不会发生明显的变化且增加金属络合物的活性位点，提高金属络合物分解出的金属离子与木材纤维分子相结合的能力。之后，将试样移至鼓风干燥箱中干燥至含水率低于10%，将干燥好的试材放入预先配制的金属络合物前驱体溶液中进行浸渍处理(0.08MPa、60℃、24h)，结束后，在60℃的鼓风干燥箱中干燥24h，再将其移到还原剂溶液中进行处理，干燥后测定试件的体积电阻率，并表征其结构，技术路线如图6-2所示。其中，前驱体溶液的制备过程如下：

(1)各浓度配比

络合剂(乙二胺四乙酸二纳和酒石酸碱钠)：金属盐=1.2：1，乙二胺四乙酸络合剂(乙二胺四乙酸二纳和酒石酸碱钠)：金属盐=1.2：1，乙二胺四乙酸二纳：酒石酸钾钠=5：3，硫酸铜：硫酸镍=2.5：1，次亚磷酸钠：硫酸铜=2：1。

(2)物质溶解

所有物质用蒸馏水溶解、混合。最后用氢氧化钠配制 pH 调节溶液，调节前驱体溶液的 pH 值至 4.5±2，定容，静置，备用。

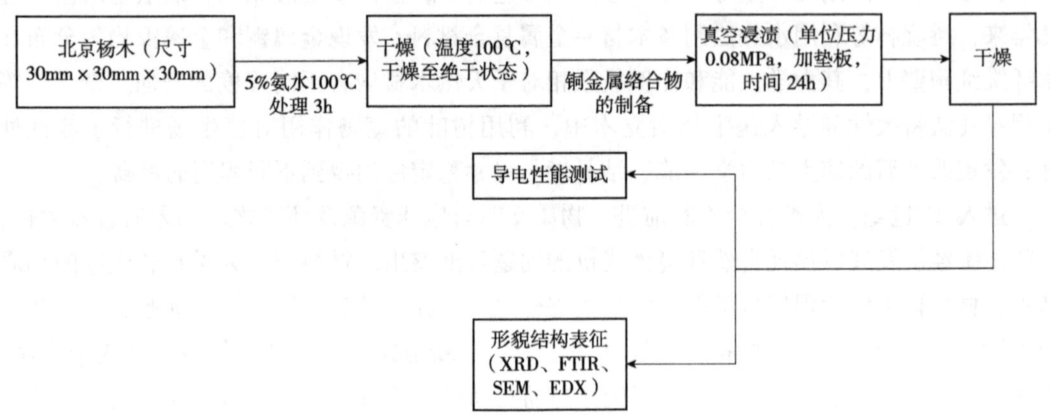

图 6-2 真空浸渍技术制备材料路线图

6.1.2 金属盐的选定

纳米金属粒子由于具有独特的化学物理性能，如催化、导电、光学与磁性等，而被人们广泛应用于各大领域。在填充型导电复合材料中，导电材料决定了导电性能的好坏，本章节我们选择导电性能较好的金属材料作为复合材料的导电填充物。金属材料用作导电填充材料的主要有银系、铜系、镍系、铁系、铝系和锌系等。其中，银系金属的导电性能最好，但因价格昂贵，很少被应用于普通领域，主要应用于航空航天、医疗等领域；铜系金属导电性能仅次于金属银系，其价格相对于银系金属便宜很多，应用广泛，在电磁屏蔽材料研究领域十分受到重视，根据表 6-1，我们选择金属铜作为金属络合物改性木材的金属系。

金属铜化学性质活泼，稳定性较差，在空气中无任何预处理直接放置，表面易氧化成氧化铜。国内外研究者为了防止试验中铜的氧化，先后采用了硼酸溶液处理及包覆等方法。本章节首先将其与络合剂进行络合反应形成金属铜络合物，大大提高其稳定性，且方便后续的木材浸渍处理工艺。选用的络合物由中性分子或阴离子与金属离子以配位键的方式结合，其中金属离子提供空的价电子轨道，中性分子或阴离子中的具有弧对电子的原子提供电子对。

表 6-1 各系列导电复合材料性能对比

类型	优点	缺点	应用
金系复合材料	化学性质稳定，导电性、抗蚀性、抗氧化性好	价格昂贵	仅限用于厚膜集成电路等有特殊要求的产品

（续）

类型	优点	缺点	应用
银系复合材料	化学稳定性、导电性等仅次于金系	价格昂贵，对温度感，温度高导电能力就高，反之，降低	大量用于薄膜开关的导电印刷材料
铜系复合材料	良好的导电性能，价格比金银低廉	抗氧化性能差	主要用于印刷电路、电磁屏蔽等产品
镍系复合材料	价格比较低	导电性能一般	主要用于电磁屏蔽性能产品
传统碳系复合材料	与金属导电材料相比，价格比较便宜	导电性和耐湿性都不好	只能用于导电性能要求低的产品
金属纳米导电复合材料	导电性能高	与微米级相比，纳米级金属材料成本较高	用于射频识别标签、印刷电路板、电磁屏蔽材料

6.1.3 络合剂的选定

根据所选择的导电填料金属铜盐，选择适合的螯合剂，改善导电填料在木材基体内的均匀性与稳定性，提高导电填料与基体的结合强度。表 6-2 为二价铜离子与配位剂形成的络合物稳定常数表。在电镀、印刷电路板和印染等工艺中大量使用乙二胺四乙酸(EDTA)、酒石酸和柠檬酸等作为络合剂，这些络合剂能与多种金属形成稳定的水溶性络合物，其自组装特性不仅在电镀行业中常用到，也常被应用于薄膜沉积研究。

结合表 6-2 中络合剂内容及本研究的预实验结果，选择双络合剂乙二胺四乙酸和酒石酸作为络合剂。

表 6-2 二价铜离子与配位剂形成的络合物稳定常数(25℃)

配体	金属离子	配体数目	稳定常数($\lg K_{稳}$)
NH_3	Cu^{2+}	1，2，3，4，5	4.31，7.98，11.02，13.32，12.86
CN^-	Cu^+	2，3，4	24.0，28.59，30.30
$P_2O_7^{4-}$	Cu^{2+}	1，2	6.7，9.0
EDTA	Cu^{2+}	1	18.7
酒石酸	Cu^{2+}	1，2，3，4	3.2，5.11，4.78，6.51
丁二酸	Cu^{2+}	1	3.33
乙二胺	Cu^{2+}	1，2，3	10.67，20.0，21.0
甘氨酸	Cu^{2+}	1，2，3	8.60，15.54，15.27
硫脲	Cu^+	3，4	13.0，15.4

6.1.4 试验试剂与仪器

北京杨木(速生阔叶材)试材取自中国西北地区的内蒙古自治区呼和浩特，试材的胸径为15cm，树高为7m，试件被锯成的尺寸为30mm×30mm×30mm(弦向×径向×横向)。试验使用化学试剂见表6-3，使用的仪器设备见表6-4。添加 Ni^{2+}化学镀体系的化学反应方程式见式(6-1)~式(6-3)：

$$Ni^{2+}+2H_2HO_2^-+2OH^- \rightarrow Ni+2HPO_3^-+2H_2\uparrow \tag{6-1}$$

$$Ni+Cu^{2+} \rightarrow Cu+Ni^{2+} \tag{6-2}$$

总方程式：

$$Cu^{2+}+2H_2PO_2^-+2OH^- \rightarrow Cu+2H_2PO_3^-+H_2\uparrow \tag{6-3}$$

表6-3 试验化学试剂

化学试剂	化学式	生产厂家
氨水	$NH_3 \cdot H_2O$	中国天津化学试剂开发部
硫酸铜	$CuSO_4 \cdot 5H_2O$	
硫酸镍	$NiSO_4 \cdot 6H_2O$	
乙二胺四乙酸二纳	EDTA · 2Na	
酒石酸钾钠	$NaKC_4H_4O_6 \cdot 4H_2O$	
次亚磷酸钠	$NaH_2PO_2 \cdot H_2O$	
氢氧化钠	NaOH	

表6-4 试验仪器设备

仪器设备	型号	生产厂家
电热恒温鼓风干燥箱	DGH-9245A	上海齐欣科学仪器有限公司
平推式切片机	SM2010R	德国莱卡
扫描电子显微镜	Hitachi-S4800	日本日立
傅立叶红外光谱分析仪	Nicolet 6700	美国赛默飞
X射线衍射仪	Druker D8 Advance	德国布鲁克
能量色散X射线光谱仪	Druker Quantax 200	德国布鲁克
高电阻仪	BEST-212	苏州晶格电子有限公司

6.2 真空浸渍法制备的导电木材性能测试

6.2.1 浸渍循环次数对木材增重率的影响

经过处理后的木材，其增重率计算过程见式(6-4)：

$$WPG=(W_2-W_1)/W_1\times100\% \tag{6-4}$$

式中：WPG——木材增重率，%；

W_1——试样浸渍前的绝干质量，g；

W_2——试样浸渍后的绝干质量，g。

以24h为一次浸渍循环次数，测定浸渍循环次数对木材增重率的影响，如图6-3所示。试样浸渍循环次数为0次时，木材内部含水率在10%左右。当木材试样在前驱体溶液中的浸渍循环次数为1次、2次、3次、4次和5次时，木材的增重率分别达到21.59%、38.66%、56.60%、73.89%和86.89%。当浸渍循环次数为6次时，木材增重率达到86.99%，比第5次浸渍循环次数的木材增重率增长了0.1%，几乎可忽略不计。第2次、第3次、第4次和第5次浸渍次数比上一次浸渍次数分别增加了79.06%、46.40%、30.55%及16.59%。这是因为5%的氨水处理过的试样，孔隙内部容纳量较大。浸渍初始，前驱体溶液容易浸渍到木材孔隙内部，但随着浸渍次数的增加，孔隙内前驱体溶液颗粒胀满，空间减少，从而前驱体溶液浸渍到木材孔隙内部的难度变大，当浸渍循环次数达到5次时，前驱体溶液在木材内部孔隙中已经处于饱和状态，没有更多的孔隙来容纳更多的前驱体溶液，所以之后增加浸渍循环次数也无法再提高木材的增重率。因此，循环5次，是木材内部得到最多前驱体物质的最佳循环次数。

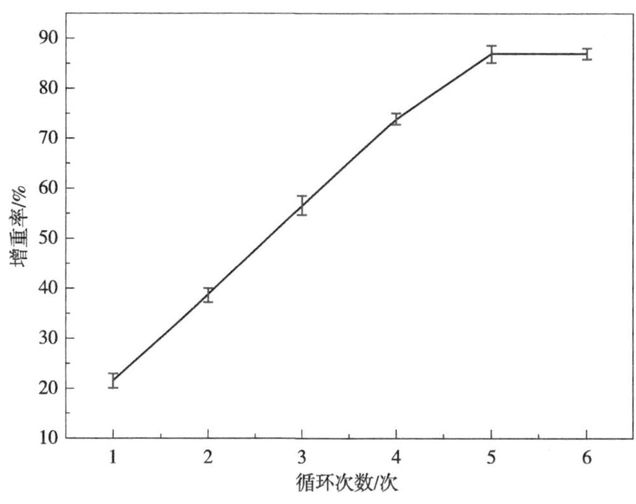

图6-3 循环次数与木材增重率的关系

6.2.2 木材增重率对体积电阻率的影响

按体积电阻率划分的导电性能材料类别见表6-5，当材料的体积电阻率高于$10^{10}\Omega\cdot cm$时，材料耗散静电的能力明显减弱，不利于消除静电，属于绝缘体；体积电阻率为10^6~$10^{10}\Omega\cdot cm$时，可用作抗静电产品；体积电阻率为10^4~$10^6\Omega\cdot cm$时，可作为半导体；体积电阻为低于$10^4\Omega\cdot cm$时，可作为导体。

木材增重率对体积电阻率的影响如图6-4所示。从图6-4中可知，体积电阻率与木材增重率高度相关，随着木材增重率的增大，木材-金属络合物复合材料的体积电阻率逐渐降低，导电性能升高。当木材增重率达到 21.59%时，木材-金属络合物复合材料的体积电阻率为 $2.142\times10^{10}\Omega\cdot cm$，属于绝缘体材料；当木材增重率达到 38.66%时，木材-金属络合物复合材料的体积电阻率为 $1.209\times10^{9}\Omega\cdot cm$，可用作抗静电产品；当木材增重率达到 56.60%时，木材-金属络合物复合材料的体积电阻率为 $6.858\times10^{7}\Omega\cdot cm$，可用作抗静电产品；当木材增重率达到 73.90%时，木材-金属络合物复合材料的体积电阻率为 $1.432\times10^{5}\Omega\cdot cm$，可视为半导体材料；当木材增重率达到 86.90%时，木材-金属络合物复合材料的体积电阻率为 $2.449\times10^{3}\Omega\cdot cm$，可视为导体材料。

从图 6-4 中也可知，当木材增重率为 27.3%时，该增重率是绝缘体材料和抗静电产品的分界线；当木材增重率为 65.4%时，该增重率是半导体材料和抗静电产品的分界线；当木材增重率为 81.6%时，该增重率是导体材料和半导体材料的分界线。

表 6-5　根据体积电阻率划分的导电性能材料类别

类别	体积电阻率/（Ω · cm）
绝缘体	$>10^{10}$
抗静电产品	$10^{6}\sim10^{10}$
半导体	$10^{4}\sim10^{6}$
导体	$<10^{4}$

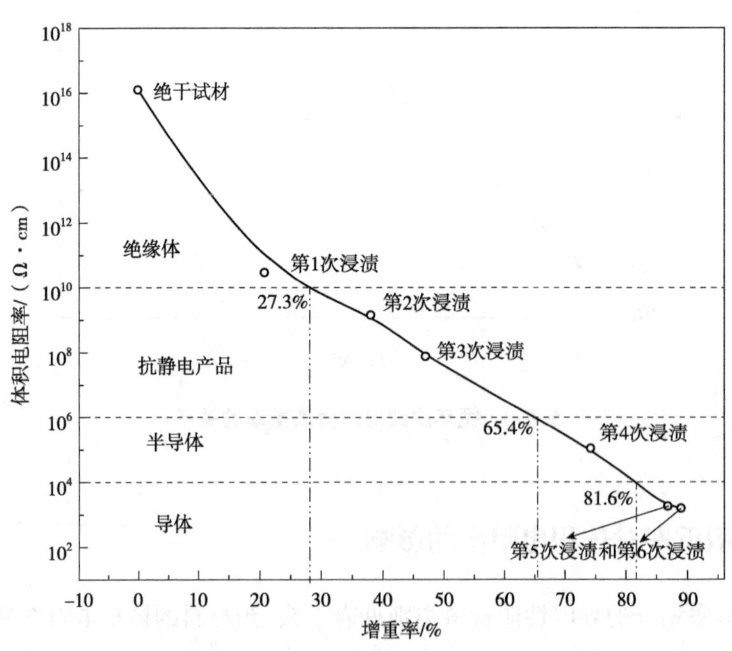

图 6-4　木材增重率对体积电阻率的影响

6.2.3　真空浸渍温度对体积电阻率的影响

测定真空浸渍温度对体积电阻率的影响如图 6-5 所示。从图 6-5 中可知，当真空浸渍温度为 50℃、52℃、55℃、58℃、60℃、63℃时，复合材料的体积电阻率分别为 5.512×10^3Ω·cm、4.631×10^3Ω·cm、4.135×10^3Ω·cm、3.466×10^3Ω·cm、2.257×10^3Ω·cm、2.517×10^3Ω·cm。其中，当真空浸渍温度低于 60℃时，随着真空浸渍温度的升高，木材-金属络合物复合材料的体积电阻率逐渐降低，导电性能升高。当真空浸渍温度高于 60℃时，随着真空浸渍温度的升高，木材-金属络合物复合材料的体积电阻率逐渐升高，导电性能降低。这是因为随着温度的升高，木材孔隙会扩大，热胀冷缩现象便于前驱体溶液导入木材内部，提高木材内部金属络合物含量，降低体积电阻率，升高导电性能。当真空浸渍温度高于 60℃时，溶液中溶剂水容易挥发，导致溶质会结晶，不能充分地浸渍到木材内部，导致木材内金属络合物含量降低，体积电阻率升高，导电性能降低。当真空浸渍温度在 60℃时，木材-金属络合物复合材料的体积电阻率达到最低值 2.309×10^3Ω·cm，导电性能最好。

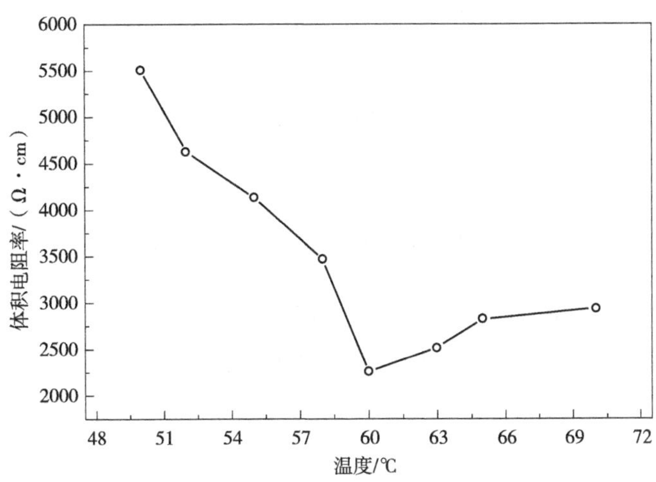

图 6-5 真空浸渍温度对体积电阻率的影响

6.2.4 硫酸铜浓度对体积电阻率的影响

硫酸铜浓度对木材-金属络合物复合材料的体积电阻率影响如图 6-6 所示。从图 6-6 中可知，当硫酸铜浓度为 30g/L、35g/L、40g/L、45g/L、50g/L、55g/L 时，复合材料的电阻率分别为 6.455×10^3Ω·cm、6.096×10^3Ω·cm、5.577×10^3Ω·cm、3.987×10^3Ω·cm、2.601×10^3Ω·cm、2.533×10^3Ω·cm。其中，当硫酸铜浓度低于 50g/L 时，随着硫酸铜浓度的升高，木材-金属络合物复合材料的体积电阻率会降低，导电性能逐渐提高。当硫酸铜浓度为 40~45g/L 时，木材-金属络合物复合材料的体积电阻率下降明显。这是因为浓度越高，进到试材内部的金属络合物含量越多，体积电阻率下降更明显，但浓度太高时，溶质会阻塞部分孔隙，影响后续金属络合物的进入，从而影响木材内部金属络合物的含量，影响体积电阻率和导电性能。因此，当硫酸铜浓度为 50g/L 时，木材-金属络合物复

合材料的体积电阻率达到最低值 2. 229×10^{3}Ω · cm，导电性能达到最好。

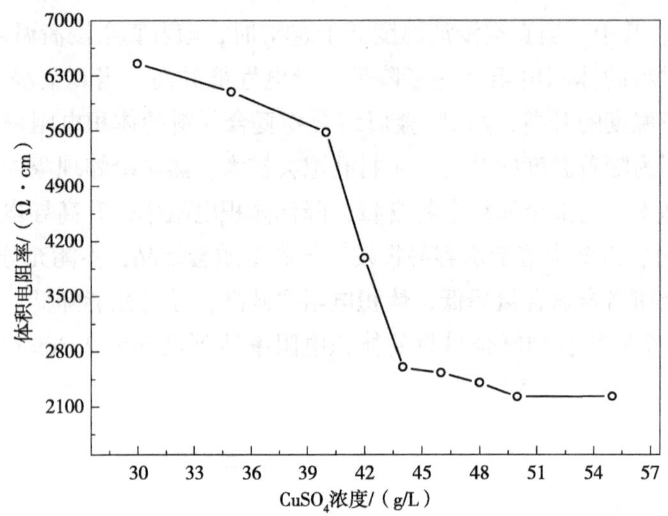

图 6-6　硫酸铜浓度对体积电阻率的影响

6. 2. 5　最佳工艺下金属络合物改性木材的体积电阻率

取适量北京杨试材，结合之前的研究，试材尺寸取 30mm×30mm×30mm，硫酸铜浓度定为 50g/L，真空浸渍温度设置为 60℃，浸渍循环次数为 5 次，测量每个试样的体积电阻率，得出最佳工艺下木材-金属络合物复合材料的体积电阻率，结果见表 6-6。从表 5-6 中可知，最佳工艺下导电木材的体积电阻率达到 3. 023×10^{3}Ω · cm。

表 6-6　最佳工艺下试样的体积电阻率

序号	体积电阻率/(×10^{3}Ω · cm)	平均体积电阻率/(×10^{3}Ω · cm)
1	2. 876	3. 023±0. 752
2	2. 074	
3	2. 858	
4	3. 928	
5	3. 048	
6	3. 984	
7	3. 027	
8	2. 543	
9	2. 419	
10	3. 207	
11	4. 007	
12	2. 308	

注：表中“±”后数值表示数据的标准差。

6.3 真空浸渍法制备的导电木材的结构表征

6.3.1 SEM 分析

木材是具有管孔、纹孔和毛细导管的多孔天然材料，这些孔隙在木材内部互相连通，改性剂在木材孔隙内部流通，达到木材改性的目的。天然木材与木材-金属络合物复合材料的宏观图和扫描电镜图如图 6-7 所示。其中，1 和 2 分别是天然木材和木材-金属络合物复合材料的宏观图，3 和 4 分别是天然木材和木材-金属络合物复合材料的横切面扫描电镜图，5 和 6 分别是天然木材和木材-金属络合物复合材料的局部管孔放大图。

从图 6-7 中 1 和 2 可知，淡黄色天然木材经过真空浸渍后得到蓝色复合材料，这是由于金属络合物沉浸在木材表面，加深了木材表面颜色。从横截面扫描电镜图可知，天然木材的孔隙内部不存在内含物，说明经过 5%的氨水 100℃处理 3h 后，能有效地清除木材内含物，增加金属离子与木材纤维素分子结合的活性位点。木材-金属络合物复合材料中，横截面孔隙被金属颗粒填充，表层涂覆着一层致密的金属膜，分布得很均匀，孔隙间形成致密层。通过局部孔隙放大图可知，金属颗粒填满木材内部孔隙，天然木材管腔壁内光滑，木材-金属络合物复合材料的细胞腔和细胞壁内填满金属颗粒团，表层沉积致密的金属层相互搭接在一起，构成一个较为完善的导电通路，便于金属电子的跳跃和迁移，使木材体积电阻率降低。

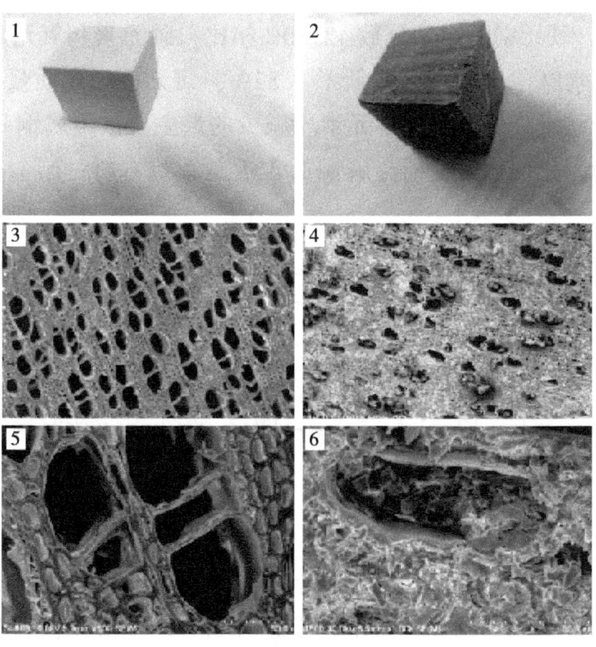

图 6-7 天然木材与改性木材的宏观图和扫描电镜图

6.3.2 EDS 分析

为了进一步分析木材-金属络合物复合材料的元素组成，本试验用 X 射线能谱表征，如图 6-8 所示。试材取自最佳木材-金属络合物复合材料的横截面，因为横截面能很好地消除相邻细胞的干扰，更好地解释前驱体溶液在木材内部的分布情况。

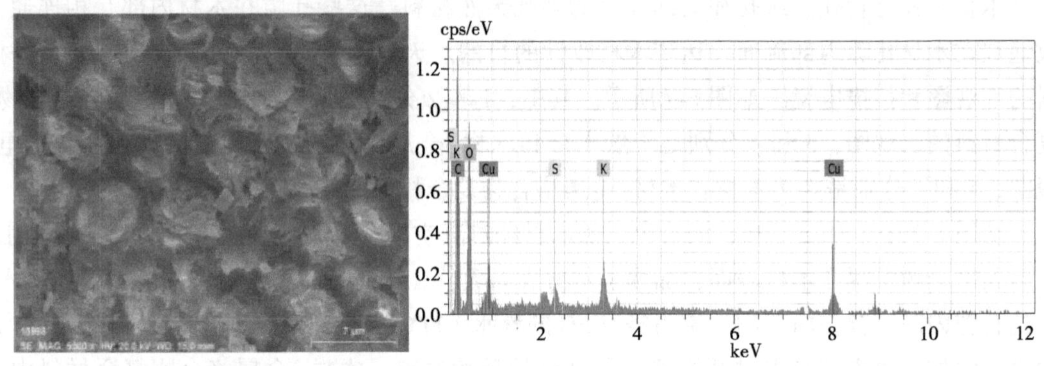

图 6-8 金属络合物改性木材的 EDS 分析图

从表 6-7 可知，木材-金属络合物复合材料中不仅含有基本的碳元素和氧元素之外，还有铜元素和镍元素的存在，进一步表明纳米金属颗粒被导入到木材内部。木材-金属络合物复合材料中，碳元素的摩尔质量分数是 55.09%，氧元素的摩尔质量分数为 40.38%，铜元素的摩尔质量分数是 2.16%，镍元素的摩尔质量分数是 0.55%。与天然木材中碳元素的摩尔分数 56.91%，氧元素的摩尔分数 42.80%相比，碳元素和氧元素的摩尔分数都有不同程度的降低。碳元素摩尔质量分数降低了 1.82%，氧元素摩尔质量分数降低了 2.42%，氧元素降低量大于碳元素降低量，基本元素所减少的量主要被金属铜和少量金属镍替代补充。金属镍元素作为催化剂加入，而金属铜的含量是影响木材-金属络合物复合材料导电性能的主要原因。

表 6-7 天然木材与改性木材的元素含量对比

试样	C(at. %)	O(at. %)	Cu(at. %)	Ni(at. %)
天然木材	56.91	42.80	0	0
木材-金属络合物复合材料	55.09	40.38	2.71	0.55

6.3.3 XRD 分析

本研究分别对天然木材和木材-金属络合物复合材料的晶体结构进行分析，如图 6-9 所示。通过 X 射线衍射分析，可得出样品的定性分析和结晶形态，判断样品的物相结构。

从图 6-9 中可知，两种样品在 2θ 为 15.1°、22.2°、34.8°时分别显示出特征衍射峰，分别对应木材纤维素的(101)、(002)、(040)晶面，这些晶面的位置不论在天然木材还是在木材-金属络合物复合材料中都一样，表明真空浸渍前驱体溶体不会引起木材纤维素的峰结晶位置改变。在木材-金属络合物复合材料中，2θ 为 40.7°、51.4°和 13.1°时的特征衍射峰，分别对应于铜的(111)、(200)、(220)晶面，进一步说明金属铜元素的存在。但木材纤维素特征衍射峰 2θ 为 22.2°时，木材-金属络合物复合材料中没有天然木材的特征衍射峰那么尖锐，表明真空浸渍金属络合物会降低纤维素分子链的有序性，存在金属离子与木材内部官能团的结合。

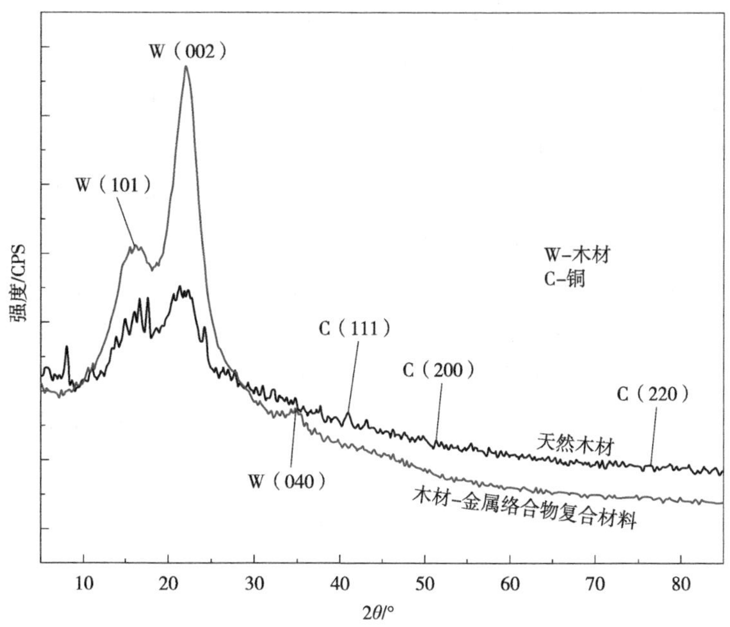

图 6-9　改性木材与天然木材的 XRD 分析图

通过结晶序计算(Segal 法)公式(6-5)所示计算木材结晶度。

$$I_{cr}=[(I_{002}-I)/I_{002}]\times100\% \tag{6-5}$$

式中：I_{cr} ——相对结晶度；

I_{002} ——(002)晶格衍射角的极大强度；

I_{am} ——衍射角等于 18°时非结晶背景衍射的散射强度。

通过计算得出天然木材的结晶度为 36.5%，木材-金属络合物复合材料的结晶度为 30.33%。相比于天然木材，木材-金属络合物复合材料的结晶度降低了，且结晶面(002)的特征峰衍射强度下降明显。这是因为金属络合物进入木材内部后，导致结晶区域的纤维结构发生变化，扰乱结晶区的有序性。另外，金属络合物的导入导致木材官能团之间键的重新排列，一部分官能团会与金属离子进行键合，从而影响结晶度。

6.3.4 FTIR 分析

在 500~4000cm^{-1}范围内研究了木材-金属络合物复合材料和天然木材的红外光谱，结果如图 6-10 所示。天然木材的红外光谱图主要吸收峰在波数为 3650~3200cm^{-1}时，归属于 O-H 吸收峰振动；波数在 2980~2820cm^{-1}，归属于 C-H 伸缩振动(脂肪族)；波数在 1737 cm^{-1}，归属于 C=O 伸缩振动(聚糖)；波数在 1650cm^{-1}，归属于 C-O 伸缩振动(木质素)。其中，天然木材在波数为 3336cm^{-1}和 2878cm^{-1}处的特征吸收峰分别代表 O-H 的伸缩振动峰和-CH_2的伸缩振动峰，而木材-金属络合物复合材料在波数为 3362cm^{-1}和 1729cm^{-1}分别归属于 O-H 的伸缩振动峰和 C=O 的伸缩振动峰。天然木材与木材-金属络合物复合材料在大于 800cm^{-1}特征吸收带处存在明显差异，是因为木材内部官能团环境变化引起的结果，这些官能团主要有 O-H、C-H、C=O 和 C-O 等，官能团环境的变化与浸入到木材内部的前驱体溶液所还原成的金属元素有关。-COOH 对称伸缩振动峰从 1740. 48cm^{-1}变换到 1727. 93cm^{-1}；-OH 对称伸缩振动峰从 2893. 58cm^{-1}变换到 2887. 32cm^{-1}，是因为进入的前驱体溶液自还原金属离子与木材内部羟基和羧基形成了分子间氢键作用，从而使伸缩振动峰发生位移。木材-金属络合物复合材料中不论是羟基官能团还是羧基官能团，其伸缩振动吸收峰强度都有一定程度的减弱，是因为还原成的金属离子改变了官能团周围化学环境，并与官能团活性位点发生化学结合，从而导致羟基官能团和羰基官能团伸缩振动峰发生位移，峰强度发生变化。

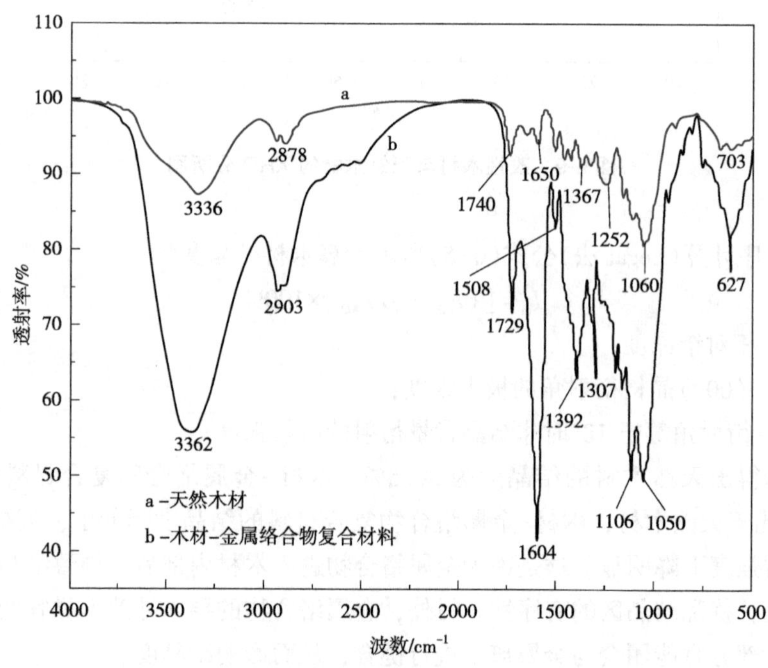

图 6-10　改性木材与天然木材的 FTIR 分析图

6.4 本章小结

(1)利用真空浸渍法制备金属络合物改性木材试验中，通过控制浸渍循环次数控制木材增重率，木材增重率随木材浸渍循环次数的增加而增重，金属络合物改性木材的体积电阻率随木材增重率的增加而降低，导电性能升高。当木材试样在前驱体溶液中的浸渍循环次数为 1 次、2 次、3 次、4 次、5 次时，木材的增重率分别达到 21.59%、38.66%、56.60%、73.89%、86.89%，其体积电阻率分别为 $2.142\times10^{10}\Omega\cdot cm$、$1.209\times10^{9}\Omega\cdot cm$、$6.858\times10^{7}\Omega\cdot cm$、$1.432\times10^{5}\Omega\cdot cm$、$2.449\times10^{3}\Omega\cdot cm$，依据体积电阻率分别将其归属于绝缘体材料、抗静电产品、半导体材料和导体材料。往后再增加浸渍循环次数，不会影响木材的增重率，所以当浸渍循环次数为 5 次时，复合材料的体积电阻率最低，导电性能最好。当木材增重率为 26.3%时，所制备的复合材料是绝缘体和抗静电产品的分界点；当木材增重率为 65.4%时，是半导体和抗静电产品的分界点；当木材增重率为 81.6%时，是导体和半导体的分界点。所以，可以通过控制浸渍循环次数来控制木材增重率，从而控制对产品的导电性能需求。

(2)随着真空浸渍温度的升高，金属络合物改性木材的体积电阻率会逐渐降低，当浸渍温度超过 60℃时，前驱体溶液中溶剂挥发导致溶质结晶，不易浸渍到木材内部，影响导电性能。所以，真空浸渍温度为 60℃时是最适宜的浸渍温度，体积电阻率可达到 $2.309\times10^{3}\Omega\cdot cm$。随着硫酸铜浓度的升高，金属络合物改性木材的体积电阻率呈现先降低后趋于平缓的状态，当硫酸铜浓度为 50g/L 时为最适宜的前驱体导入木材内部浓度，木材-金属络合物复合材料的体积电阻率达到 $2.229\times10^{3}\Omega\cdot cm$。最适宜浸渍循环次数 5 次、最适宜温度 60℃和最适宜硫酸铜浓度 50g/L 条件下，金属络合物改性木材的体积电阻率为 $3.023\times10^{3}\Omega\cdot cm$。

(3)通过 SEM 分析可知，改性木材内部孔隙中填满金属粒子，孔隙间形成一层致密均匀的金属层。EDS 分析可知，导电木材中碳元素和氧元素含量的降低由金属元素铜和镍取代和补充。XRD 分析可知，木材-金属络合物复合材料的结晶度相比于天然木材稍有降低，是因为金属离子与纤维素分子官能团之间发生化学结合，扰乱了结晶区分子链。由 FTIR 分析可知，O-H、C=O、C-H 和 C-O 官能团吸收峰强度变化，表明官能团与自还原的金属离子发生化学结合，改变了官能团的化学环境。

利用活立木蒸腾作用制备金属络合物改性木材 7

木材及其复合材料属于绝缘体，在使用过程中容易产生表面静电，静电对仪器的使用性能有影响，对人体也有一定的伤害。将木材与金属材料进行复合，赋予木材导电性能和电磁屏蔽效能，能有效提高木材的附加值，减少电磁波对人体和自然环境的伤害，扩大木材的应用范围，是近年来新型多功能材料的研究方向之一。已研发的木材-金属导电复合材料有金属覆面板、木材金属管、木材表面金属镀等，这些材料的制备工艺在制造过程中对人体或环境都具有不同程度的危害，例如，木材表面化学镀铜大多数选用甲醛作为还原剂，而甲醛被国际癌症研究机构列为I类致癌物；其他的木材金属化方法也或多或少对木材天然性有破坏，金属覆面板会遮盖木材原有的天然纹理，所以制备具有抗静电或电磁屏蔽效能的木材还存在着亟待解决的问题。

以往关于木材与金属铜的结合，主要集中在木材表面化学镀铜的研究，如镀铜单板的导电性、单板厚度对导电性能的影响、多重元素集合对镀铜单板导电性能和电磁屏蔽效能的影响等方面。传统的电磁屏蔽材料铜、镍、铁等存在密度大、稳定性差、不易加工等缺陷，将铜以络合物的形式导入到木材内部的研究，国内的学者姚晓林等以水热法的方式做过相关试验，结果发现金属铜均匀分布于木材细胞壁内，且改性木材的力学性能较天然木材有所增加。关于本部分试验所采用的以金属络合物的形式进行活立木点滴注射的研究鲜有报道。目前，最为成熟且记载最多的是立木染色和立木防腐改性，立木改性工艺设备简便、易操作、不污染环境、野外可使用，满足现今追求的绿色环保高效要求。本部分试验利用活立木蒸腾作用将金属-EDTA络合物导入到活立木内部，金属-EDTA络合物在木材内部自还原成金属离子，赋予绝缘体木材导电性能，对木材及其发展应用具有十分重要的意义。

7.1 活立木改性

7.1.1 活立木改性概述

活立木改性是一种新型的木材改性技术，类似于人体输液的方法。它是指将改性剂输入树干中，利用活树树叶蒸腾作用产生树液流动引发天然驱动力，使改性液分散到树干的各个组织中的处理方法。活立木改性技术可以有效地利用人工林小径材，不仅可以简化改性工艺，而且大大地降低了木材改性能耗、减少了枝桠材的浪费。另外，活立木改性适用于边远地区且可使改性木材大规模推广应用。目前，最常见的活立木改性方法有穿孔法和断面浸注法。但不论是穿孔法还是断面浸注法，都是依据蒸腾拉力而使前驱体溶液分布于树体内部来达到改性的目的。

7.1.1.1 穿孔法

穿孔法是在活树树干表面钻一些小孔，用输液管将输液袋中的改性剂采用点滴注射的方法导入到树干内，利用树叶的蒸腾作用和木质部的多孔结构，使改性剂分散输送到木材的各个组织细胞中而达到改性的目的。目前，该方法应用较多的是立木染色、立木强化，适用于生长发育的树木，通过向各个小孔注入不同颜色的染料或强化剂，将木材染成不同的颜色或强化，这是断面浸注染色强化难以实现的方法。该法开孔处位于距地面高 50~100cm 的活立木处，用钻孔器开出直径为 25mm 左右的孔道，直通髓心，然后插入用来导入改性液的输液管，输液管的另一端与输液袋相连以使改性液顺利输入木材内。改性时间选择在树木生长旺盛时期，树木直径适宜在 30cm 以下。

7.1.1.2 断面浸注法

断面浸注法是指将新采伐的具有一定活性的木材，基部浸入到改性液中，依靠木材毛细管中有活性的树液流动带动改性液沿着树干上升而达到改性的目的。该方法应用最多的是立木染色、立木防腐。该方法是将树木从距离地面高 50cm 处截断后，浸在盛有改性液的容器中，保持直立，充分利用树叶蒸腾作用和树液流动，向木质部渗入改性剂 48h，即可得到改性木材。除了活立木改性之外还有活立木干燥，活立木生理干燥是对已成熟即将进行砍伐利用的木材提前进行处理，如根部锯开边材，以一定宽度进行环状剥皮等，截断树木的水分来源，利用生长茂盛的树叶继续散发树干中的水分实现活立木蒸腾作用的自然干燥。

7.1.2 活立木改性技术研究现状

活立木改性研究最早开始于日本。20 世纪 90 年代，日本的饭田生穗利用立木蒸腾作用对 50 多种阔叶材和 3 种针叶材进行了活立木染色处理，该染色方法虽然染色不均匀，但因为染料是顺着树液流通管道分散的，染色效果独特，适用于某些特定场所的装饰，也适用于野外进行改性，由此引发了木材领域专家学者的关注。

在国内，陈利虹等首次在国内用立木染色法对毛白杨小径材进行染色，结果发现，当用酸性染料染色，染色剂质量分数为 3%，染色时间为 4 天，渗透剂质量分数为 0.05%，染料 pH 值为 5.2 时，其染色效果最好。当用碱性染料染色，染色剂质量分数为 0.2%，染色时间为 6 天，渗透剂质量分数为 0.03%，染料 pH 值为 4.2~5.2 时，其染色效果最好。不论是酸性染料还是碱性染料，边材的染色效果优于心材，早材的染色效果好于晚材，年轮处最深。王勇等对速生林杉木进行了活立木改性研究，分析了改性剂在木材内部不同高度上的分布情况，结果发现，改性剂浓度越低，相对更容易往树梢方向扩散，使得往树梢方向的载药量明显升高，最高可达到 2.6kg/m^3；而浓度越高，改性剂不能充分地往树梢方向流动，在底部越易形成较高的浓度梯度。除了改性处理之外，王哲等也利用活立木蒸腾作用对立木进行自然干燥，结果发现，活立木含水率在 9 天内由 60.54% 下降到 41.22%，边材含水率的快速下降主要发生在前 3~5 天，树叶蒸腾作用是水分下降的主要动力和原因，不同放置方式对木材含水率下降或水分散失的影响不大。

7.2 活立木改性的理论基础

7.2.1 活立木改性传输机理

水分是动植物体生存的重要物质，植物的生长和生命活动都离不开水分，其水分来源主要依靠根部从土壤吸收，然后经由茎(木质部)传输到叶子及其他各个器官，即活立木的蒸腾作用是活立木所需水分和养料的传导驱动力。水分在植物体内的传输途径为：土壤水→根毛→根皮层→根中柱鞘→根导管→茎导管→叶柄导管→叶脉导管→叶肉细胞→叶肉细胞间隙→气孔下腔→气孔→大气。根部从土壤吸收水分经过树木传输，最后在树叶蒸发到大气中，水分在植物体中的传输方式主要有主动传输和被动传输。主动传输是根部细胞因为呼吸代谢作用形成水势差，在水势差作用下，水分不断进入根部的木质部导管，形成因水势差单向流动，被动传输是植物树叶蒸腾作用引起的，当树叶蒸腾时，气孔下腔周围的细胞水扩散到水势较低的大气层，导致树叶细胞水势下降，产生一系列相邻细胞间的水分传递，并依次传递至导管造成根部细胞缺水，根部细胞主动从土壤中吸水。

依靠植物蒸腾作用和水分传输方式，进行立木改性，改性剂随着水分从活立木的木质部传输到树木的各个组织器官中。在木质部中，水分传导的组织主要有管胞和导管。

7.2.2 活立木改性分散机理

管胞和导管是活立木改性中改性剂传导的主要组织。除此之外，树木还存在许多能使液体和空气流动的孔隙，如纹孔、穿孔和微纤丝间隙等，这些孔隙主要分为永久管状单位(大毛细管如细胞腔、纹孔、细胞间隙等)和瞬时管状单位(微毛细管如细胞壁上的微孔)。针叶材细胞之间的通道主要依靠纹孔，阔叶材细胞之间的通道主要依靠穿孔和纹孔，纹孔也是横向相邻两个细胞间的主要通道。但对于活立木心材，细胞壁上的纹孔是关闭的，而边材是开放的。活立木改性就是在纹孔开放的状态下进行，将改性剂输送到树木的各个组织中，达到改性效果。

7.3 试验工艺和材料

7.3.1 工艺流程

选择树龄在15a左右，胸径为14cm左右的北京杨木，在活立木主干离地50cm，在树干同一平面圆周上下左右等距情况下用便携式生长锥，向髓心方向向下45°钻孔，共6个，直径0.3~0.5cm、深3.0cm，进行金属铜络合物导入试验，每棵选定的试样设置3个输液袋进行导入金属铜络合物溶液。其中，支架距离孔1m左右，便于金属铜络合物改性剂溶液通过大气压导入到木材内部，金属铜络合物溶液输入结束后，让其在活立木内部固化1周左右，使其稳定且改性效果达到最佳。金属铜络合物在树木体内利用北京杨固有的酸性特质和自还原金属络合物分离出金属铜离子，金属铜离子与木材纤维素分子上官能团活性点发生化学结合，在通电情况下，金属离子的跳跃和迁移将整个木材连接成一个导电网络结构，从而使木材-金属络合物复合材料具备导电性能。其制备技术路线如图7-1所示。

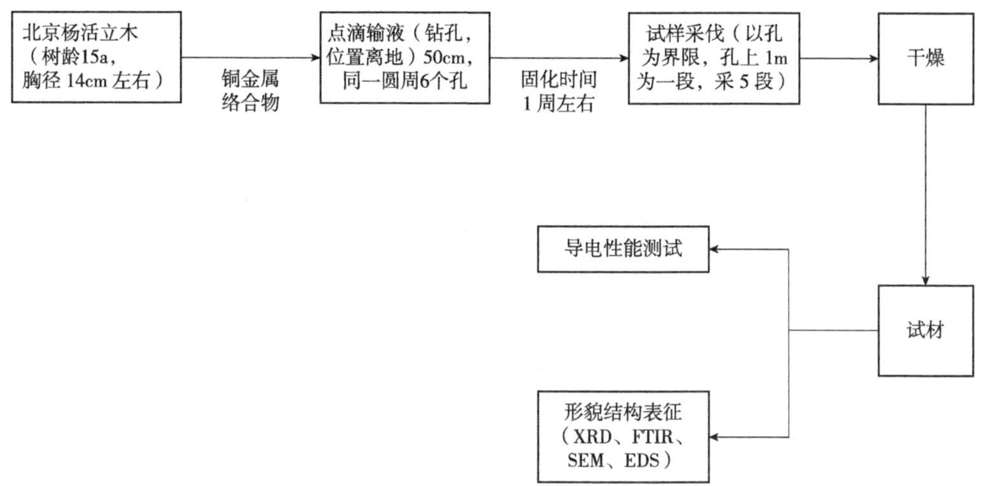

图7-1　活立木导电木材的制备技术路线图

7.3.2 试验地概括

本试验在内蒙古自治区呼和浩特市园林局第三苗圃进行(40°48′N，111°43′)，试验地属于中温带大陆性季风气候，海拔1040m，年平均气温6.73℃。其中，最低气温月是1月(日均气温-11.6℃)，最高月是7月(日均气温为22.6℃)，四季分明，年平均降水量398mm，其中7月、8月降水量占全年降水量的50%以上。近几十年来平均气温波动曲线如图7-2所示，平均降水量波动曲线如图7-3所示。四级划分按照常规划分标准：春季为

3—5 月，夏季为 6—8 月，秋季为 9—11 月，冬季为 12 月到翌年 2 月。活立木改性应在树木生长旺盛季节，本研究的试验时间为 2018 年 6 月 7 日至 6 月 21 日，为期 2 周，前 1 周是金属络合物的导入，后 1 周是金属络合物在活立木中的沉淀时间。

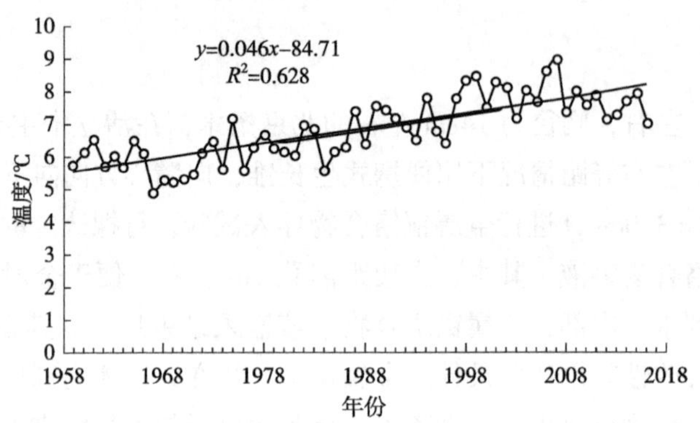

图 7-2　内蒙古自治区呼和浩特市历年气温波动曲线

（资料来源：刘星岑，近 60 年呼和浩特市气候特征变化分析[J]，2018。）

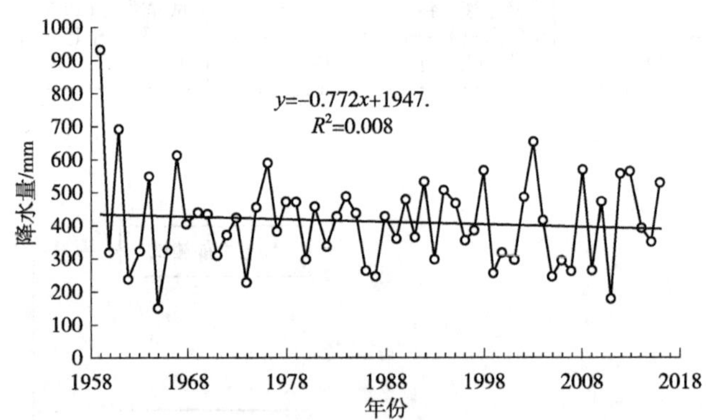

图 7-3　内蒙古自治区呼和浩特市历年平均降水量波动曲线

（资料来源：刘星岑，近 60 年呼和浩特市气候特征变化分析[J]，2018。）

7.3.3　试验材料

试验用速生林北京杨木位于内蒙古自治区呼和浩特市，树龄为 15a 左右，胸径为 14cm 左右，树高 10m 左右，样木概况见表 7-1。木材-金属络合物复合材料的制备是利用活立木的蒸腾作用，将配制好的金属络合物溶液输入到活立木内部，刚开始通过大气压和输液管道将金属络合物输进树体内，之后经边材树液流动带入活立木的各组织中。因次，活立木改性时间需选在树木生长旺盛季节(每年的 4—9 月)。

表 7-1 试样样木概况

编号	树龄/a	树高/m	枝下高/m	胸径/cm	划分段数
1	14	8.9	5.4	14.2	5
2	15	9.1	5.1	15.8	5
3	15	9.8	6.8	15.1	5
4	15	10.2	6.4	15.4	5
5	16	12.3	8.6	15.8	5

7.3.4 试验仪器设备

本试验的主要仪器设备除与第 6 章相同之外，另外还有生长锥，内径为 5mm；天平，精度为 0.001g。

7.3.5 试样的截取

本试验试样共截取 5 段，每一段试样长 1m。第 1 段，改性剂注入口至上方 1m 处；第 2 段，紧接着第 1 段往上截取 1m；第 3 段，紧接着第 2 段往上截取 1m；第 4 段，紧接着第 3 段往上截取 1m；第 5 段，紧着第 4 段往上截取 1m。每段试材以 30cm 为一小段，每一小段取 5 个试样，试样尺寸为 30mm×30mm×30mm(弦向×径向×横向)，最后将所取试样放在鼓风干燥箱中干至试件含水率低于 10%。

7.4 金属络合物改性木材的导电性能分析

7.4.1 不同高度上金属络合物改性木材的体积电阻率

通过测定树干不同高度处木材的体积电阻率来分析金属铜络合物在活立木树干内的分布状况，如图 7-4 所示。第 1 段试材、第 2 段试材、第 3 段试材、第 4 段试材、第 5 段试材的平均体积电阻率分别为 $3.12\times10^{7}\Omega\cdot cm$、$4.33\times10^{6}\Omega\cdot cm$、$5.11\times10^{10}\Omega\cdot cm$、$8.69\times10^{11}\Omega\cdot cm$、$6.52\times10^{12}\Omega\cdot cm$。通过比较分析，第 2 段试材的平均体积电阻率最低，可达到 $4.33\times10^{6}\Omega\cdot cm$，导电性能最好。之后，随着树干高度的上升，体积电阻率会逐渐增加，导电性能降低。可能是边材被切断后，导致树木的新陈代谢水平降低，正常生长的树木，自由水及结合水含量较高的位置大约在 1~2m 处，而切断边材的树木，自由水及结合水含量最高的位置大约在 3m，第 2 段试材是离地 2.5m 左右，水分及前驱体溶液的上升受到切断边材受根压的影响。第 3 段试材、第 4 段试材和第 5 段试材还是属于绝缘体，这是因为受到切断边材水分运输的影响，不能有效地将金属络合物输送到木材树梢方向。

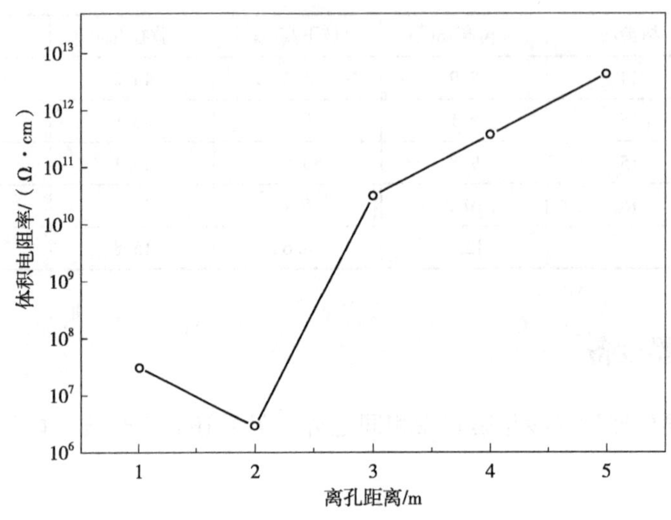

图 7-4　不同高度上改性木材的体积电阻率

7.4.2　硫酸铜浓度对金属络合物改性木材体积电阻率的影响

通过测定不同硫酸铜浓度下活立木的体积电阻率来确定最佳工艺，如图 7-5 所示。当硫酸铜浓度为 30g/L、35g/L、40g/L、45g/L、50g/L、55g/L 时，试材的平均体积电阻率分别为 $5.12\times10^{11}\Omega\cdot cm$、$3.11\times10^{10}\Omega\cdot cm$、$5.85\times10^{10}\Omega\cdot cm$、$9.69\times10^{9}\Omega\cdot cm$、$4.33\times10^{6}\Omega\cdot cm$、$4.85\times10^{9}\Omega\cdot cm$。通过比较分析可知，随着硫酸铜浓度的升高，金属络合物改性木材的体积电阻率会逐渐降低，导电性能升高。当前驱体溶液中硫酸铜浓度为 50g/L 时，试材平均体积电阻率达到最小值 $4.33\times10^{6}\Omega\cdot cm$，导电性能最好。当硫酸铜浓度大于 50g/L 时，木材-金属络合物复合材料的体积电阻率升高，导电性能降低。这是因为改性剂浓度越低，越容易往树梢输送和扩散，但浓度太低，会影响树段内的金属含量，从而影响试材的导电性能，当硫酸铜浓度为 45g/L、50g/L 和 55g/L 时，采伐试样的第 2 段试材可作为电磁屏蔽材料。

7.5　金属络合物改性木材的结构表征

7.5.1　SEM 分析

图 7-6 为活立木天然木材与金属络合物改性木材的宏观（照片）和微观扫描电镜图（SEM），通过对木材微观形态观察，可以有效地掌握金属络合物在木材内部的分布情况。图 7-6 中 1、2 分别是天然木材与金属络合物改性木材的宏观图，金属络合物改性木材相比

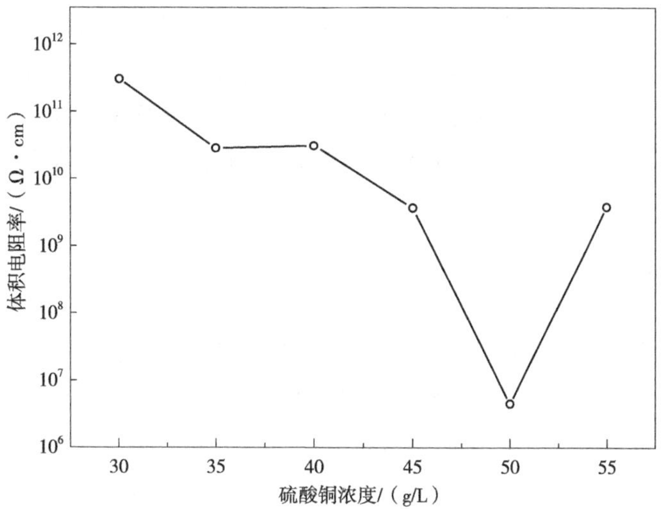

图 7-5 硫酸铜浓度对改性木材体积电阻率的影响

于天然木材，试样外层包裹着一层绿色金属层，这是金属元素的颜色，表明利用蒸腾作用点滴注射法可以有效地将金属络合物导入木材内部。图 7-6 中 3、4 分别是活立木天然木材

图 7-6 天然木材与改性木材的宏观图和扫描电镜图

和金属络合物改性木材的第2段试样横切面，通过对比分析可知，改性木材内部木纤维细胞腔内填充有金属微粒，呈块状结构。图7-6中5、6别是活立木天然木材和金属络合物改性木材第2段试样的径切面，通过对比分析可知，金属络合物改性木材的细胞壁上分布有金属微粒，但没有叠层相交，分布较分散。通过扫描电镜分析表明金属络合物通过点滴输液的方式进入到了木材孔隙内部，部分分布在木材表面，部分与导管内壁形成固化层，多余的改性剂会自凝聚成微团状，固化成小颗粒，致使金属络合物改性木材具备导电性能。

7.5.2 EDS 分析

图7-7是活立木金属络合物改性木材的EDS分析和元素含量。从图7-7中可知，活立木素材的碳元素摩尔质量分数为57.56%，氧元素的摩尔质量分数为41.87%，改性木材中不仅含有基本元素碳和氧，还存在铜元素和微量的镍元素。天然木材中本身不存在铜元素和镍元素，金属络合物改性木材中的金属元素主要来自点滴注射金属络合物溶液。其中，金属络合物改性木材中含有的碳元素的摩尔质量分数为36.21%，氧元素的摩尔质量分数为40.60%，铜元素的摩尔质量分数13.13%，金属镍是作为催化剂存在于前驱体溶液中，在金属络合物改性木材中促进金属铜络合物被次亚磷酸钠还原成金属铜离子，致使金属络合物改性木材因为铜离子的还原而具备导电性能。

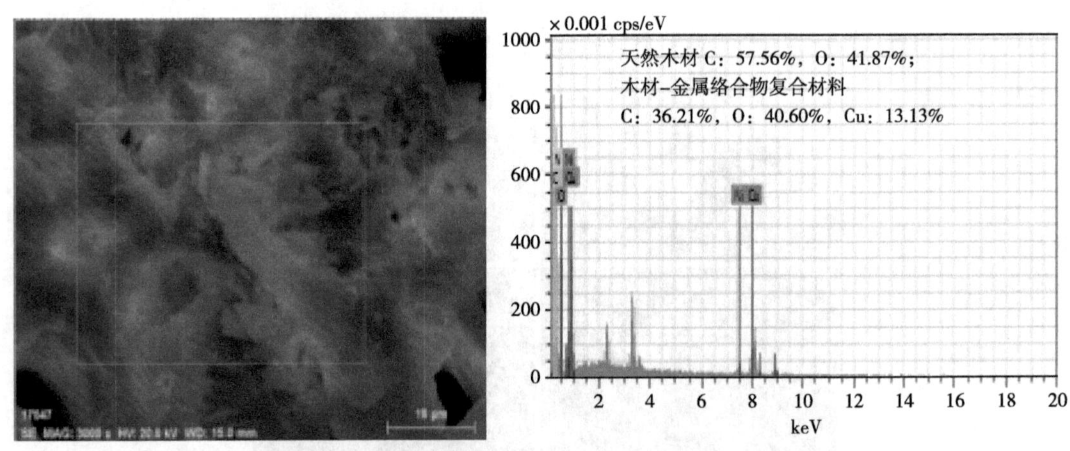

图7-7　活立木改性木材的EDX分析和元素含量

7.5.3 XRD 分析

图7-8为金属络合物改性木材与天然木材的XRD分析。从图7-8可知，天然木材和金属络合物改性木材在2θ为18°和22.5°时均出现了木材纤维素特征衍射峰，除此之外，金属络合物改性木材的XRD图谱中可以匹配到试样出现了其他特征衍射峰，并将其分别归属于金属铜的(111)、(200)、(220)、(311)的晶面衍射，没有发现氧化铜和氧化亚铜的特征衍射峰。通过式

(6-5)计算出天然木材的结晶度为35.75%，金属络合物改性木材的结晶度为34.20%，表明利用点滴输液法制备木材-金属络合物复合材料会稍微降低木材纤维结晶度。这是因为铜金属络合物的进入扰乱了结晶区的纤维素分子，使结晶区中部分游离态基团与金属络合物中的金属离子进行了化学键合。金属铜除了金属镍的催化还原，还可通过天然木材本身的酸性体质，促进金属铜络合物分离出金属离子，从而促进金属离子与结晶区游离态基团的结合，稍微降低木材结晶度，使试材具备导电性。同时也表明，进一步改善金属络合物的组成及操作工艺，使木材具备导电性的基础上使其结晶度升高，具有进一步研究探索的意义。

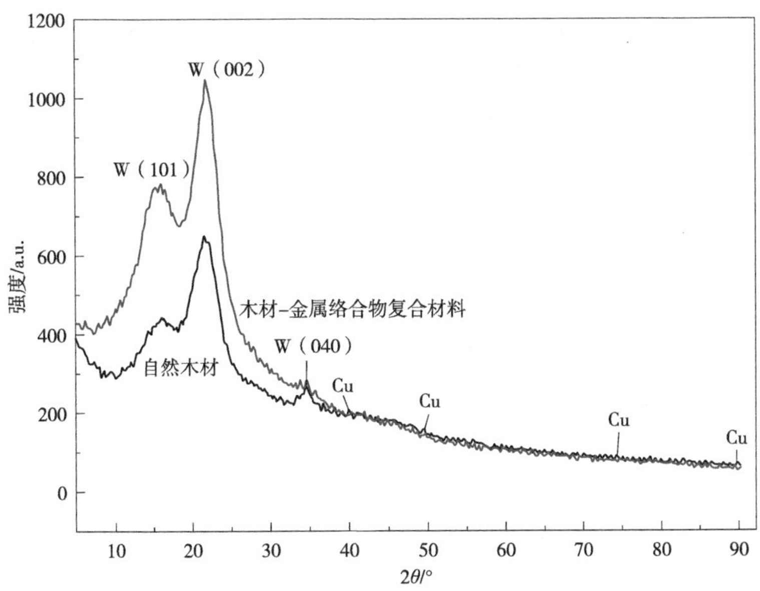

图 7-8　改性木材与天然木材的 XRD 分析图

7.5.4　FTIR 分析

木材的细胞壁主要由三大成分构成：纤维素、半纤维和木质素。这三大成分的结构和组成可由红外光谱直接反映，在红外图谱中反映物质结构特性的 3 个要素是吸收峰的位置、强度和峰形，金属络合物改性木材和天然木材的红外光谱如图 7-9 所示。其中，波数 900~3400cm^{-1}区域是木材木质素、纤维素和半纤维素特征吸收峰的主要分布区，波数 900cm^{-1}以下一般被认为是红外光谱的指纹区域，吸收峰的峰值较小，主要是纤维素环振动产生的 C-H 变形峰，木素的 C-H 平面弯曲振动峰。

从图 7-9 可知，在 2271cm^{-1}和 2923cm^{-1}附近有两个木材纤维素的显著吸收峰，表征 O-H 伸缩振动的吸收峰分别出现在波数 3371cm^{-1}(天然木材)和 3366cm^{-1}(改性木材)位置，表征甲基和亚甲基基团中的 C-H 伸缩振动分别出现在 2928cm^{-1}(天然木材)和 2923cm^{-1}(改性木材)位置，这两个吸收峰表征的官能团在木素、纤维素和半纤维素中都大量存在。天然木材和改性木材反映半纤维素的共轭羰基 C=O 伸缩振动的吸收峰分别出现在 1735cm^{-1} 和 1724cm^{-1}处；反映纤维素和半纤维素中 C-H 弯曲振动以及 C-O-C 伸缩振动的吸收峰分别出现在 1372cm^{-1}（天然木材）和 1392cm^{-1}（改性木材）以及 1155cm^{-1}（天然木材）和 1145cm^{-1}（改性木材）处；反映纤维素的 C-H 变形振动分别在 904cm^{-1}（天然木材）和 934cm^{-1}（改性木材）处；在 1050cm^{-1}附近的是纤维素和半纤维素中 C-O 伸缩振动吸收峰，天然木材在 1055cm^{-1}处形成了吸收峰，改性木材在 1115cm^{-1}和 1045cm^{-1}处形成了峰强度不等的双峰。表征木质素主要吸收峰的波数分别在 1595cm^{-1}、1599cm^{-1}、1506cm^{-1}、1508cm^{-1}、1242cm^{-1}和 1241cm^{-1}等位置。其中，表征木质素苯环碳骨架振动的波数是在 1506cm^{-1}和 1508cm^{-1}峰位，它们是木材红外光谱研究的代表吸收峰。1329cm^{-1}、1327cm^{-1}、1117cm^{-1}和 1122cm^{-1}附近的吸收峰是反映木质素中紫丁香基的特征吸收峰，1242cm^{-1}和 1241cm^{-1}表征木质素中愈疮木基成分，这 3 个吸收峰的一致性说明天然木材和改性木材的木质素基本骨架结构是相同的，但峰强度的变化，说明基团附近的环境发生改变，表明基团与金属铜(II)发生了键合反应，从而导致其峰强度发生变化。

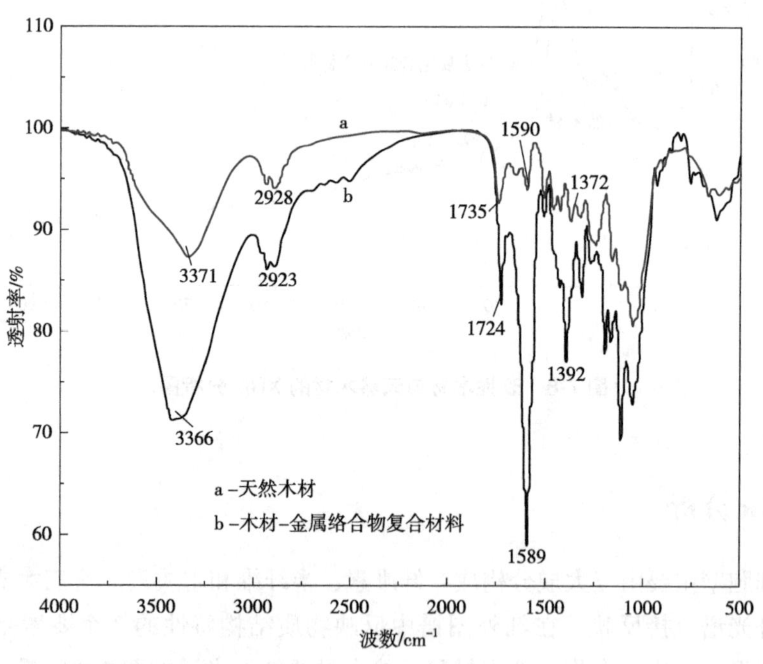

图 7-9　金属络合物改性木材与天然木材的 FTIR

7.6　导电机理与导电过程的形成

7.6.1　金属离子的还原与释放

铜乙二胺四乙酸络合物（Cu-EDTA）在木材内部的降解示意如图 7-10 所示，主要有两条路径，即图 7-10 中的路径 1 和路径 2。铜乙二胺四乙酸络合物最终被氧化分解为草酸、乙酸和甲酸等小分子有机酸，铜离子被释放。被释放出来的铜离子被次亚磷酸钠催化还原成金属铜，分散分布于木材的各个组织中，通电后电子迁移和跳跃连成导电网络结构，使木材-金属络合物复合材料具备导电性能。

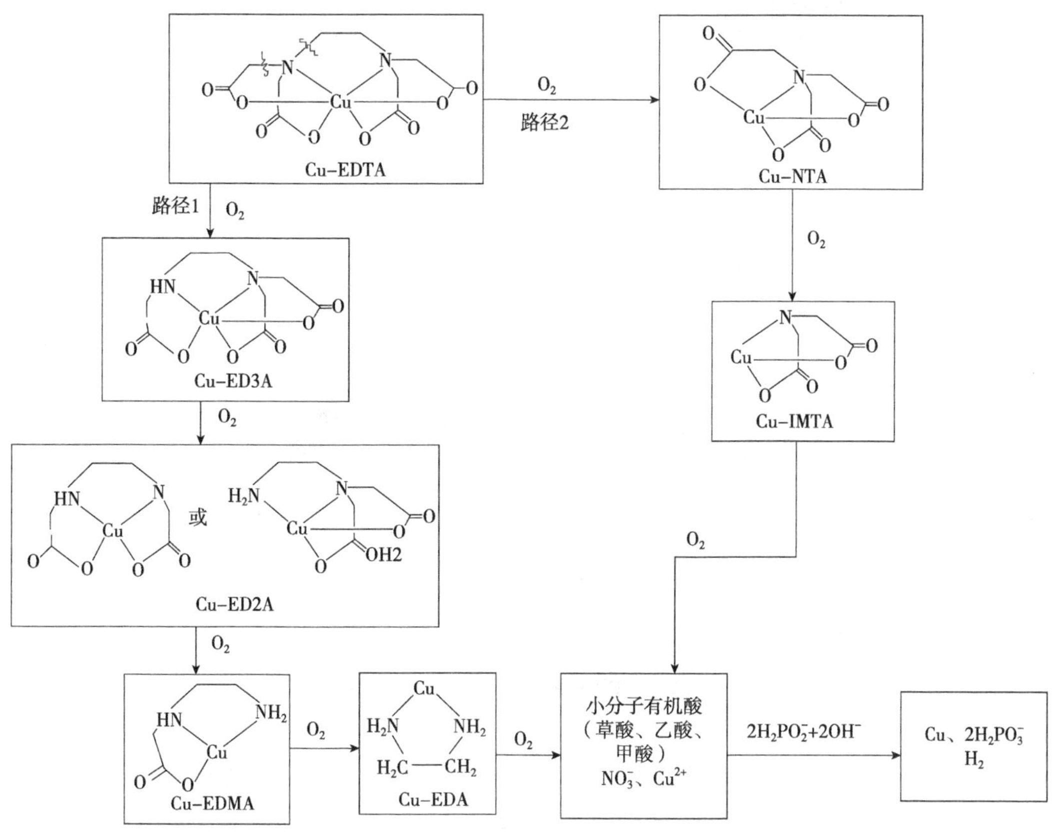

图 7-10 Cu-EDTA 在木材中的降解示意图

（资料来源：王义等，UV/氯降解铜络合物的特性与机理[J]，2019。）

7.6.2 真空浸渍法中金属络合物改性木材的形成过程

利用真空浸渍法制备金属络合物改性木材的形成过程如图 7-11 所示，前驱体溶液导入木材内部，在木材内部通过自催化还原反应将金属络合物还原成金属离子，被释放出来的铜离子一部分被还原成金属铜，一部分与木材纤维素分子游离官能团发生化学键合，通电后金属电子的跳跃和迁移使整个试材具备导电性能。

在导电高分子复合材料中存在导电通路理论、隧道效应理论和场致发射理论。导电通路理论认为导电颗粒完全连续接触，形成一个欧姆电阻，相当于电流通过一只电阻。隧道效应理论认为导电粒子之间部分连续，但不是靠直接接触来导电，相当于一个电阻和一个

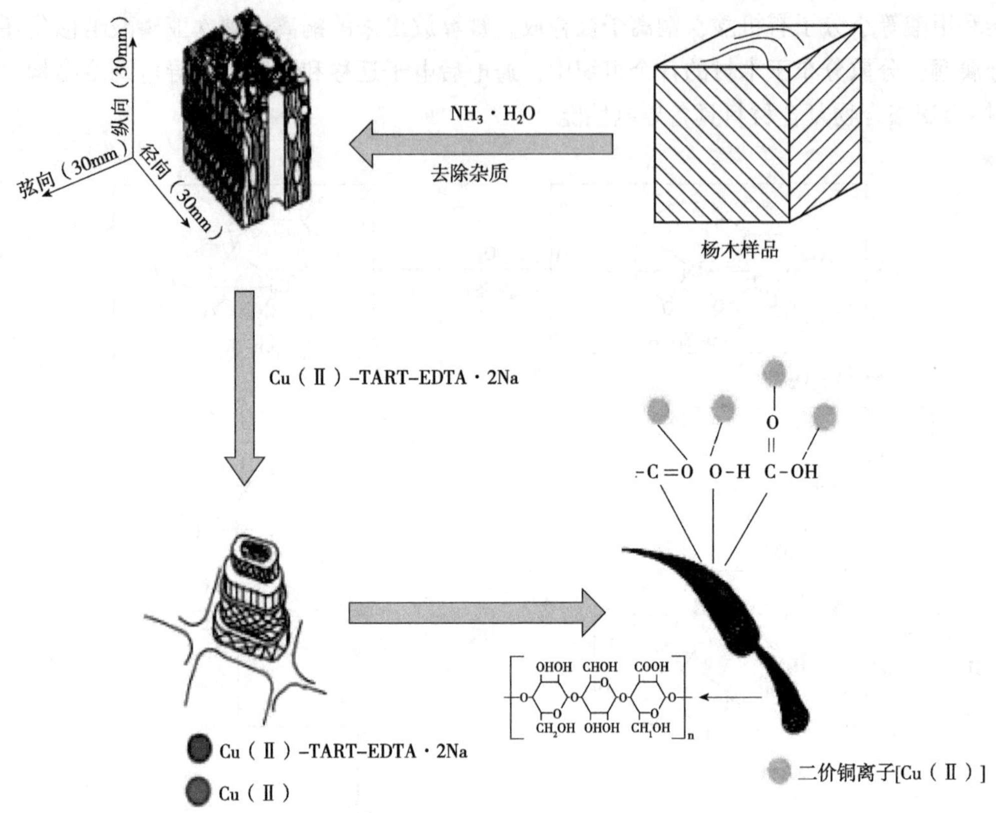

图 7-11　真空浸渍法制备改性木材的形成过程示意图

电容并联后再与一个电阻串联的导电效果，通过电子在粒子间跳跃和迁移造成。场致发射理论认为导电粒子的内部很强时，电子之间即使相隔一定距离，也有很大的几率跃迁到相邻的导电粒子上，产生场致发射电流而导电。3 种导电机理的模型如图 7-12 所示。

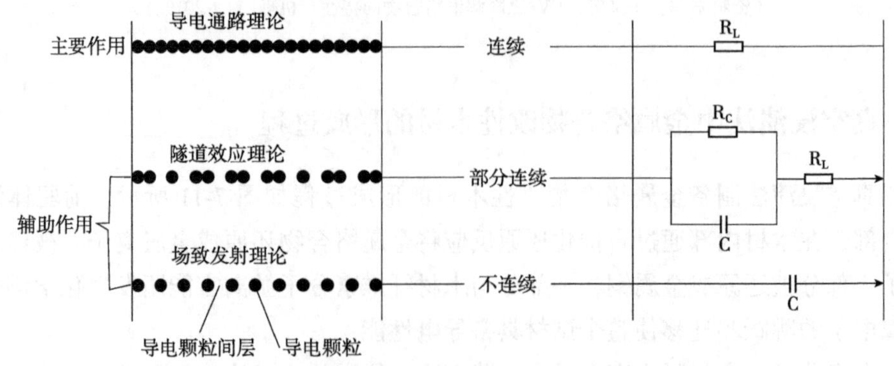

图 7-12　真空浸渍法制备的改性木材导电机理模型图

在真空浸渍法制备金属络合物改性木材中，当真空浸渍温度为60℃，硫酸铜浓度为50g/L，浸渍循环次数为5次时，金属络合物改性木材的导电性能最好，经过一系列的表征手段分析可知，试材内部分布着一层致密的金属层，金属含量较大，相互搭接连成一个完整的网络结构，结合导电通路理论原理，我们得出在该工艺下制备金属络合物改性木材的导电机理主要由导电通路理论解释，但同时也存在场致发射理论和隧道效应理论，是这3种导电机理共同竞争的结果，但是以导电通路理论为主，场致发射理论和隧道效应理论为辅。

7.6.3 利用活立木蒸腾作用点滴注射法制备的改性木材形成过程

利用活立木蒸腾作用点滴注射法将Cu-EDTA输送并分散到树木的各个组织细胞中，活立木金属络合物改性木材制备过程示意图如图7-13所示。当硫酸铜浓度为50g/L时，在活立木的第2段，金属络合物改性木材的导电性能最好，通过一系列的结构表征分析发现，金属粒子在木材内部分散稀疏，几乎不存在连续的网络结构，结合3种导电机理(导电通路理论、场致发射理论和隧道效应理论)得出，利用活立木蒸腾作用制备的金属络合物改性木材导电机理主要由隧道效应理论和场致发射理论解释，其导电机理模型如图7-14所示。通电后，金属粒子通过迁移和跳跃到相邻粒子，使试材具备导电性能。

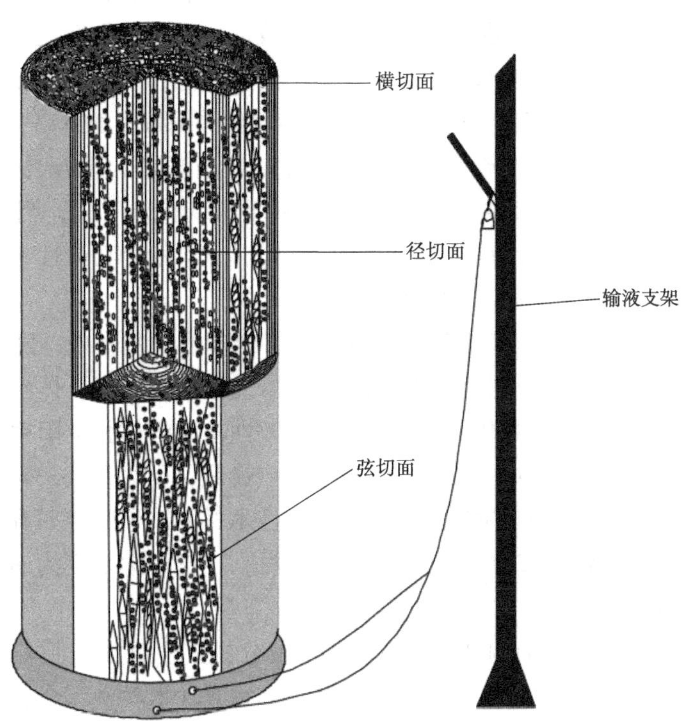

图7-13　活立木金属络合改性木材的制备过程示意图

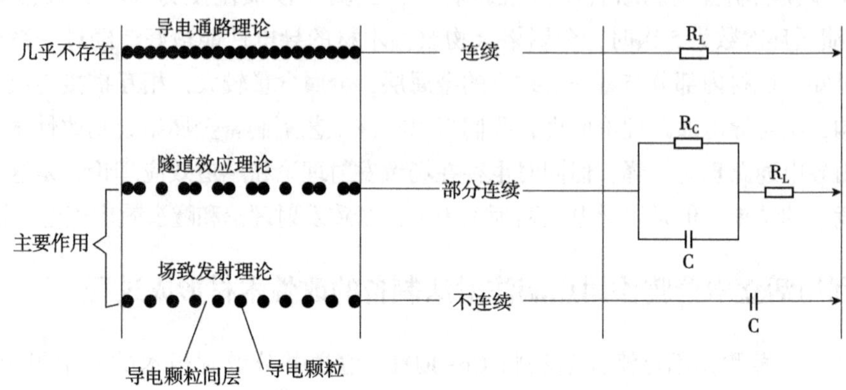

图 7-14　点滴注射法制备的改性木材导电机理模型图

7.7　本章小结

（1）金属络合物改性木材的体积电阻率随着木材增重率的增加而减少，导电性能逐渐提高，当真空浸渍循环次数为 5 次时，金属络合物改性木材的导电性能最好。随着真空浸渍温度的升高，金属络合物改性木材的体积电阻率逐渐降低，导电性能提高，当浸渍温度超过 60℃时，体积电阻率升高，导电性能降低。随着硫酸铜浓度的升高，金属络合物改性木材的体积电阻率快速降低，当硫酸铜浓度为 50g/L 时，金属络合物改性木材的体积电阻率达到最低，而后再增加硫酸铜浓度，体积电阻率不再变化。所以，当真空浸渍温度为 60℃，浸渍循环次数为 5 次，硫酸铜浓度为 50g/L 时，金属络合物改性木材的体积电阻率最低，可达到 $3.023\times10^3\Omega\cdot cm$，导电性能最好。

（2）利用活立木蒸腾作用点滴注射法制备金属络合物改性木材中，随着树段高度的上升，试材的体积电阻率升高，导电性能降低。所截取的第 2 段试材，体积电阻率最低，导电性能最好。随着硫酸铜浓度的升高，金属络合物改性木材的体积电阻率升高，导电性能降低，当硫酸铜浓度为 50g/L 时，试材的体积电阻率最低，可达到 $4.33\times10^6\Omega\cdot cm$，导电性能最好。当硫酸铜高于 50g/L 时，金属络合物改性木材的体积电阻率升高，导电性能降低。所以，活立木金属络合物改性木材的第 2 段试材，在硫酸铜浓度为 50g/L 时，体积电阻率最低，导电性能最好。

（3）通过 SEM、EDS、XRD 和 FTIR 等表征手段分析真空浸渍法制备的金属络合物改性木材。结果发现，利用真空浸渍法制备的金属络合物改性木材中，金属络合物在木材内部自催化还原成金属铜，基本元素碳和氧的摩尔质量分数降低，被浸入进去的金属铜和微量金属镍所替代，一部分金属离子自成微团，一部分金属离子与木材内部官能团如-OH、-C=O、-C-O 等发生化学结合，稍有降低木材结晶度，在内部形成一层致密的金属层，金属离子之间相互搭接，形成一个连续的网络结构。结合高分子导电复合材料的 3 种导电机理，通过分析可知，利用真空浸渍法制备的金属络合物改性木材的导电机理主要由导电通路理论解释，但同时也存在场致发射理论和隧道效应理论。

(4)通过 SEM、EDS、XRD 和 FTIR 等表征手段分析点滴注射法制备的金属络合物改性木材。结果发现，前驱体溶液通过树叶蒸腾作用向上输送，通过导管及水势差向心材部分扩散。金属络合物在树段内通过自催化还原成金属离子，部分金属离子单独存在，部分金属离子与官能团发生化学键合，试材内部基本元素碳和氧的降低主要由金属铜来取代，稍有降低木材的结晶度，由于蒸腾作用力的限制，树段内部金属离子含量较低。结合高分子导电复合材料的 3 种导电机理，通过分析可知，利用点滴注射法制备的金属络合物改性木材的导电机理主要由场致发射理论和隧道效应理论解释，几乎不存在导电通路理论。

8 石墨烯@木材电热材料的制备及其性能研究

木材本身具有电绝缘性、导热性差、易腐朽和易变形等特性，这些都限制了它的应用。将木材进行改性、复合是多年来的研究趋势，木材作为大自然中储量最丰富的天然多孔碳材，经过亿万年的遗传和进化，已形成了自身独特多尺度孔径分布的蜂窝状分级多孔结构特征，正是木材这一多孔结构特性，为木材改性提供了可能性。现今大多木质电热材料是以胶合板、刨花板为主，生产过程中需施加大量胶黏剂等，如若赋予实体木材一定的电热性能，使其通电后产生自发热现象，则可进一步扩大木材的应用范围，为日常使用提供便利。

在众多导电导热填料中，石墨烯因其具有优异的电、热、力学性能，成为电热复合材料中的首选填料。在目前的研究应用中，大多需要赋予石墨烯一个基体，使其片层结构附着后释放其性能，而杨木作为速生林木之一，其具有来源广泛、蓄积量大、可再生、可循环利用、对环境没有污染、经济成本低的优点，符合生态环境材料的要求，对可持续发展有重要意义。如若将两者结合，可制备出一种具有自发热性能和高强度的新型实体木材电热材料，极大拓宽了木材的应用范围。

8.1 试验材料及制备

8.1.1 试验材料

北京杨木，购自内蒙古自治区呼和浩特市玉泉区锐航木业，胸径约 230mm，高约 4000mm，初含水率 105.3%，将木材锯解为 30mm(径向)×30mm(弦向)×40mm(纵向)的木块试材。

8.1.2 试验试剂

试验试剂见表 8-1。

表 8-1 试验试剂

试验药品	纯度	生产厂家
氧化石墨烯(GO)	无	自制
XT12 型导电胶	无	南京迈化路银犀牌

8.1.3 试验仪器设备

试验仪器设备见表 7-2。

表 8-2 试验仪器设备

设备名称	生产厂家
MKX-G3 型微波干燥箱	青岛迈可威微波应用技术有限公司
DW-60W308 卧式超低温保存箱	浙江捷盛低温设备有限公司
HH-1 型数显电子恒温水浴锅	常州国华电器有限公司
DHG-9075A 型电热恒温鼓风干燥箱	上海红华仪器有限公司
DZF-6210 型真空干燥箱	金坛市精达仪器制造有限公司
FS-600N 型超声波处理器	上海生析超声仪器有限公司
CP224C 型电子天平	上海奥豪斯仪器有限公司
CX33 型生物显微镜	奥林巴斯(中国)公司
BSD-PSI 型比表面积及孔径分析仪	北京彼奥德电子技术有限公司
VC-9205 型数字万用表	深圳市成元电子仪器仪表有限公司
气体渗透性检测仪	中国林业科学研究院自主研发

8.1.4 试验方法

8.1.4.1 冷冻-水煮处理

将木块试材放入盛有蒸馏水的器皿中，借助真空对木块试材浸渍蒸馏水，直至木块试材达到饱水状态(期间每天换 1 次蒸馏水)，再将木块试材从蒸馏水中取出，放入冰箱中冷冻 10h。冷冻后的木块试材用蒸馏水浸泡 2h，待其解冻后用水浴锅在 99℃条件下水煮 6h，期间每 2h 换 1 次水。将处理后的木块进行干燥，得到木材基质模板 1 保存备用。

8.1.4.2 微波-水煮处理

用微波干燥箱干燥木块试材，箱体总功率为 2400W，设置输出功率 100%，运行时间为 2min。将微波处理后的木块用水浴锅在 99℃条件下水煮 6h，期间每 2h 换 1 次水。将处理后的木块进行干燥，得到木材基质模板 2 保存备用。

8.1.5 试验表征

8.1.5.1 孔径及比表面积

试材脱气处理后，用 BSD-PSI 型比表面积及孔径分析仪测试对照组素材与两种基质模板的比表面积大小和孔隙分布情况。仪器测试范围：比表面 0.0005m^2/g 以上，微孔 0.35~2nm、中孔 2~50nm、大孔 50~500nm。

8.1.5.2 增重率

将对照组素材与制备的两种基质模板分别编号(每组 3 个试样)，置于(103±2)℃干燥箱中干燥 2h，冷却后对其称量并记录此时的质量 M_1，利用真空对两种基质模板分别浸渍蒸馏水和 3mg/mL 的 GO 溶液，其中浸渍条件为：真空度 0.08，真空时间 30min，常压时间 10min，反复重复真空和常压操作 4 次。用纱布将样品表面残留液体擦拭干净，称量并记录此时的质量 M_2，根据公式计算其增重率 W。所得试样增重率的均值代表该试样的增重率，见式(8-1)。

$$W = \frac{M_2 - M_1}{M_1} \times 100\% \tag{8-1}$$

8.1.5.3 渗透性

将对照组素材与两种基质模板分别加工成 3 个 20mm(径向)×20mm(弦向)×40mm(纵向)试样，进行纵向渗透性测量。所得试样纵向渗透性的均值代表该试样的纵向渗透性。渗透性检测采用中国林业科学研究院研发的测量设备，设备如图 8-1 所示。

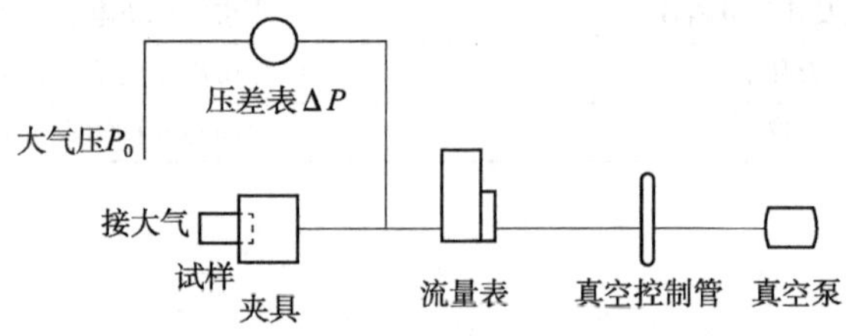

图 8-1 渗透性设备示意图

8.1.5.4 显微形貌

利用真空干燥箱将对照组素材与两种基质模板浸渍 3.0mg/mL 的 GO 溶液，进行热压还原(热压过程中压力为 2MPa，热压温度为 200℃，压缩率为 50%，热压时间为 45min)得到样品，用切片机(REM-700，Yamato)对样品进行制样，切片为 0.5mm(径向)×10mm(弦向)×10mm(纵向)的薄片。用生物显微镜观察其表面形貌，分别在 4×、10×、40×的物镜下观察还原性氧化石墨烯(rGO)在对照组素材与两种基质模板中的分布情况。

8.1.5.5 电阻值

利用真空干燥箱将对照组素材与两种基质模板(每组 3 个试样)浸渍 3.0mg/mL 的 GO 溶液，进行热压还原(得到样品，将样品两端面均匀涂敷一层导电胶，常温固化 12~24h)，用电压表测定并记录其电阻值，所得试样电阻值的均值代表该试样的电阻值。

8.1.6 试验结果与分析

8.1.6.1 孔径及比表面积

为便于不同领域间的交流，一般把木材中的孔隙分为三大类，即直径小于 2nm 的微孔，直径位于 2~50nm 的中孔和直径大于 50nm 的大孔。图 8-2 是不同处理方式基质模板的孔径分布图，由图可知，孔半径主要分布在 10~100A，即孔直径在 2~20nm 的中孔，且经过冷冻-水煮和微波-水煮处理的基质模板介孔数量均较素材增多。素材中占比最多的孔集中在孔直径为 1.85nm 的微孔(占比为 10.7%)，其中，中孔共占 62.1%，大孔共占 36.7%，直径大于 120nm 的有 3.1%。经冷冻-水煮处理后，基质模板 1 中占比最多的孔集中在孔直径为 1.89nm 的中孔(占比为 11.2%)，其中中孔共占 64.1%，大孔共占 35.1%，直径大于 120nm 的有 4.6%。经微波-水煮处理后，基质模板 2 中占比最多的孔集中在孔直径为 2.05nm 的中孔(占比为 11.2%)，其中中孔共占 63.6%，大孔共占 35.3%，其中直径大于 120nm 的有 4.5%。两种处理得到的基质模板中孔占比均有所提高，这是由于微波-水煮处理时，木材孔道内部的水分在大功率的微波作用下迅速变为水蒸气，孔道内外形成压力差从而引发孔道爆破，形成了更多的中孔。在冷冻-水煮处理时，木材孔道内的水在低温下变为冰，同等质量下冰的体积大于水从而引发孔道爆破，形成了更多的中孔。表 8-3 中，基质模板的比表面积均较素材有所提高，说明这两种处理方式均可改善木材的孔隙率，有助于提高其渗透性。

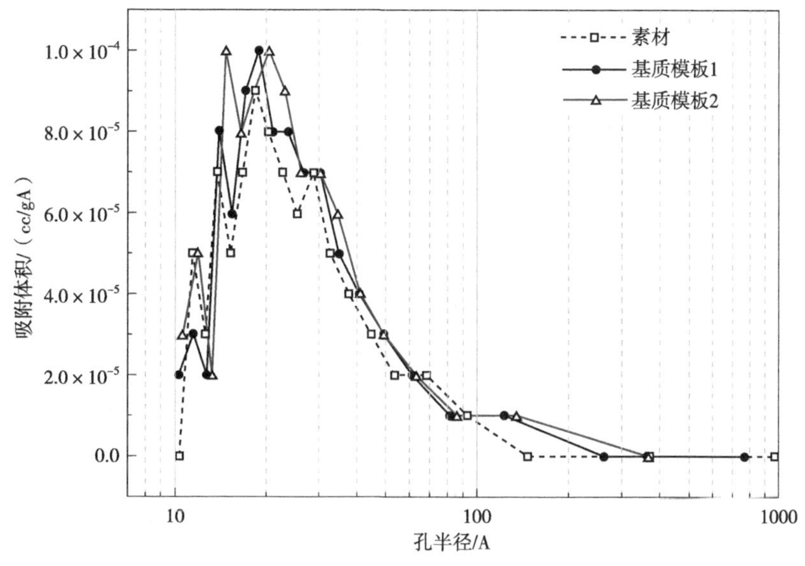

图 8-2 不同处理方式基质模板的孔径分布图

表 8-3 素材及两种基质模板的比表面积

类别	多点 BET 比表面/(m^2/g)	吸附累积比表面积/(m^2/g)	脱附累积比表面积/(m^2/g)
素材	1.073	2.033	2.000
基质模板 1	1.112	2.192	2.230
基质模板 2	1.279	2.313	2.224

8.1.6.2 增重率

测量木材的吸液增重率是判断物质是否进入基质模板依据，也是判别基质模板处理是否有效而最广泛使用的手段之一。图 8-3 是不同处理方式下木材的增重率情况图，在相同条件下，素材浸渍水的增重率为 1.41%，基质模板 1 浸渍水的增重率为 1.45%，基质模板 2 浸渍水的增重率为 1.47%。由此看出，水与 GO 溶液均进入基质模板中，且经过两种处理后其增重率较对照组的素材均有所提高，这是因为其介孔增多，比表面积变大增加了基质模板与水的接触，水能更迅速地流入基体中，故在相同时间内吸收更多液体，增重率提高。实际使用过程中，随着浸渍产物的变化，液体浓度也将发生改变，则不能单一用吸水增重率确定其渗透性的好坏，需要根据浸渍的目标物质而确定。如图 8-3 所示，素材、基质模板 1 和基质模板 2 浸渍 GO 溶液的增重率分别为 1.26%、1.40%和 1.43%。随着浸渍液浓度增大，其增重率的大小规律不变，但 GO 溶液增重率较吸水增重率数值有所减小，这是由于液体浓度增大后，其黏度和流动性都会发生变化，基质模板中孔隙大小与数量保持不变时，液体浸注基质模板内所需外力随之变大，而试验中浸渍条件始终不变，故液体浓度增加后，其增重率数值减小。

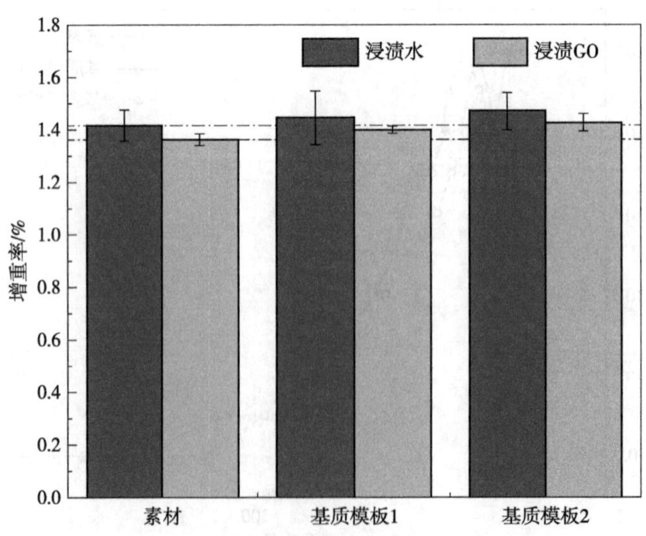

图 8-3 不同处理方式下的木材增重率

8.1.6.3 纵向渗透性

基于气体达西定律，可计算出试样的气体渗透性，素材及两种基质模板的纵向渗透性见表 8-4。杨木素材的纵向渗透性为 $0.710\times10^{-11}m^3/m$，经处理后两种基质模板的纵向渗透性均有所提高，基质模板 1 的纵向渗透性为 $1.542\times10^{-11}m^3/m$，较素材提高 2.2 倍，基质模板 2 的纵向渗透性为 $2.443\times10^{-11}m^3/m$，较素材提高 3.4 倍。这是由于冷冻-水煮处理与微波-水煮处理均提高了木材的比表面积，基质模板中的孔隙增加，故两种基质模板的渗透性有所提高。表 8-5 对基质模板 1 与基质模板 2 渗透性进行了方差分析，发现 P 值>0.05 并且 $F<F_{crit}$ 结果表明，虽然基质模板 2 的渗透性较基质模板 1 高，但两种处理方式得到的基质模板间差异并不显著。

表 8-4 素材及两种基质模板的纵向渗透性

类别	渗透性(均值)/($\times10^{-11}m^3/m$)	标准差/($\times10^{-12}$)
素材	0.710	3.642
基质模板 1	1.542	7.817
基质模板 2	2.443	0.116

表 8-5 两种处理方式的纵向渗透性方差分析

差异源	平方和(SS)	自由度(df)	均方差(MS)	统计量(F)	P 值(P-value)	F 零界值(F_{crit})
组间	1.224×10^{-11}	1	1.224×10^{-11}	0.836	0.412	7.709
组内	5.858×10^{-11}	4	1.465×10^{-11}			
总计	7.082×10^{-11}	5				

8.1.6.4 导电性能

一般认为木材的增重率越大，其渗透性越好，越利于木材改性，但增重率的大小仅代表木材吸液能力的强弱，如若只用增重率一个指标评判改性效果则会出现以偏概全的现象，需要根据改性目的及物质的存在状态等来综合比较分析基质模板的有效性。本章节研究石墨烯@木材电热材料，故以其导电性为重要衡量指标，如图 8-4 所示，测量了木材的电阻值，素材纵向电阻值为 0.507MΩ、弦向电阻值为 1.170MΩ、径向电阻值为 4.157MΩ；基质模板 1 纵向电阻值为 0.078MΩ、弦向电阻值为 0.110MΩ、径向电阻值为 0.804MΩ；基质模板 2 纵向电阻值为 0.184MΩ、弦向电阻值为 0.404MΩ、径向电阻值为 1.256MΩ。其中，基质模板 1 的导电能力较强，3 个方向电阻值均最小，说明冷冻-水煮处理的方法可以降低木材的电阻，比较适合用来制备电热材料的基质模板。

8.1.6.5 显微形貌

图 8-5 是木材显微形貌图，图中的黑色物质为还原氧化石墨烯(rGO)，在图 8-5 中 1~3 可以看到 rGO 分布在木材中，说明 GO 溶液进入了基质模板。在图 8-5 中 7~9 的放大图

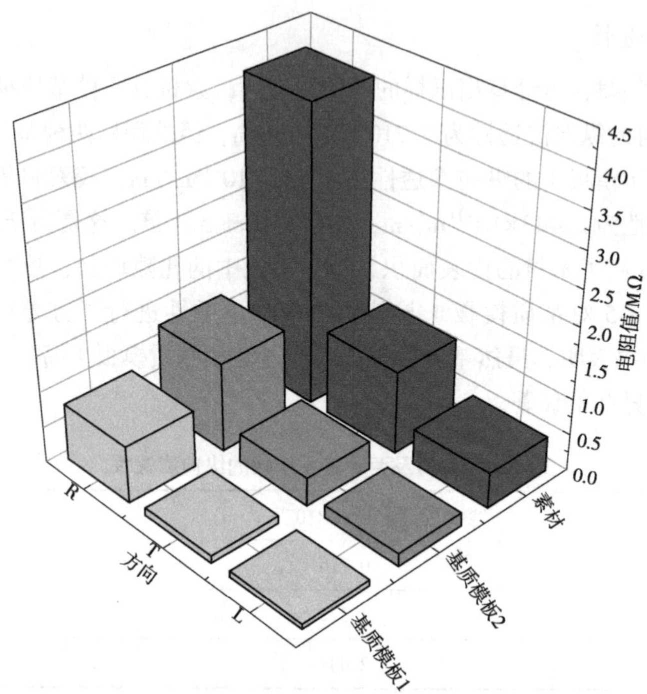

图 8-4　不同处理方式下木材 3 个方向的电阻值

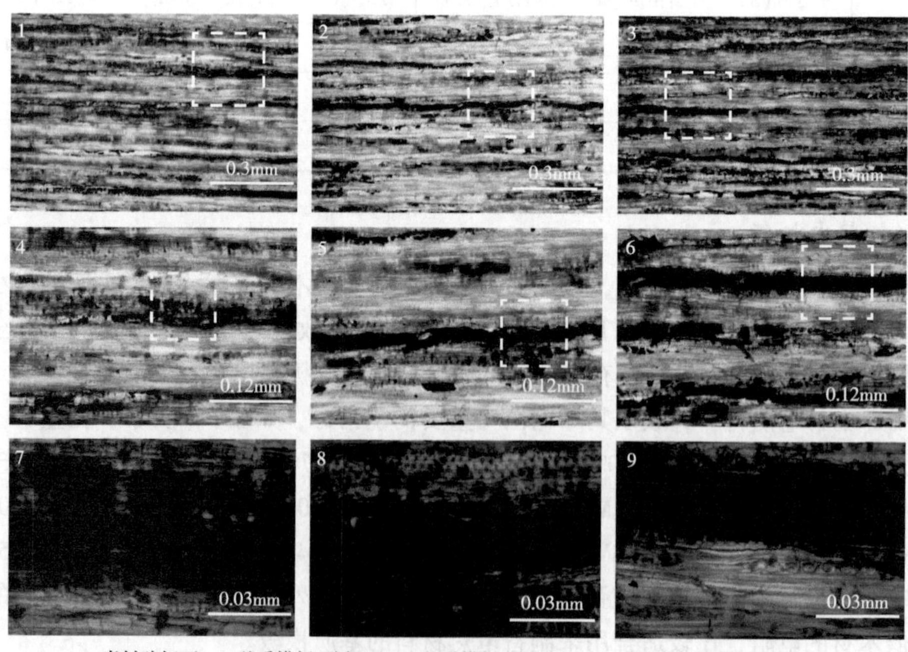

1. 素材弦切面；2. 基质模板1弦切面；3. 基质模板2弦切面；4. 1中白色方框位置放大图；
5. 2中白色方框位置放大图；6. 3中白色方框位置放大图；7. 4中白色方框位置放大图；
8. 5中白色方框位置放大图；9. 6中白色方框位置放大图。

图 8-5　木材的显微形貌图

中明显看到一部分 rGO 呈灰黑色膜状覆盖在木材的导管中，另一部分 rGO 呈黑色小片状分布在木材的导管中，且素材中黑色片状的 rGO 存有缝隙，没有紧密相连。而基质模板 1 与基质模板 2 较素材相对连通，只有部分存在不连续现象，这是因为两种基质模板借助冷冻和微波的物理方式造出了更多的介孔结构，GO 分散液浸注入口增多，同时水煮的方式可将木材中的泥沙和粉尘等杂质及溶水性的抽提物煮出，则在相同时间和动力条件下木材基体内部的 GO 更容易连续起来。从图 8-5 中 4~6 可发现基质模板 1 中存在更长的连续通道，这是因为基质模板 1 在冷冻-水煮处理前需借助真空使其呈现出饱水状态，饱水过程中真空与水不断作用在木材的管道间，一些水溶性物质由此渗出，还有小部分不溶于水的物质借助真空与大气压的压力差从而抽出，所以基质模板 1 的导管更为畅通。这为构建连续的导电通道提供了基础，也阐述了上文基质模板 1 电阻值较素材与基质模板 2 电阻值更小的原因。

8.2 GO 分散液的制备

本试验先使用 GO 再对其还原的方式间接得到石墨烯的原因：一是石墨烯不溶于水，其溶液需借助化学分散剂溶解；二是石墨烯成品价格昂贵，试验室自制单层石墨烯技术要求高且产量低。与此同时，GO 具有易溶于水的特性，其制备原料来源广、价格低廉且采用化学和热还原后得到的 rGO 同样具有与石墨烯类似的性质。

8.2.1 试验材料与仪器

8.2.1.1 试验材料

试验材料见表 8-6。

表 8-6 试验材料

名称	纯度	生产厂家
石墨粉(C)	AR	上海麦克林生物化学有限公司
硝酸钠($NaNO_3$)	AR	天津市盛奥化学试剂有限公司
高锰酸钾($KMnO_4$)	AR	天津市永大化学试剂开发中心
硫酸(H_2SO_4)	AR	国药集团化学试剂有限公司
盐酸(HCl)	AR	国药集团化学试剂有限公司
30%过氧化氢(H_2O_2)	AR	上海沃凯生物技术有限公司
氯化钡($BaCl_2$)	AR	津市风船化学试剂科技有限公司
硝酸银($AgNO_3$)	AR	津市风船化学试剂科技有限公司
硫酸铜($CuSO_4 \cdot 5H_2O$)	AR	天津福晨化学试剂有限公司
硫酸镍($NiSO_4 \cdot 6H_2O$)	AR	天津福晨化学试剂有限公司

（续）

名称	纯度	生产厂家
柠檬酸（$C_6H_8O_7 \cdot H_2O$）	AR	天津福晨化学试剂有限公司
硼酸（H_3BO_3）	AR	天津市风船化学试剂科技有限公司

8.2.1.2 试验仪器设备

试验仪器设备见表 8-7。

表 8-7 试验仪器设备

名称	生产厂家
S10-2 型恒温磁力搅拌器	上海司乐仪器有限公司
OS20-Pro 型 SCILOGEX 顶置式搅拌器	美国赛洛捷克公司
HH-1 型数显电子恒温水浴锅	常州国华电器有限公司
HC-3018 型高速离心机	安徽中科中佳科学仪器有限公司
SHB-Ⅱ 型循环水式多用真空泵	河南省予华仪器有限公司
YWLG-10 型冷冻干燥机	南京研沃生物科技有限公司
FS-600N 型超声波处理器	上海生析超声仪器有限公司
GZX-GF101 型电热恒温鼓风干燥箱	上海跃进医疗器械有限公司
LabX XRD-6000 型 X 射线衍射仪（XRD）	日本岛津公司
Zetasizer Nano ZS90 型纳米力度电位仪	英国马尔文仪器有限公司
DTGS 型傅里叶变换红外光谱（FTIR）	美国 Perkin Elmer 股份有限公司

8.2.1.3 试验方法

（1）用改进 Hummers 法制备氧化石墨烯分散液

图 8-6 为 GO 分散液制备流程图，具体制备步骤如下：

① 低温反应：该反应过程保持温度低于 10℃。首先加入 184mL 浓硫酸到烧杯中，在冰水浴条件下通过搅拌器搅拌；其次分别加入 4g 石墨和 4g 硝酸钠，搅拌 3h 以上使其混合充分；在 5~8min 内缓慢加入 24g 的高锰酸钾，随后再搅拌 30min。

② 中温反应：在充分搅拌后放入温度为 37℃ 的水浴中，持续搅拌 2h。待搅拌完全结束后，加入 800mL 的去离子水，在常温下搅拌反应 2h。

③ 高温反应：此反应将温度升至 92℃，持续搅拌反应 4min。

④ 将上一步的样品冷却至室温后滴加 5%的过氧化氢，直到溶液变为亮黄色，然后静置 24h。

⑤ 离心处理：用预先配制好的 3%的硫酸和 1%的过氧化氢进行抽滤，之后用 10%的盐酸开始离心处理，直至将少量氧化钡溶液加入上层清液中，发现无白色沉淀产生后，再用去离子水进行离心处理，直到加入些许硝酸银溶液到上层清液中并无白色沉淀产生，且上层清液的 pH 值为 5~6，结束水洗离心工作，得到浓稠的 GO 液体。

⑥ 冷冻干燥：将离心后浓稠的 GO 液体置于表面皿中进行冷冻干燥，直至干燥为层状结构薄膜，将其研磨为粉状，将研磨并称量后的 6g 粉末状 GO 装入瓶中密封保存。

⑦ 分散液：称取 0.75g 和 1.50g 的 GO 粉末分别溶解在 500mL 水中并搅拌，之后将溶液用超声波处理器超声 30min，将超声功率设置为 80%，超声持续 5s 后暂停 2s，最终分别得到 1.5mg/mL 和 3.0mg/mL 的 GO 分散液。

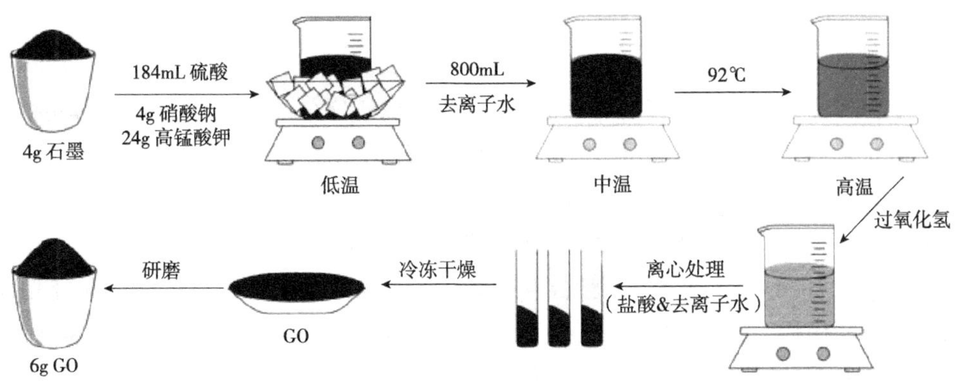

图 8-6 GO 制备流程图

（2）添加金属离子制备 GO&$CuSO_4$分散液

0.75g GO 溶于 500mL 水中并搅拌，之后将溶液用超声波处理器超声 30min，设置超声功率为 80%，超声持续 5s 后暂停 2s，先得到 GO 分散液。再将 2g 硫酸铜、5g 柠檬酸、6.5g 硼酸、0.225g 硫酸镍溶于 500mL 水中并搅拌，之后将溶液用超声波处理器超声 30min，将超声功率设置为 80%，超声持续 5s 后暂停 2s，得到 $CuSO_4$分散液。将两种分散液混合后用超声波处理器超声 30min，将超声功率设置为 80%，超声持续 5s 后暂停 2s，即得到 GO 浓度为 1.5mg/mL 的 GO&$CuSO_4$分散液。

8.2.1.4 试验表征

（1）粒径

将 1.5mg/mL 的 GO 分散液与 GO&$CuSO_4$混合分散液分别稀释 50 倍，用纳米力度电位仪对分散液的粒径进行表征测试。

（2）分散液物质组成（XRD）

用 X 射线衍射分析仪对液体进行干燥制为粉末进行物相分析。测试条件如下：Cu 靶 Kα 辐射，2θ 衍射角范围是 2~80°，扫描速率 3°/min，入射波长为 0.1542nm，电压 40kV，电流强度 30mA，连续扫描记谱。用布拉格方程计算物质的层间距，见式（8-2）。

$$2d\sin\theta = n\lambda \tag{8-2}$$

式中：d ——层间距，单位为 nm；

θ ——衍射角，单位为°；

n ——X 射线波长，$n=1$（一级衍射）；

λ ——入射波长，λ=0. 15406nm。

(3)分散液结构(FTIR)

将两种分散液干燥后制成粉末，用 Perkin Elmer 65 对其进行了 FTIR 光谱测量。在 4000~4500 cm^{-1}范围内摄谱，累计扫描 32 次，分辨率为 1cm^{-1}。

8. 2. 2 试验结果与分析

8. 2. 2. 1 粒径

图 8-7 为两种分散液的粒径分布图。GO 分散液粒径分布范围为 78. 8~712. 4nm，其中体积占比最大粒径为 122. 4nm，占 19. 5%，平均粒径为 105. 7nm。GO& $CuSO_4$分散液粒径分布范围为 122. 4~255. 0nm，其中体积占比中最大粒径为 164. 2nm，占 34. 3%，平均粒径为 122. 4nm。木材中大于 100 nm 的宏观孔隙主要有导管(40~250μm)、木纤维(10~15μm)、纹孔口(0. 4~6μm)及纹孔腔(4~30μm)。为将木材的孔隙与分散液粒径相匹配，上文中证实基质模板 1 的木材细胞壁中直径大于 120nm 的有 4. 6%，而在基质模板 2 的木材细胞壁中直径大于 120nm 的有 4. 5%，这也为后面内容选择基质模板 1 作为最适基质模板补充了依据，故两种分散液均可以进入木材，分散液的粒径可与木材的基质模板相匹配。

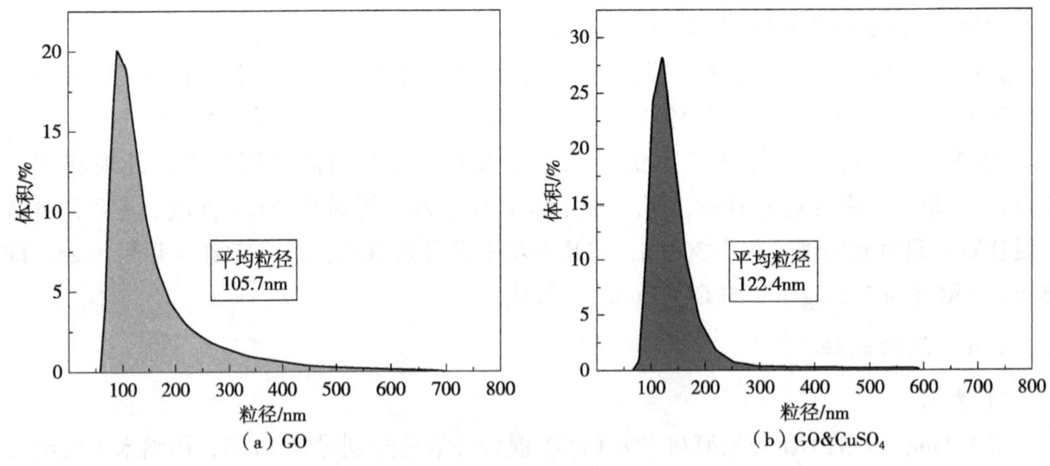

图 8-7 GO 与 GO& $CuSO_4$分散液的粒径分布图

8. 2. 2. 2 分散液物质组成(XRD)

如图 8-8 所示，石墨在 2θ 为 26. 5°出现石墨碳层面网(002)衍射峰，GO 在 2θ 为 10. 9°出现 GO 的(001)晶面峰，通过布拉格方程计算出石墨的芳香层间距为 0. 336nm，GO 的层间距为 0. 811nm。GO 层间距增大证明石墨被插层氧化，成功制备了 GO。$CuSO_4$与 GO&$CuSO_4$在 30°左右出现硼酸盐特征峰，在 40°左右出现铜离子的特征峰，均是溶液中特有物质的峰形，溶液的混合没有产生新的晶体，在 GO 中成功引入了铜离子。由图 8-9 可知，GO 中 GO(001)

晶面峰出现在 2θ 为 10.9°处，而 GO& $CuSO_4$中 GO(001)晶面峰出现在 2θ 为 11.5°处，通过布拉格方程计算出其层间距分别为 0.811nm 和 0.769nm，发现引入铜离子后层间距略微减小。

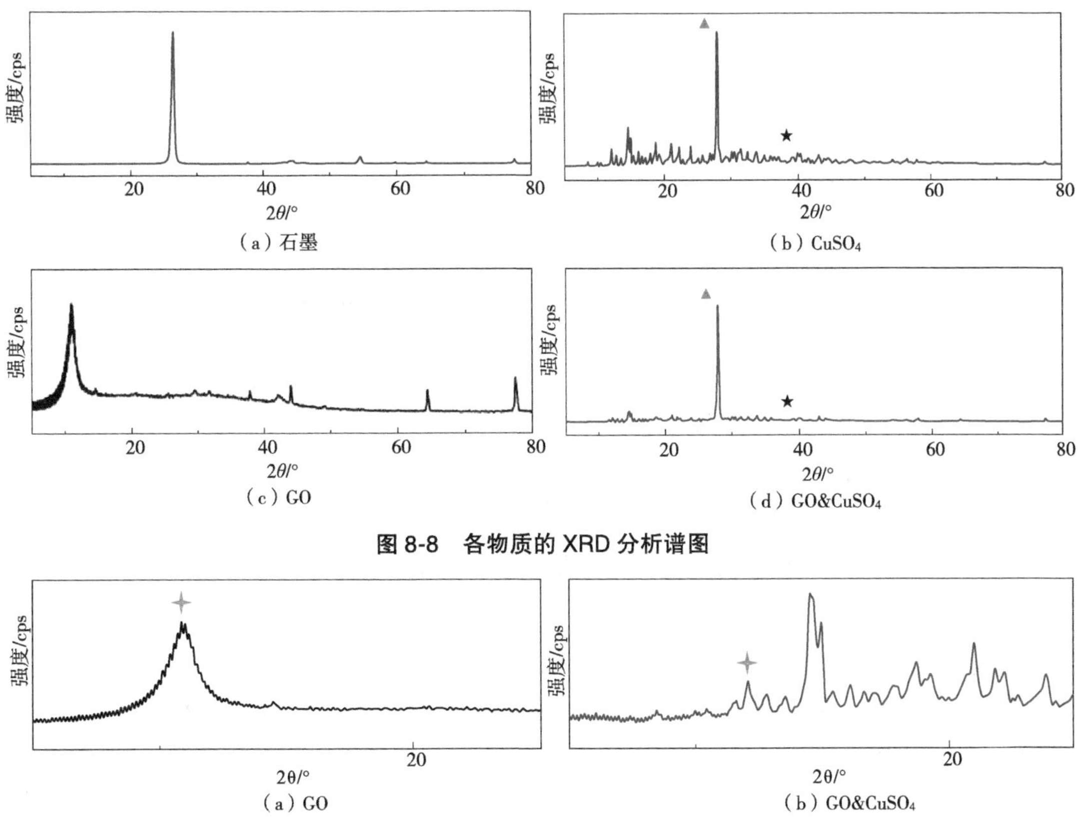

(a) 石墨　(b) $CuSO_4$

(c) GO　(d) GO&$CuSO_4$

图 8-8　各物质的 XRD 分析谱图

(a) GO　(b) GO&$CuSO_4$

图 8-9　GO 与 GO& $CuSO_4$的 XRD 分析谱图

8.2.2.3　分散液结构分析(FTIR)

如图 8-10 所示，GO 在 3382 cm^{-1}处属于-OH 的伸缩振动，1730 cm^{-1}与 1845 cm^{-1}附近是-COOH 基团的吸收振动，1632 cm^{-1}处为芳环碳架上的 C=C 伸缩振动峰，1396 cm^{-1}处是结构中-OH 的弯曲振动，1229 cm^{-1}处是 C-O-C 的振动吸收峰。GO&$CuSO_4$中-OH 的伸缩振动发生蓝移，移至 3213 cm^{-1}处，且峰形变窄变尖，强度减弱说明铜离子的电负性发生变化，其中，-OH 基团的弯曲振动红移至 1409 cm^{-1}处，且峰形尖锐且变强，说明没有发生氢键的结合，$CuSO_4$分散液的加入改变了溶液整体环境。这是因为铜离子与 GO 片层间发生了吸电效应，导致了-OH 的伸缩振动向低频移动，结构中-OH 的弯曲振动向高频移动。因为 GO 对铜离子的吸引，所以 GO&$CuSO_4$的粒径增大且层间距减小，这与上文的粒径和 XRD 分析结果相吻合。

上述表征分析可知，采用改进 Hummers 法成功制备了 GO 分散液，以 GO：硫酸铜=3：4，硫酸铜：柠檬酸=2：5，硼酸：柠檬酸=3：2，硫酸铜：硫酸镍=80：9 的比例配

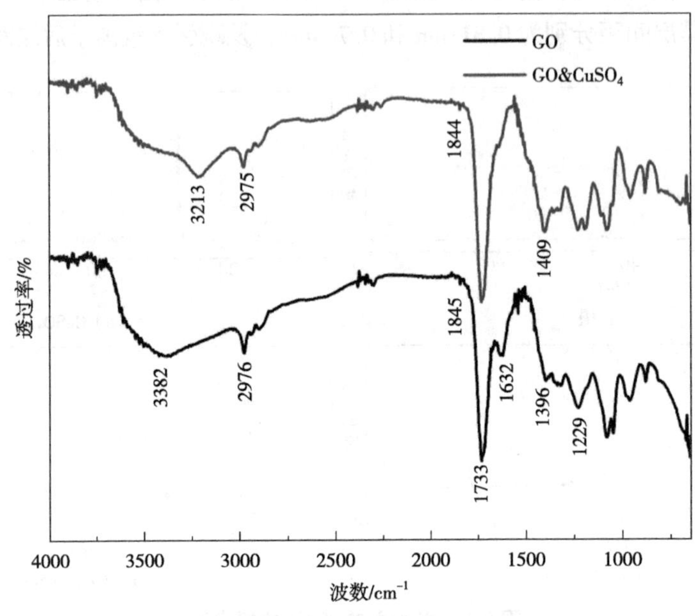

图 8-10　GO 与 GO& $CuSO_4$的红外光谱分析图

制得到 GO&$CuSO_4$分散液。经 FTIR 分析可知，在 GO 基础上引入硫酸铜，GO&$CuSO_4$分散液中没有发生化学反应，只存在吸电效应。由分散液粒径分析可知，GO 分散液平均粒径为 105.7nm，GO& $CuSO_4$分散液平均粒径为 122.4nm，均可进入木材导管(40~250μm)、木纤维(10~15μm)、纹孔口(0.4~6μm)及纹孔腔(4~30μm)等。综上所述，成功制备得 GO 分散液与 GO&$CuSO_4$分散液，且两者均可与木材孔隙相匹配，能进入木材内部。

8.3　石墨烯@木材电热材料的制备及电热性能测试

8.3.1　制备方法

8.3.1.1　RGO@木材电热材料的制备

将干燥后的基质模板 1 分别放入浓度为 1.5mg/mL 和 3.0mg/mL 的 GO 分散液中，利用真空干燥箱对基质模板 1 浸渍 GO 分散液，其中浸渍条件为：真空度 0.08，真空时间 30min，常压时间 10min；真空和常压操作反复重复 4 次。将浸渍后的木材@GO 复合材放入 50℃干燥箱内进行烘干处理，将烘干后的木材@GO 复合材浸渍 35mg/mL 的次亚磷酸钠(NaH_2PO_2，AR，天津福晨化学试剂有限公司)还原剂溶液(浸渍条件同上)。最后，将浸渍还原剂后的木材@GO 复合材放入压机开始热压还原处理，热压压力 2MPa，热压温度 200℃，压缩率 50%(用厚度规控制压缩率，厚度 15mm)，热压时间 45min，最终得到径向为 15mm 的 rGO@ 木材电热材料，如图 8-11 所示。

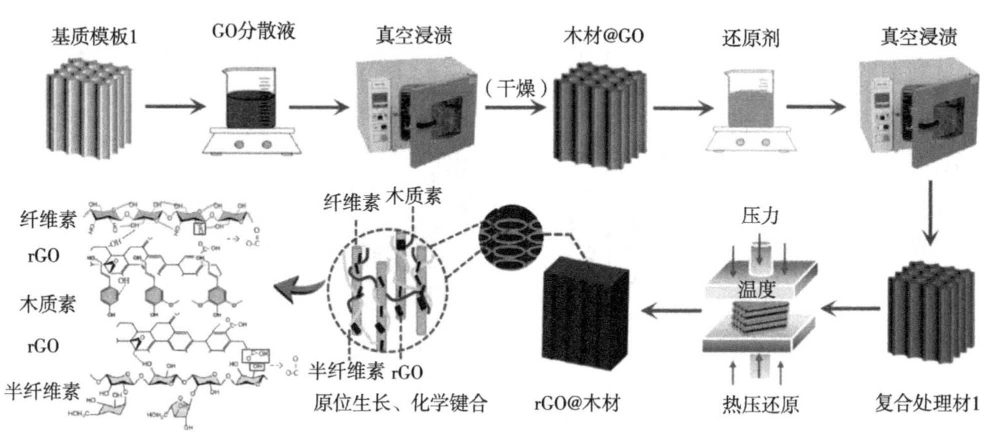

图 8-11　rGO@木材制备流程图

8.3.1.2　RGO&Cu@ 木材电热材料的制备

将干燥后的基质模板 1 放入 GO 浓度为 1.5mg/mL 的 GO&$CuSO_4$分散液中，利用真空干燥箱对基质模板 1 浸渍 GO&$CuSO_4$分散液。将浸渍后的 GO&$CuSO_4$@ 木材复合材放入 50℃干燥箱内进行烘干处理，将烘干后的 GO&$CuSO_4$@ 木材复合材浸渍 35mg/mL 的次亚磷酸纳还原剂溶液。将浸渍还原剂后的 GO&$CuSO_4$@ 木材复合材放入压机开始热压还原处理，最终得到径向为 15mm 的 rGO&Cu@ 木材电热材料，如图 8-12 所示。

8.3.1.3　RGO/Cu/rGO@ 木材电热材料的制备

将干燥后的基质模板 1 放入浓度为 1.5mg/mL 的 GO 分散液中，利用真空干燥箱对基质模板 1 浸渍 GO 分散液。将第 1 次浸渍后的 GO@ 木材复合材放入 50℃干燥箱内进行烘干处理，烘干后的 GO@ 木材复合材浸渍 $CuSO_4$分散液（浸渍条件同上）。再将第 2 次浸渍后的 GO/$CuSO_4$@ 木材复合材放入 50℃干燥箱内进行烘干处理，烘干后的 GO/$CuSO_4$@ 木材复合材再次浸渍第 1 次浸渍剩余的 GO 分散液（浸渍条件同上）。再将第 3 次浸渍后的 GO/$CuSO_4$/GO@ 木材复合材放入 50℃干燥箱内进行烘干处理，烘干后的 GO/$CuSO_4$/GO@ 木材复合材浸渍 35mg/mL 的次亚磷酸纳还原剂溶液（浸渍条件同上）。最后将浸渍还原剂后的 GO/$CuSO_4$/GO@ 木材复合材放入压机开始热压还原处理，最终得到径向为 15mm 的 rGO/Cu/rGO@ 木材电热材料，如图 8-13 所示。

8.3.2　样品表征

8.3.2.1　扫描电子显微镜（SEM）

将样品用切片机（REM-700，Yamato）对样品进行制样，切片为 0.5mm（径向）×10mm

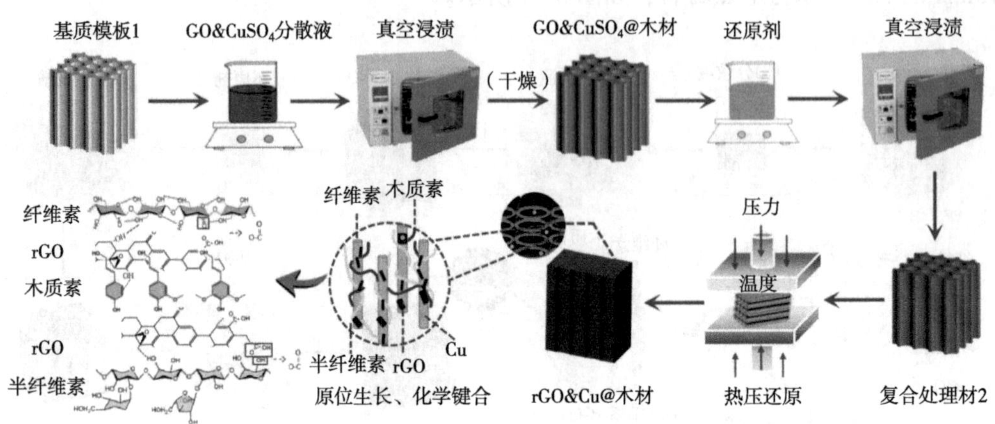

图 8-12　rGO&Cu@木材制备流程图

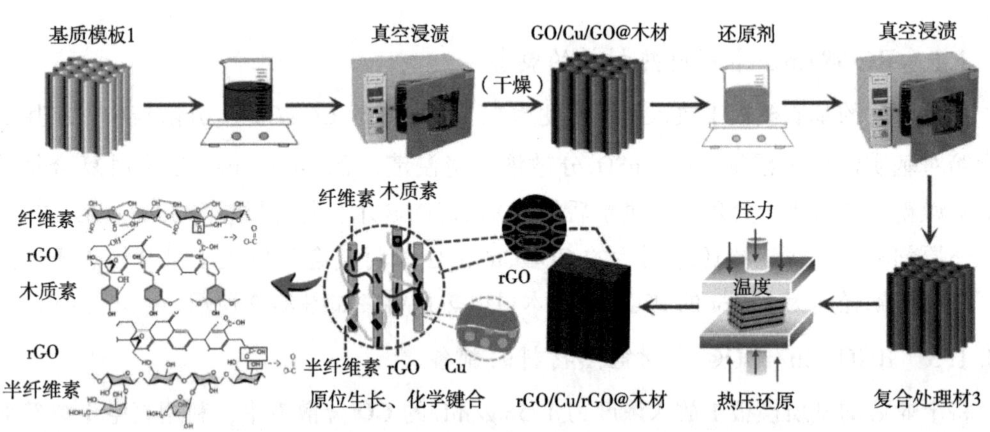

图 8-13　rGO/Cu/rGO@木材制备流程图

(弦向)×10mm(纵向)的薄片。将样品置于导电胶上，再经过喷金处理，用扫描电子显微镜观察其内部 rGO 与铜颗粒的形貌，放大倍数为 3000 倍。

8.3.2.2　电热材料还原反应(XPS)

将样品用高速粉碎机制成 100 目的粉末并干燥，后通过 X 射线光电子能谱仪测试样品的碳氧比，单色器 Al Kα X 射线激发源，X 射线源功率为 150W。分析时基础真空约为 6.5×10^{-10}mbar。对结合能用烷基碳或污染碳 C1s(284.5eV)进行校正。用公式(8-3)可计算出元素 A 的相对原子浓度，分别计算出 X_O和 X_C。

$$X_A = \frac{I_A/S_A}{\sum_i I_i/S_A} \tag{8-3}$$

式中：I——全谱图中各谱峰的信号强度，a. u.；

S——元素的相对灵敏度因子，$S_{O1s}=0.66$，$S_{C1s}=0.25$；

i——样品中的组成元素。

8.3.2.3 电热材料结合情况(FTIR)

将样品用高速粉碎机制成100目的粉末并干燥，后对其进行了FTIR光谱测量。

8.3.2.4 铜的还原(XRD)

将样品用高速粉碎机制成100目的粉末并干燥，用X射线衍射分析仪对样品粉末进行物相分析。用Segal方程计算样品的结晶度指数。

8.3.2.5 导电性能

将样品两端面均匀涂敷一层导电胶，常温固化12~24h，用电压表测定并记录其电阻值，所得试样电阻值的均值代表该试样的电阻值。其中每组样品3块，所得均值代表样品的电阻值。

8.3.2.6 导热系数及导温系数

导热系数测定仪主要由测试主机、探头、通讯套件和计算机(触摸屏)组成。将探头放入两块相同的样品中间，再固定于导热系数测定仪的夹具上，测试主机电压调零后，可测得样品导热系数与导温系数。每组样品3块，所得均值代表样品的导热系数与导温系数。

8.3.2.7 表面温度

根据《红外辐射加热器试验方法》(GB/T 7287—2008)测试要求，将样品表面划分为9个格，在每格的中央测试其表面温度，如图8-14所示。

如图8-15所示，在样品两端分别贴敷一层导电铜箔，将温度记录仪的9个探头用胶布固定在小格中央，再将连接变压器带有金属夹的导线夹于铜箔上，在密闭箱体中通电后用温度记录仪测定且每2min保存一次其表面温度，且所得试样表面温度的均值代表该试样的表面温度。其中通电升温时间为60min，降温时间为30min，若通电期间温度大于103℃，及时停止通电进入降温阶段，防止样品温度太高而发生炭化。

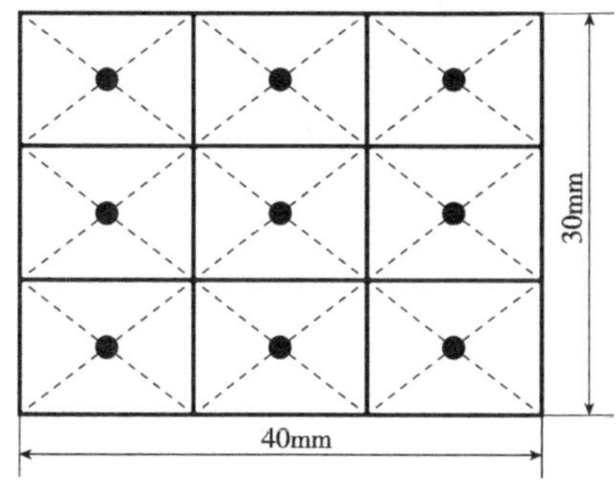

图8-14 样品表面温度点分布图

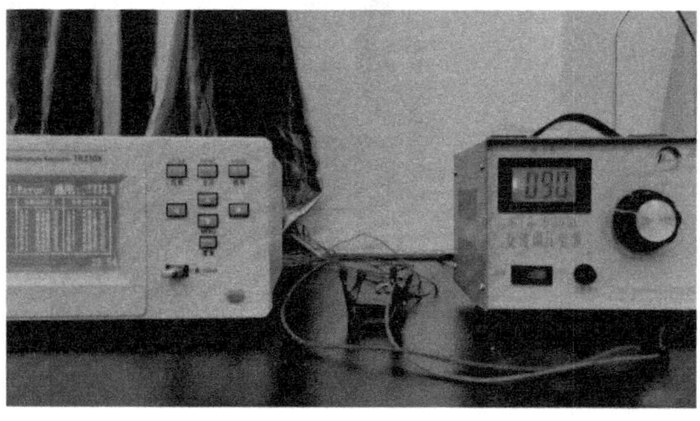

图8-15 表面温度测试实物连接图

8.3.3 试验结果与分析

8.3.3.1 形貌分析(SEM)

图 8-16 是素材、rGO@ 木材、rGO&Cu@ 木材、rGO/Cu/rGO@ 木材的扫描电镜图。图 8-16 中 1、2 可看到经添加 GO 后，rGO@ 木材的木材导管内及纹孔口处出现褶皱，附着有膜状物质，这是 GO 分散液进入木材中在还原剂、温度及压力的作用下生成了 rGO 膜附着在木材孔隙中。图 8-16 中 1、3 可看到经添加 GO&$CuSO_4$后，rGO&Cu@ 木材的木材导管内及纹孔口处同样出现褶皱，附着有膜状物质，此外，导管内及纹孔口处有少量颗粒物分布，这是 GO&$CuSO_4$分散液进入木材中在还原剂、温度及压力的作用下生成了 rGO 膜和铜金属颗粒附着在木材孔隙中，由于 $CuSO_4$添加量较少，故电镜下观察到的铜金属颗粒物较少。图 8-16 中 1、4 可看到经 3 次分别添加 GO 分散液、$CuSO_4$分散液和 GO 分散液后，rGO/Cu/rGO@ 木材的木材导管内及纹孔口处出现褶皱及片层结构，附着有膜状和片层物质，此外，导管内及纹孔口处还有少量颗粒物分布，这是 GO 分散液和 $CuSO_4$分散液进入木材中在还原剂、温度及压力的作用下生成了膜状和片层 rGO 及铜金属颗粒附着在木材孔隙中，由于 $CuSO_4$分散液在第 2 次浸渍，故电镜下可观察到纹孔口铜金属颗粒物表面附着一层 rGO 膜。

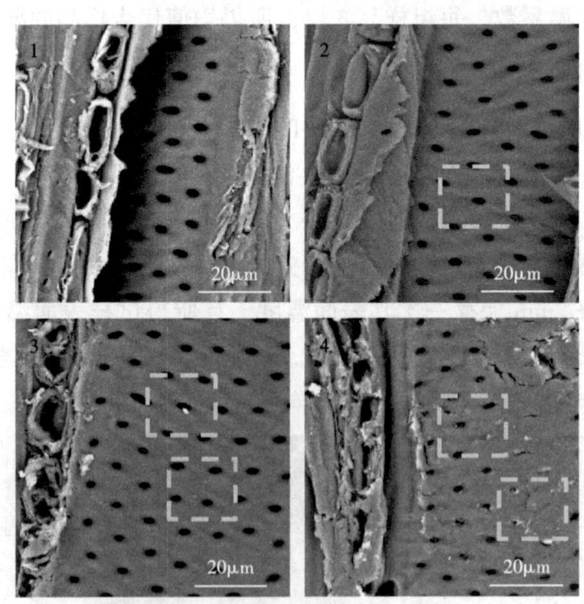

1. 素材弦切面；2. rGO@木材弦切面；3. rGO&Cu@木材弦切面；4. rGO/Cu/rGO@木材弦切面。

图 8-16 电热材料扫描电镜图

8.3.3.2 电热材料还原反应过程分析(XPS)

如图 8-17 所示，经计算素材、GO@木材、rGO@木材的氧原子相对浓度(X_0)分别为

0.42、0.44、0.37，素材、GO@木材、rGO@木材的碳原子相对浓度(X_C)分别为 0.58、0.56 、0.63。由于 GO 的加入，GO@木材的氧原子相对浓度提高，经还原后 rGO@木材的氧原子相对浓度降低且碳原子的相对浓度有所提高，这表明 GO 中部分含氧官能团被去除得到了 rGO。用 X_O/X_C 表示 GO 在木材中的还原程度，素材的 $X_O/X_C=0.72$，GO@木材的 $X_O/X_C=0.79$，rGO@木材的 $X_O/X_C=0.59$，经还原后试样的碳氧比由 0.79 降为 0.59。

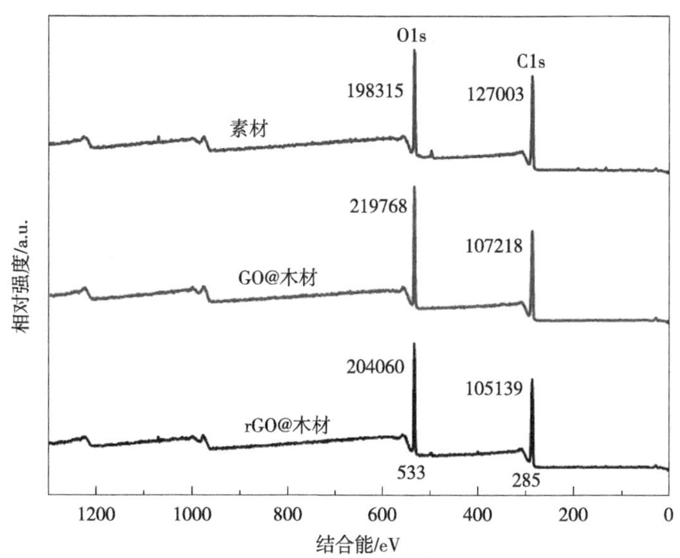

图 8-17　素材、GO@木材、rGO@木材的 XPS 全谱分析图

图 8-18 为素材、GO@木材、rGO@木材的 C1s 和 O1s 分峰图，其中 C_1为 C−C 与 C−H，C_2为 C−O 与 C−OH，C_3为 C=O 与 O−C−O，C_4为 O−C=O，O_1为 C=O，O_2为 C−O，O_3为 O−C=O，素材、GO@木材、rGO@木材的 C1s 和 O1s 峰位及含量见表 8-10。O_1中发现引入 GO 后 GO@木材的 C=O 明显增多，还原后 rGO@木材的 C=O 也高于素材；C_3中 rGO@木材的 C=O 和 O−C−O 减少，说明经还原后 O−C−O 减少。一方面是由于 GO 中的 C−O−C 在次磷酸根离子作用下首先进行取代反应，随后在加热条件下又发生热消除反应，最终形成 C=C；另一方面是由于木材的醇羟基与 C−O−C 作用形成 C=O，因此 C=O 增多，O−C−O 减少。还原后 rGO@木材结构中 C−O、C−OH 增多，这是由于还原过程主要为环氧基的开环反应，不是氧原子的彻底消除。C−O 增多是由于前面醇羟基与羧酸形成的酯羰基中的结构，C−OH 增多是由于在还原剂作用下，环氧基体开环形成了酚羟基，还原过程受反应条件限制很难将羰基还原。这就是还原后碳氧比下降，C=O、C−O 和 C−OH 增多的原因。

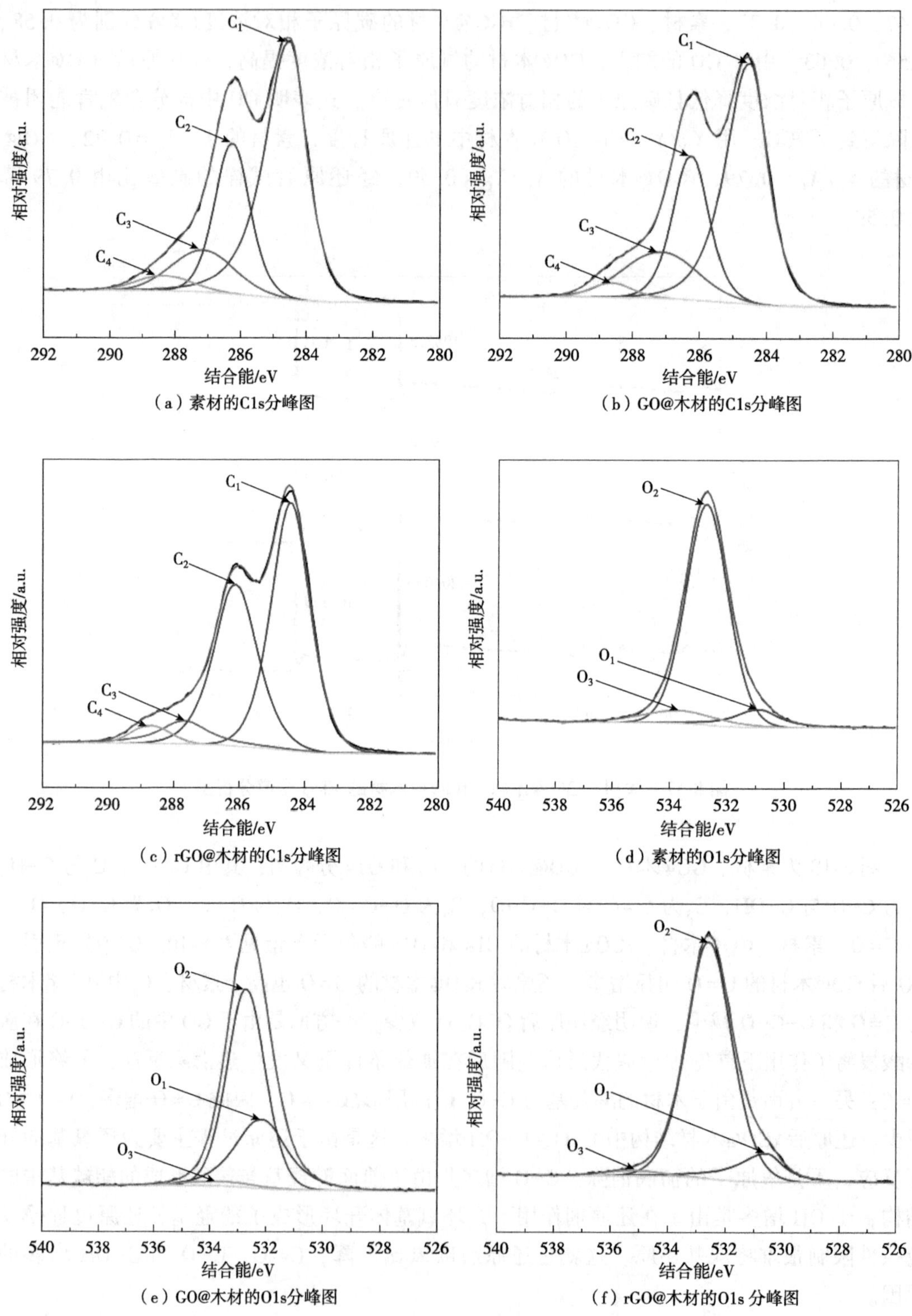

（a）素材的C1s分峰图
（b）GO@木材的C1s分峰图
（c）rGO@木材的C1s分峰图
（d）素材的O1s分峰图
（e）GO@木材的O1s分峰图
（f）rGO@木材的O1s 分峰图

图 8-18　素材、GO@木材、rGO@木材的 C1s 和 O1s 分峰图

表 8-10 不同样品的 XPS 峰归属及相对含量

XPS 类型	归属峰位	素材		GO@木材		rGO@木材	
		结合能/eV	含量/%	结合能/eV	含量/%	结合能/eV	含量/%
C1s	C_1	284.48	56.97	284.48	53.57	284.48	50.88
	C_2	285.28	26.46	285.28	26.54	286.08	37.96
	C_3	286.18	12.53	286.18	15.18	287.68	7.65
	C_4	287.38	4.05	288.68	3.04	288.68	3.51
O1s	O_1	530.08	7.18	532.18	32.35	530.58	12.03
	O_2	532.68	82.8	532.68	64.73	532.58	85.31
	O_3	533.78	9.02	533.88	2.92	535.28	2.65

注：含量为峰面积占比含量。

8.3.3.3 电热材料结合情况分析(FTIR)

图 8-19 为素材、rGO@木材、rGO&Cu@木材、rGO/Cu/GO@木材的红外光谱图，3356 cm^{-1} 处为 O-H 伸缩振动，rGO@木材与 rGO/Cu/GO@木材向低频移动，分别红移至 3339 cm^{-1} 和 3336 cm^{-1} 处，说明基体内形成氢键，这是因为 GO 羧基中的羰基氧和木材中的羟基氢相互作用形成了氢键，而木材@ rGO&Cu 中 O-H 伸缩振动位于 3357cm^{-1} 处无氢键生成，是因为制备分散液时 GO 上的羧基与羟基呈现电负性，而铜离子带正电，GO 在静电吸引下与铜离子发生吸附，GO 的含氧官能团(羟基、羧基)与二价铜离子发生络合吸附，GO 没有与木材形成分子间作用力，故没有大量氢键生成。2840~3000cm^{-1} 处为 C-H 的伸缩振动，其中 rGO&Cu@木材和 rGO/Cu/GO@木材在 2974 cm^{-1} 处出现尖锐峰，是由于 $CuSO_4$ 分散液的加入，使整体环境成弱酸性影响了峰位。1028cm^{-1}、1031cm^{-1} 与 1050cm^{-1} 处为 C-O 伸缩振动，1734 cm^{-1} 处和 1160 cm^{-1} 附近为酯羰基中的 C-O 吸收峰，制备的分散液在 1730 cm^{-1} 处有羧基的强吸收峰，而 rGO@木材、rGO&Cu@木材和 rGO/Cu/GO@木材向高频移动，蓝移至 1734 cm^{-1} 处，呈现出强度较弱的峰，是因为分散液中的羧基与木材中纤维素和半纤维素上的羟基发生了酯化反应。1594 cm^{-1} 处为脂肪族和芳香族 C=C 的伸缩振动，由于 GO 还原后形成了具有 $\pi-\pi$ 共轭结构的石墨烯，所以在共轭体系中产生 $\pi-\pi$ 共轭效应使 rGO @木材、rGO&Cu@木材、rGO/Cu/GO@木材的 C=C 的伸缩振动向低频位移至 1593 cm^{-1} 处。

8.3.3.4 铜的还原分析(XRD)

为确定 SEM 中的白色颗粒物，对此进行了 XRD 检测确定其晶型物质，图 8-20 是素材、rGO&Cu@木材、rGO/Cu/rGO@木材的 XRD 分析图。由图可知，材料均在 2θ 为 17°、23°和 35°出现纤维素的 3 个衍射峰，他们分别为纤维素(101)、(002)和(040)晶面的结晶峰。铜的特征衍射峰一般显现在 2θ 为 43.3°、50.4°和 74.1°，分别是铜的(111)、(200)和(220)特征峰，而 rGO&Cu@木材与 rGO/Cu/rGO@木材均在 2θ 为 44°附近出现一个小而

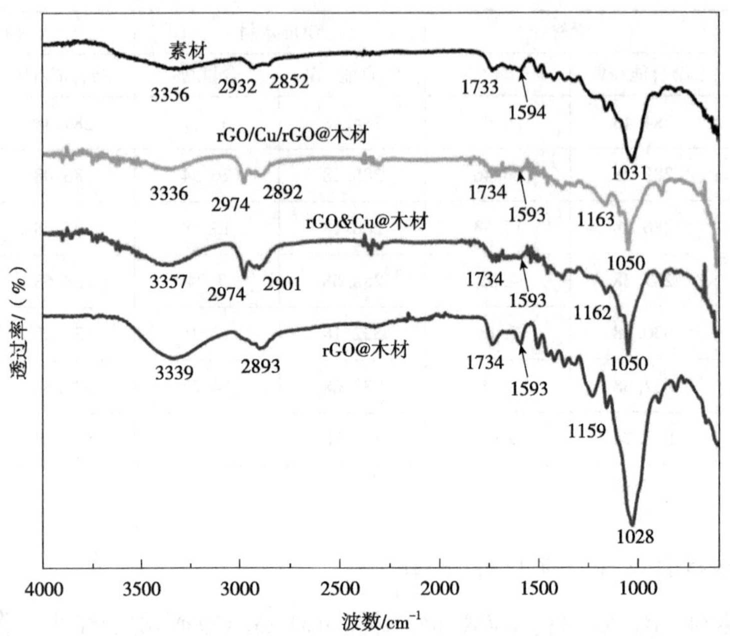

图 8-19　红外光谱图

尖锐的特征峰，说明基体中有 Cu 生成且含量较少。用 Segal 方程计算其结晶度，rGO&Cu@木材结晶度为 60.96%，rGO/Cu/rGO@木材结晶度为 65.17%。rGO/Cu/rGO@木材结晶度较高这是因为 GO 上的含氧官能团与纤维素上的羟基在热压还原过程中形成氢键，因此，结晶区增加、相对结晶度增大，这与 FTIR 的分析结果一致。

8.3.3.5　导电性能分析

电阻是导体的自身特性，电阻值大小表示导体对电流的阻碍作用，电阻值越大对电流的阻碍作用大，则导电效果越差，反之亦然。图 8-21 为试样纵向、弦向和径向的电阻值，rGO@木材（1.5mg）电热材料电阻值分别为 21.20 kΩ、8.50 MΩ、2.69 MΩ；rGO@木材（3.0mg）电热材料分别为 3.56 kΩ、2.30 MΩ、1.20 MΩ；rGO&Cu@木材（1.5mg）电热材料分别为 5.09 KΩ、5.25 MΩ、2.37 MΩ；rGO/Cu/rGO@木材（1.5mg）电热材料分别为 0.76 kΩ、1.26 MΩ、0.18 MΩ，3 个方向电阻大小均呈现出 rGO/Cu/rGO@木材（1.5mg）<rGO&Cu@木材（1.5mg）<rGO@木材（3.0mg）<rGO@木材（1.5mg）<Cu@木材的规律。这是由于铜金属颗粒的引入优化了木材中的导电网络，在相同浓度 GO 分散液中引入铜离子或增加 GO 分散液浓度，木材中导电物质增多，故电阻值减小，由于铜的导电能力不及石墨烯且含量较少，所以将 GO 分散液浓度翻倍变为 3.0 mg/mL 时的电阻值要小于 rGO&Cu@木材。使用相同浓度 GO 和 $CuSO_4$分散液对木材进行 3 次浸渍后，得到的 rGO/Cu/rGO@木材的电阻值最小。其原因一方面是浸渍后干燥再浸渍的方式增加了木材中的 rGO 含量；另一方面是 GO 在热还原过程中 rGO 薄膜易产生缺陷，形成褶皱、孔洞及互相堆叠的情形，中

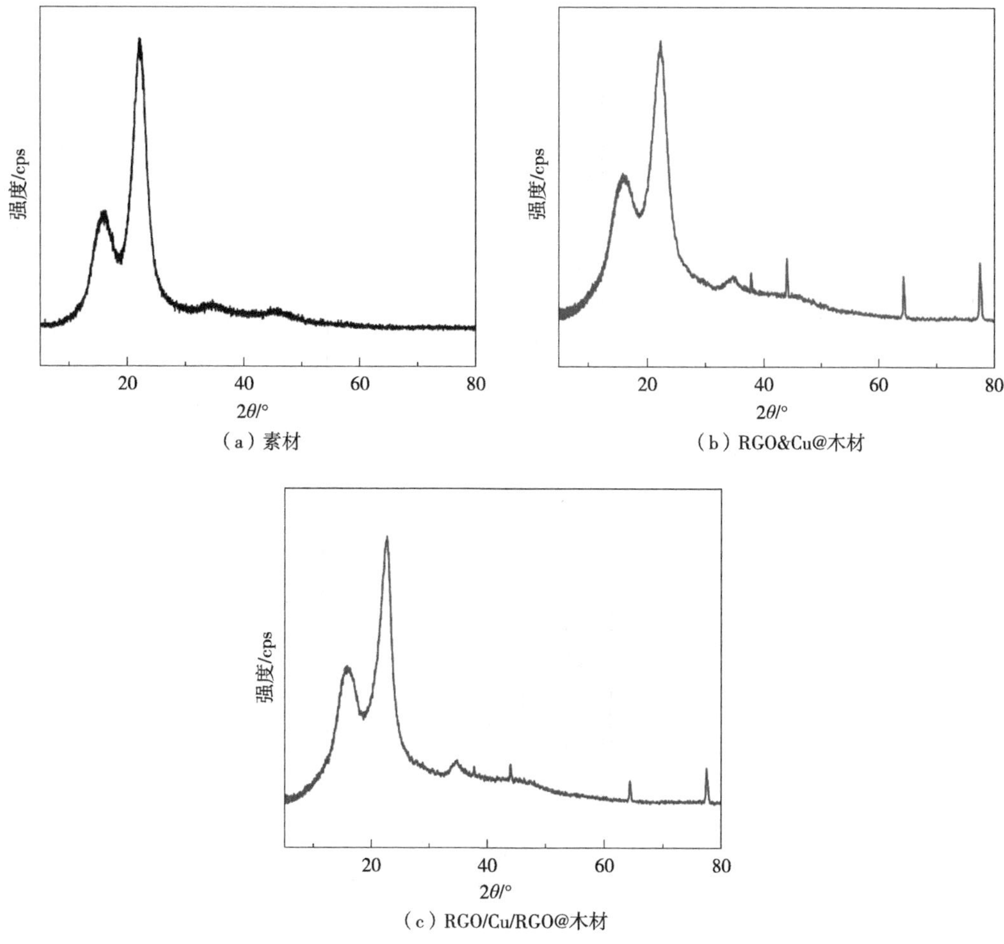

（a）素材
（b）RGO&Cu@木材
（c）RGO/Cu/RGO@木材

图 8-20　素材、rGO&Cu@木材、rGO/Cu/rGO@木材 XRD 分析图

间引入的铜金属颗粒可填充细小孔洞且防止厚度上的堆叠，从而优化了木材内部的导电网络，降低电阻值，提升导电效果。不同试样在木材 3 个方向上的电阻值均呈现出纵向最小，这和木材的生长即木材自身的轴向管道结构有关。此外还呈现径向电阻值小于弦向电阻值，这是由于射线细胞的存在使径向导电网络更连通。

8.3.3.6　导热性能分析

导热系数是反映物质热传递能力大小的物理量，导温系数则是表示物体表面温度快速趋于一致的物理量。不同试样的导热系数与导温系数如图 8-22 所示，导热系数越大表明试样的传热效果越好，试样的传热效果呈现为：rGO/Cu/rGO@木材[0.231 W/(m·K)]>rGO&Cu@木材[0.223 W/(m·K)]>Cu@木材[0.205 W/(m·K)]>rGO@木材(3.0 mg)[0.200 W/(m·K)]>rGO@木材(1.5 mg)[0.187 W/(m·K)]；导温系数越大表明试样表面的温度均匀度越好，试样表面温度均匀度从高到低依次是：rGO/Cu/rGO@木材(0.324

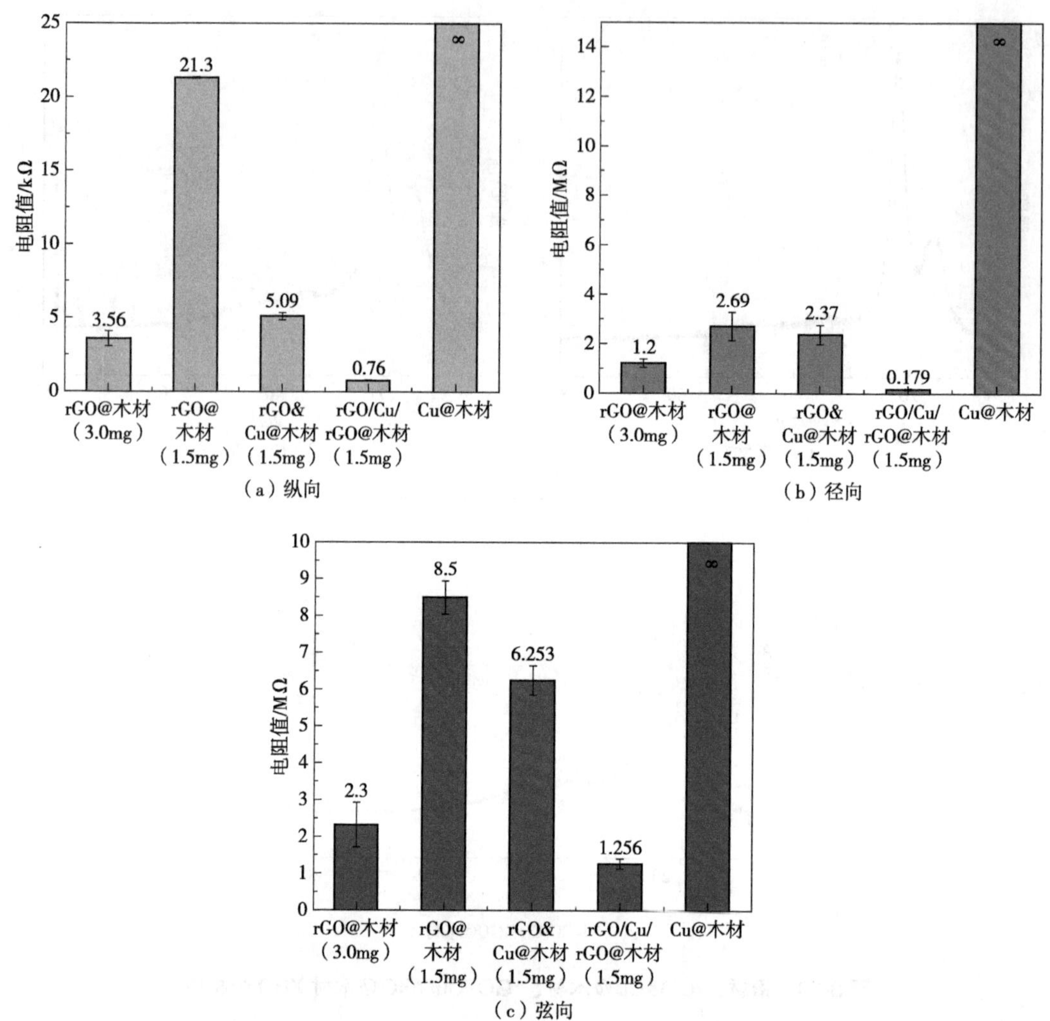

图 8-21　不同试样 3 个方向的导电性能图

mm^2/s）、rGO&Cu@木材（0.303 mm^2/s）、Cu@木材（0.302 mm^2/s）、rGO@木材（3.0 mg）（0.269 mm^2/s）、rGO@木材（1.5 mg）（0.241 mm^2/s），这是由于 8.3.3.5 中导电网络得到优化，导热网络又与其相同，所以导热性能提高且温度均匀度也得到改善。添加铜金属颗粒的导热性能贡献大于添加 rGO，这可能是铜颗粒与 rGO 在木材中的结构形态不同所导致的结果，当 GO 还原为 rGO 时，rGO 是二维平面的大 ππ 键结构且表面存在缺陷，在厚度方向易堆叠或产生孔洞，堆积或产生孔洞的 rGO 在厚度方向的导电传热性能变弱，而铜金属颗粒呈现球形分散在木材中不存在减弱效应，所以添加铜金属颗粒可有效改善其传热性能和表面温度均匀性。

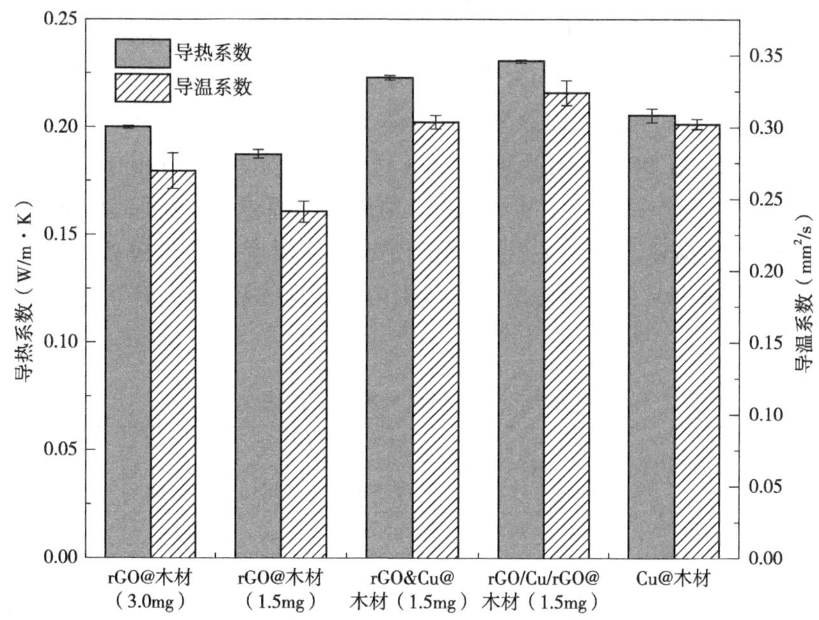

图 8-22　不同试样的导热系数与导温系数图

8.3.3.7　发热性能分析

表 8-11 为不同试样通电后表面温度情况，以 rGO@木材为例，在 30V 电压下通电 60min，试样表面最高温度只有 24.8℃；调节电压增加为 60V，通电 60min 后试样表面最高温度为 34.9℃，两种情况下材料的发热温度均低于人体体温；当电压升为 90V 后，通电 60min 试样表面最高温度可达 60.7℃。这是由于提高电压后流经木材的电流增大，故材料表面的温度升高，其余材料同理，可通过增加电压的方式提高材料表面的发热温度。当 GO 浓度翻倍变为 3.0mg/mL 时，30V、60V 及 90V 电压下对应的表面最高温度分别为 26.7℃、51.2℃和 100.7℃，比 rGO@木材分别提高了 7.7%、46.7%、65.9%。这是由于增加浓度降低了材料的电阻，相同条件下材料的载流子浓度增大，其电阻值减小从而提升电热材料的发热性能。

为进一步提高电热材料的发热性能，将铜颗粒与 rGO 以共混的形式加入木材，得到 rGO&Cu@木材电热材料，其在 30V、60V、90V 电压下通电 5min 表面温度分别为 30.4℃、40.2℃和 89.2℃，比 rGO@木材(3.0mg)分别提高了 35.3%、28.0%、36.1%，这归功于铜颗粒对导电、导热网络的贡献。由 8.3.3.5 可知，掺入铜颗粒后材料电阻值降低，又因为 $P=U^2/R$，当电压一定时，电阻值减小，则总功率增大，电热功率也增大，材料表面温度升高。其在 30V 电压下通电 60min 材料表面最高温度可达 49.7℃，在 60V 电压下通电 24min 材料表面温度可达 102.0℃，在 90V 电压下通电 7min 材料表面温度可达 103.7℃。相同电压下提高表面发热温度的同时也提高了升温速率。

为实现电热材料快速发热的效果，将铜颗粒与 rGO 以分次的形式加入木材，制备出 rGO/Cu/rGO@木材电热材料，其在 30V、60V、90V 电压下通电 5min，表面温度分别为 30.6℃、64.0℃和 110.1℃，比 rGO@木材(3.0mg)分别提高了 36.2%、103.8%、79.3%。在 30V 电压下通电 60min 材料表面最高温度可达 55.1℃，在 60V 电压下通电 19min 材料表面温度可达 106.7℃，在 90V 电压下通电 5min 材料表面温度可达 110.1℃。这是由于铜颗粒和 rGO 双网络的协同作用改善了导电网络，电阻值大幅减小，又因为 $P=U^2/R$，同上可得这种相互补偿机制构建了快速发热基体，使其表面温度进一步提高。此外，rGO/Cu/rGO@木材电热材料在 30V 的人体安全电压范围内，通电 5min 温度升高 10.6℃，15min 温度可升高 23.0℃。

表 8-11　试样通电后表面温度情况

试样	电压/V	对应通电时间下表面温度/℃					最高温度/℃
		0min	5min	10min	15min	20min	
rGO@木材	30	20.0	20.9	22.2	23.0	23.4	24.8
	60	20.0	25.5	27.4	30.6	31.9	34.9
	90	20.0	31.0	37.9	45.3	48.8	60.7
rGO@木材(3.0mg)	30	20.0	22.3	23.8	25.0	25.4	26.7
	60	20.0	31.4	36.7	41.2	45.0	51.2
	90	20.0	61.4	87.0	100.7	—	100.7
rGO&Cu@木材	30	20.0	30.4	36.5	40.5	43.1	49.7
	60	20.0	40.2	62.4	79.3	94.0	102.0
	90	20.0	89.2	—	—	—	103.7
rGO/Cu/rGO@木材	30	20.0	30.6	37.1	43.0	45.7	55.1
	60	20.0	64.0	87.6	101.0	106.7	106.7
	90	20.0	110.1	—	—	—	110.1
Cu@木材	30	20.0	20.0	20.1	20.1	20.1	20.2
	60	20.0	20.1	20.1	20.2	20.2	20.5
	90	20.0	20.1	20.2	20.2	20.2	20.6

注：“—”表示没有通电，因温度数值超过 100℃，故停止通电加压。

图 8-23 是不同试样在 30V、60V、90V 电压下的表面温度对比图，以 30V 电压下试样的表面温度变化情况为例，可将通电到断电过程分为 5 个阶段：Ⅰ为快速升温阶段，Ⅱ为升温阶段，Ⅲ为缓慢升温阶段，Ⅳ为快速降温阶段，Ⅴ为降温阶段。以 rGO@木材为例，其在 30V 电压下表面快速升温速率为 0.22℃/min(0~10min)，升温速率为 0.09℃/min(10~30min)，缓慢升温速率为 0.02℃/min(30~60min)，快速降温速率为 0.27℃/min(60~75min)，降温速率为 0.10℃/min(75~90min)。通电后的材料，在短时间内(Ⅰ阶段)升温较快，随着时间变化升温速率(Ⅱ、Ⅲ阶段)逐渐减缓；停止通电后，材料先迅速降温(Ⅳ阶段)，表面温度与周围环境温度差值不断减小，其降温速率也逐渐变小(Ⅴ阶段)，

直至表面温度趋于环境温度。功率一定的情况下，发热量等于功率与时间的乘积，即 $Q=P\mathrm{d}t$，由能量守恒定律可知，发热量又等于蓄热量和换热量之和，即 $Q=Q_{蓄}+Q_{换}=F\alpha\Delta T\mathrm{d}t+cm\mathrm{d}(\Delta T)$，故功率与时间的乘积等于蓄热量与换热量的和，即 $P\mathrm{d}t=F\alpha\Delta T\mathrm{d}t+cm\mathrm{d}(\Delta T)$；$\Delta T=T-T_0$，经整理可得出表达式 $T=T_0+\Delta T_m(1-e^{-tF\alpha/cm})$，描述了升温过程中温度随时间变化的关系。

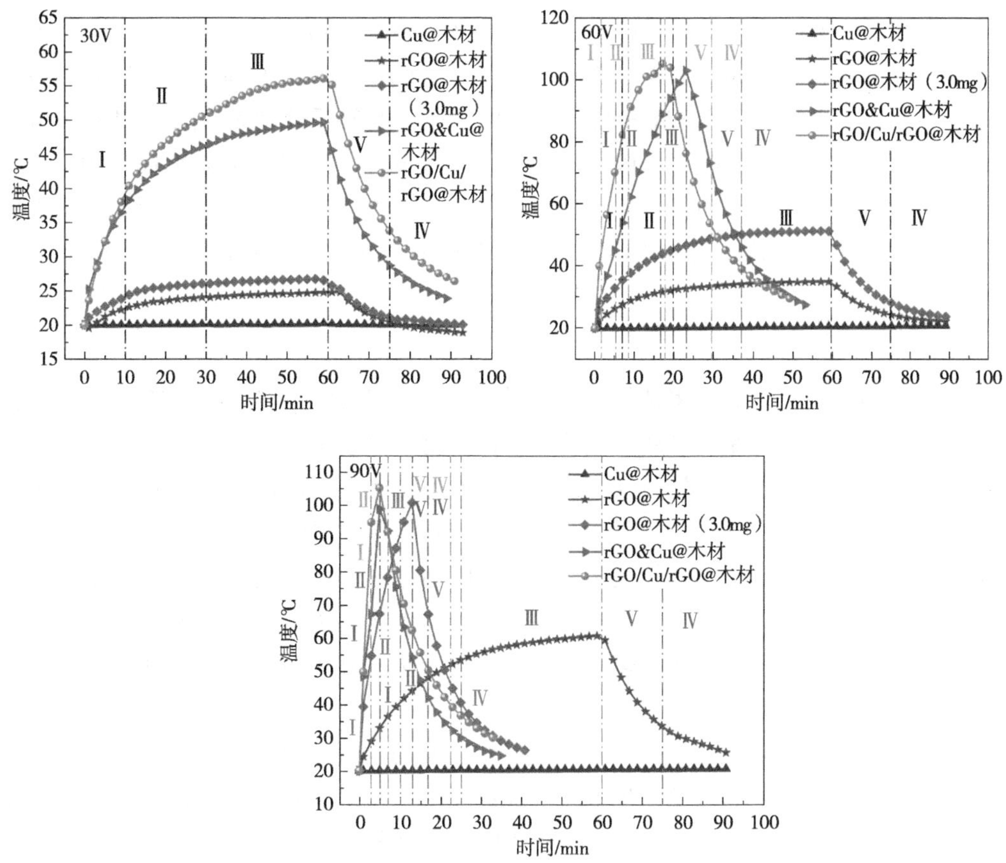

图 8-23　不同试样在 30V、60V、90V 电压下的表面温度对比图

同样以 rGO@木材为例，其在 60V 和 90V 电压下表面快速升温速率分别提升到 1.01℃/min(0~7min) 和 1.93℃/min(0~10min)，升温速率分别提升到 0.39℃/min(7~20min) 和 0.90℃/min(10~25min)，缓慢升温速率分别为 0.07℃/min(20~60min) 和 0.23℃/min(25~60min)，快速降温速率分别为 0.69℃/min(60~75min) 和 1.80℃/min(60~75min)，降温速率分别为 0.16℃/min(75~90min) 和 0.51℃/min(75~90min)。这表明外加电压增大，升温速率变快，所达到的表面最高温度提高。这是因为 $P=U^2/R$，当材料相同电阻值不变时，电压增大，则电热功率增大，材料升温加快。

此外，当电压不变，改变材料减小其电阻值，同样可达到提高升温速率的效果，故

rGO@木材(3.0mg)在30V、60V和90V的电压下表面快速升温速率分别提高为0.38℃/min(0~10min)、2.04℃/min(0~7min)和9.16℃/min(0~3min)，升温速率分别提高为0.11℃/min(10~30min)、0.82℃/min(7~20min)和6.42℃/min(3~7min)，缓慢升温速率分别提高为0.02℃/min(30~60min)、0.16℃/min(20~60min)和3.94℃/min(7~14min)；rGO&Cu@木材在30V、60V和90V的电压下表面快速升温速率分别提高为1.65℃/min(0~10min)、5.00℃/min(0~6min)和13.83℃/min(0~5min)，升温速率分别提高为0.49℃/min(10~30min)、3.66℃/min(6~18min)和9.66℃/min(5~6min)，缓慢升温速率分别提高为0.02℃/min(30~60min)、2.18℃/min(18~24min)和4.84℃/min(6~7min)；rGO/Cu/rGO@木材在30V、60V和90V的电压下表面快速升温速率分别提高到1.81℃/min(0~10min)、10.0℃/min(0~2min)和19.73℃/min(0~3min)，升温速率分别提高到0.64℃/min(10~30min)、6.80℃/min(2~9min)和15.70℃/min(3~4min)，缓慢升温速率分别提高到0.19℃/min(30~60min)、1.91℃/min(9~19min)和15.25℃/min(4~5min)。

8.3.4 发热机理

目前电加热领域主要有电阻加热、电磁感应加热、红外线加热、电弧加热、电子束加热和介质加热。电阻加热是指利用电流流过导体，物体产生了焦耳效应从而形成加热的过程。电磁感应加热是指把电能转化为磁能，物体通过磁能变化而产生感应电流，通过热效应使物体发热的过程。红外线加热是指利用红外线辐射使物体吸收红外线后，将红外线辐射能转化为热能的过程。电弧加热是指两个电极间通过气体放电现象，产生电流很大的电弧从而加热物体的过程。电子束加热是指利用电场作用让高速运转的电子不断轰击物体表面，使物体被加热的过程。介质加热是指绝缘的电介质材料在高频电场下内部形成等量极性相反电荷，从而把电能转化为热能的过程。

本试验是在木材内部原位生成rGO和铜颗粒，从而构建导电、导热网络和提高导热系数，再通过加压的方式使其内部产生电流形成焦耳热，属于电阻加热的类型。在热传输过程中声子发生散射，其主要通过声子与声子之间，声子与界面和杂质晶格缺陷间发生碰撞而产生，声子的散射充当材料的热阻，热量沿声子的散射路径进行传递。声子是材料晶格振动产生能量的一种量化形式，并不是实际存在于材料中的物质。在素材中声子发生散射，其传热性能较低，而rGO@木材中生成的rGO是良好的导电、导热物质，提高了材料的传热性能，铜颗粒的引入又优化了rGO的导电、导热网络，给声子提供了高速传播通道，其中rGO/Cu/rGO@木材的导电导热网络在各方向连接紧密且通畅，使rGO/Cu/rGO@木材传热效率大幅提高，能将电能转化的热能高效地传递出去，最终通电后的表面温度更高，如图8-24所示。

通过上述分析可知，本试验将制备的分散液导入木材内部，通过先浸渍还原剂再热压的还原方式分别得到rGO@木材、Cu&rGO@木材和rGO/Cu/rGO@木材电热材料。

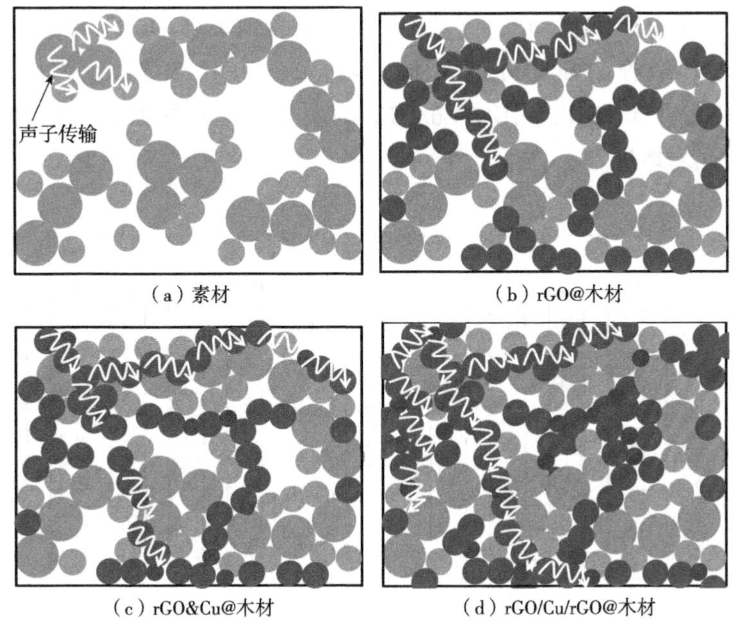

图 8-24 热传输示意图

8.3.5 基于石墨烯@木材电热材料应用的力学性能及稳定性

木材因其具有储蓄量大、可再生、强重比高的特点被广泛使用，用其加工制作的木制品视觉上能带给人们柔和舒适感，且具有很强的亲肤感，深受人们喜爱。随着人们生活质量的提升，木地板因其脚感舒适和静音性强等优势逐渐脱颖而出，越来越多的家庭在家装时选择木地板。为加强石墨烯@木材电热材料应用，响应国家"低碳减排"减少煤炭供暖，用电加热采暖取代传统锅炉供暖的号召，将石墨烯@木材电热材料应用于电发热木地板，本部分研究的木材由于引入 rGO 而使石墨烯@木材电热材料颜色变深。此外，石墨烯受热时会发出远红外波，这种波长在人体能吸收的红外波范围内，人体吸收后利于人的身体健康。因此，在木材拥有电热性能的基础上，我们又对其力学性能与稳定性进行了验证测试。

8.3.5.1 试验结果与分析

(1)力学性能分析

如图 8-25 所示，rGO/Cu/rGO@木材电热材料的抗弯强度与抗弯弹性强度总体较为平稳，其中，静曲强度的变异系数为 7.40%，弹性模量的变异系数为 3.05%。静曲强度与弹性模量的均值分别为 92MPa 和 13289MPa。目前，我国木地板主要有实木、强化、实木复合、竹材和软木木地板。《浸渍纸层压纸木地板》(GB/T 18012-2007)对于强化木地板国标要求静曲强度大于 35.0MPa，《实木复合地板》(GB/T 18013-2013)对于实木复合地板国标要求静曲强度大于 30MPa、弹性模量大于 4000MPa，而在国际标准中要求静曲强度大于 45.1MPa、弹性模量大于 4910 MPa，《结构用竹木复合地板》(GB/T 21128-2007)对于竹木地板要求 A、B、C 级静曲强度分别大于 90MPa、60MPa、30MPa，弹性模量分别大于 9000MPa、6000MPa、3000MPa。rGO/Cu/rGO@木材电热材料的强度达到国家与国际标准要求，可用作发热木地板。

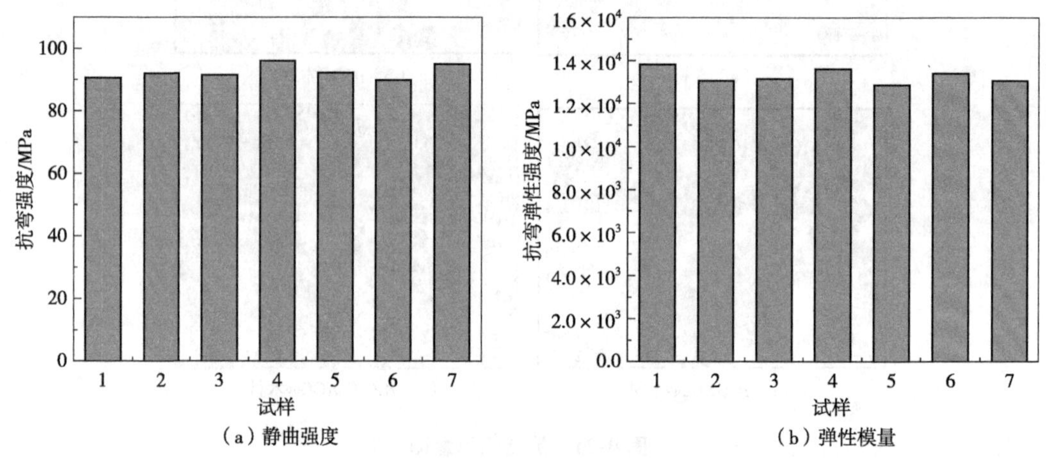

(a) 静曲强度　　(b) 弹性模量

图 8-25　力学性能分析图

(2)吸湿稳定性分析

如图 8-26 所示，rGO/Cu/rGO@木材电热材料从气干到全干的径向、弦向和体积吸湿膨胀率均值分别为 3.16%、0.52%和 3.59%；其从气干到吸水稳定的径向、弦向和体积吸湿膨胀率均值分别为 18.76%、1.95%和 44.03%。其径向吸湿性大于弦向，这是由于经热压还原后 rGO/Cu/rGO@木材，其厚度由 30mm 变为 15mm，吸湿后出现回弹现象，所以径向吸湿性较弦向大。

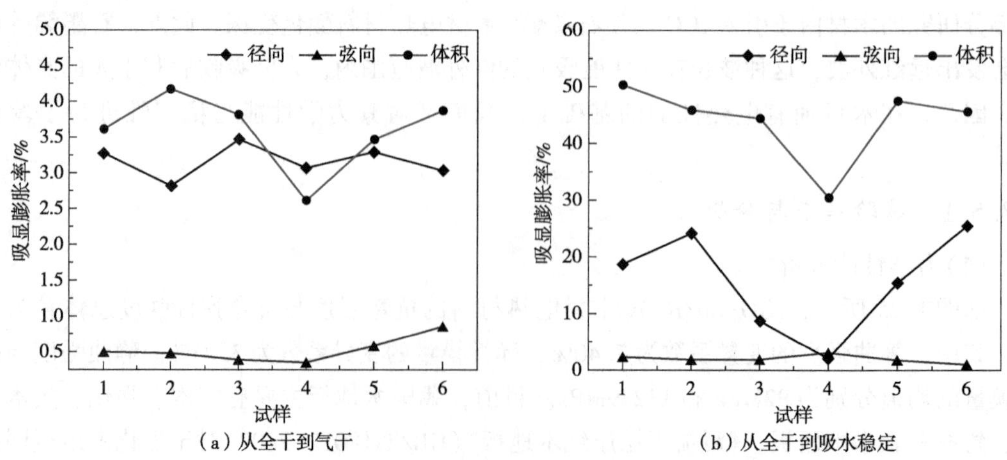

(a) 从全干到气干　　(b) 从全干到吸水稳定

图 8-26　吸湿尺寸稳定性分析图

(3)耐热稳定性分析

如图 8-27 所示，rGO/Cu/rGO@木材电热材料在 80℃下径向、弦向和纵向的变化率均值分别为 2.85%、0.87%和 0.16%。其耐热稳定性横向变化规律与吸湿性一致，均呈现出径向大于弦向的规律，是因为耐热检测前需对试样进行调湿处理，调湿处理后径向吸湿回弹性大于弦向吸湿回弹性，故试样在 80℃下径向的变化量大于弦向。

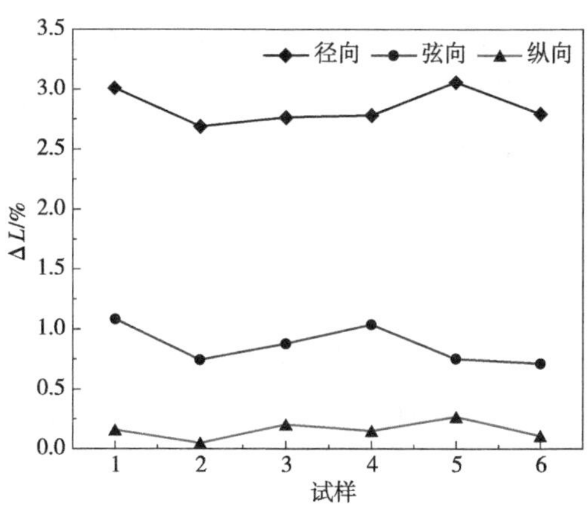

图 8-27　耐热尺寸稳定性分析图

8.4　本章小结

(1)采用冷冻-水煮处理与微波-水煮处理分别得到基质模板 1 与基质模板 2，其中中孔占比和比表面积均提高，中孔占比分别为 64.1%和 63.6%，多点 BET 比表面积分别为 1.112 m^2/g 和 1.279 m^2/g。纵向渗透性检测表明，杨木素材的纵向渗透性为 $0.710\times10^{-11}m^3/m$，基质模板 1 为 $1.542\times10^{-11}m^3/m$，较素材提高 2.2 倍，基质模板 2 为 $2.443\times10^{-11}m^3/m$，较素材提高 3.4 倍，且方差分析表明，基质模板 1 与基质模板 2 的纵向渗透性差异并不显著。素材、基质模板 1、基质模板 2 浸渍水的增重率分别为 1.41%、1.45%、1.47%；浸渍 GO 溶液的增重率分别为 1.26%、1.40%、1.43%。以导电性为重要衡量指标，结果表明：基质模板 1 的 3 个方向电阻值最小，纵向电阻值为 0.078kΩ、弦向电阻值为 0.110 MΩ、径向电阻值为 0.804 MΩ。同时结合显微镜观察发现，基质模板 1 中 rGO 更为连续。综合分析可知，采用冷冻-水煮处理的方式可得到介孔结构丰富且通道较为连续的基质模板。

(2)采用改进 Hummers 法成功制备了 GO 分散液，并以 GO：硫酸铜=3：4，硫酸铜：柠檬酸=2：5，硼酸：柠檬酸=3：2，硫酸铜：硫酸镍=80：9 的比例配制得到 GO&$CuSO_4$ 分散液。通过 XDR、FTIR 和粒径分析可知：石墨被成功插层氧化为 GO；GO&$CuSO_4$分散液中没有发生化学反应，只存在吸电效应；GO 分散液平均粒径为 105.7nm，GO&$CuSO_4$分散液平均粒径为 122.4nm，两种分散液均可与木材孔隙相匹配，进入木材内部。

(3)利用真空浸渍的方式将分散液导入木材内部，再通过先浸渍还原剂再热压的还原方式分别得到rGO@木材、rGO&Cu@木材、rGO/Cu/rGO@木材3种电热材料。rGO@木材电热材料中rGO以膜的形式分布其中，rGO&Cu@木材电热材料管道中存在rGO膜和少量金属铜颗粒，rGO/Cu/rGO@木材电热材料中分布着大量膜状或片层结构rGO，在rGO上、下部均存在部分金属铜颗粒。FTIR分析可知，rGO@木材与rGO/Cu/rGO@木材基体内形成了氢键，rGO@木材、Cu&rGO@木材与rGO/Cu/rGO@木材中rGO与木材间均有酯键生成。

(4)利用XPS分析探究了GO在木材中的还原程度，还原后rGO@木材的X_0/X_C由还原前的0.79降为0.59。还原过程并没有将GO表面所有含氧官能团有效去除，还原过程含氧官能团主要有以下变化：①$H_2PO_2^-$通过取代和热消除反应使GO中的C-O-C转变为$H_2O(g)$和C=C，使O-C-O减少。②C-OH与C-O-C作用形成C=O，使C=O增多。③在②中开环反应醇羟基与羧酸形成的酯羰基和酚羟基，使C-O和C-OH增多。

(5)金属铜颗粒的引入修复了木材内部rGO的导电、导热网络，体现出两种不同形态物质的协同效应。电热材料电阻大小呈现出rGO/Cu/rGO@木材(1.5mg)<rGO&Cu@木材(1.5mg)<rGO@木材(3.0mg)<rGO@木材(1.5mg)的规律，其中rGO/Cu/rGO@木材(1.5mg)电热材料的导电性能最好，其弦向、径向、纵向3个方向的电阻值分别为1.26MΩ、0.18MΩ、0.76kΩ。电热材料传热效果为：rGO/Cu/rGO@木材(0.231W/m·k)>rGO&Cu@木材[0.223W/(m·K)]>rGO@木材(3.0mg)[0.200W/(m·K)]>rGO@木材[1.5mg)(0.187W/(m·K)]。

(6)rGO@木材电热材料在30V、60V、90V电压下通电5min，表面温度分别为20.9℃、25.5℃、31.0℃；rGO@木材(3.0mg)电热材料分别为22.3℃、31.4℃、61.4℃；rGO&Cu@木材电热材料分别为30.4℃、40.2℃、89.2℃，比rGO@木材(3.0mg)分别提高了35.3%、28.0%、36.1%；rGO/Cu/rGO@木材电热材料分别为30.6℃、64.0℃、110.1℃，比rGO@木材(3.0mg)分别提高了36.2%、103.8%、79.3%。

(7)rGO/Cu/rGO@木材电热材料从气干到全干的径向、弦向和体积吸湿膨胀率分别为3.16%、0.52%和3.59%，从气干到吸水稳定的径向、弦向和体积吸湿膨胀率分别为18.76%、1.95%和44.03%，80℃下径向、弦向和纵向的收缩变化率分别为2.85%、0.87%和0.16%，静曲强度和弹性模量分别为92MPa和13289MPa，rGO/Cu/rGO@木材具有环保、强度高的特点，有望做家庭电采暖的电热地板。

参考文献

[1]柴媛，傅峰，梁善庆．木基金属功能复合材料研究进展［J］. 北京林业大学学报，2019，41(3)：151-160.

[2]HAN X，YIN Y，ZHANG，Q Q，et al. Improved wood properties via two-step grafting with itaconic acid(IA) and nano-SiO_2［J］. Holzforschung，2018，72(6)：499-506.

[3]SUN X F，HE M J，LI Z. Novel engineered wood and bamboo composites for structural applications：State-of-art of manufacturing technology and mechanical performance evaluation［J］. Construction and Building Materials，2020，249(20)：118751(1-21).

[4]AMIR M B，MOHAMMAD R R V，SOLTANI Z，et al. Design and improvement of a simple and easy-to-use gamma-ray densitometer for application in wood industry［J］. Measurement，2019，138：157-161.

[5]朱光前，申伟. 世界木材资源及中国木材市场前景[J]中国人造板，2022，29(7)：36-40.

[6]陈水合．原木进口数量和价格大跌产品出口全面减少：上半年我国木材及制品对外贸易形势[J]. 国际木业，2019，49(5)：36-37.

[7]杨永贵．人工林现状与近自然经营途径分析［J］. 林业勘查设计，2020，49(3)：67-68，74.

[8]RAMAGE M H，BURRIDGE H，Busse-Wicher M，et al. The wood from the trees：The use of timber in construction［J］. Renewable and Sustainable Energy Reviews，2017，68：333-359.

[9]周贤武．C_3H 和 HCT 下调转基因杨树木材细胞壁结构与性能研究［D］. 北京：中国林业科学研究院，2018.

[10]KARINKANTA P，ÄMMÄLÄ A，ILLIKAINEN M，et al. Fine grinding of wood-Overview from wood breakage to applications［J］. Biomass and Bioenergy，2018，113：31-44.

[11]毛传伟，闫雪．我国阔叶木材市场现状及发展趋势分析［J］. 国际木业，2019，49(2)：25-27.

[12]周淼，李腾，丁旭．基于森林生态系统价值与可持续发展研究［J］. 现代园艺，2020，43(07)：58-60.

[13]尚健雄，胡进波，苌姗姗，等．基于 CONE 的速生人工林杨树木材热释放特性研究［J］. 林产工业，2020，57(6)：7-11+22.

[14]XIA Y，LI R，CHEN R S，et al. 3D architectured graphene/ metal oxide hybrids for gas sensors：a review［J］. Sensors，2018，18(5)：1456-1477.

[15]DONG Y，ZHANG W，HUGHES M，et al. Various polymeric monomers derived from renewable rosin for the modification of fast-growing poplar wood［J］. Composites Part B：Engineering，2019，174：106902(1-8).

[16]YADDANAPUDI H S，HICKERSON N，SAINI S，et al. Fabrication and characterization of transparent wood

for next generation smart building applications [J]. Vacuum, 2017, 146: 649-654.

[17]王娱，王天龙．真空浸渍工艺对速生杨木改性材力学性能的影响 [J]. 东北林业大学学报，2019，47(6)：53-56.

[18]WANG T P, ZHANG R H, PENG Y N. Pyrolysis characteristic changes of poplar wood during natural decay [J]. Journal of Analytical and Applied Pyrolysis, 2017, 128: 257-260.

[19]WANG X Q, YU Z M, ZHANG, Y, et al. Evaluation of ultrasonic-assisted dyeing properties of fast-growing poplar wood treated by reactive dye based on grey system theory analysis [J]. Journal of Wood Science, 2018, 64(6): 861-871.

[20]张双燕，周洪杰，张振，等．炭化杨木耐热、耐湿及导热稳定性能的研究 [J]. 安徽林业科技，2018，44(1)：15-17，23.

[21]KOCHEVA L S, KARMANOV A P, LUTOEV V P, et al. Structural and Chemical Features of Organic Matter in Carbonized Wood of the Devonian and Jurassic Periods [J]. Doklady Earth Sciences, 2019, 486: 634-637.

[22]张峰铭．超高压处理对杨木物理力学特性的影响研究[D]. 杭州：浙江大学，2018.

[23]SONG H, XU S M, LI Y J, et al. Hierarchically Porous, Ultrathick, "Breathable" Wood-Derived Cathode for Lithium-Oxygen Batteries [J]. Advanced Energy Materials, 2018, 8: 1701203.

[24]ZHU M, LI T, DAVIS C S, et al. Transparent and haze wood composites for highly efficient broadband light management in solar cells [J]. Nano Energy, 2016, 26: 332-339.

[25]LI T, ZHU M, YANG Z, et al. Wood Composite as an Energy Efficient Building Material: Guided Sunlight Transmittance and Effective Thermal Insulation [J]. Advanced Energy Materials, 2016, 6: 1601122.

[26]XIA Q, CHEN C, LI T, et al. Solar-assisted fabrication of large-scale, patternable transparent wood [J]. Science Advances, 2021, 7, eabd7342.

[27]CHAO W, WANG S, LI Y D, et al. Natural sponge-like wood-derived aerogel for solar-assisted adsorption and recovery of high-viscous crude oil [J]. Chemical Engineering Journal, 2020, 400: 125865.

[28]ŁUKAWSKIO D, DUDKOWIAK A, Janczak D, et al. Preparation and applications of electrically conductive wood layered composites [J]. Composites Part A, 2019, 127: 105656(1-11).

[29]ZHU H, LUO W, PETER N, et al. Wood-Derived Materials for Green Electronics, Biological Devices, and Energy Applications [J]. Chemical Reviews, 2016, 116(16): 9305-9374.

[30]DINH T, NGUYEN T, PHAN H P, et al. Advances in Rational Design and Materials of High-Performance Stretchable Electromechanical Sensors [J]. Small, 2020: 1905707(1-25).

[31]YAN W, SHEN N, XIAO Y, et al. The role of conductive materials in the start-up period of thermophilic anaerobic system [J]. Bioresource Technology, 2017, 239: 336-344.

[32]刘爱胜．导电高分子材料研究现状及发展趋势 [J]. 中国石油和化工标准与质量，2019，39(3)：17-18.

[33] LINSS V. Challenges in the industrial deposition of transparent conductive oxide materials by reactive magnetron sputtering from rotatable targets [J]. Thin Solid Films, 2017, 634: 149-154.

[34]SIVAKUMAR D, NG L F, ZALANI N F M, et al. Influence of kenaf fabric on the tensile performance of environmentally sustainable fibre metal laminates [J]. Alexandria Engineering Journal, 2018, 57: 4003-4008.

[35]SHI S, XU C, WANG X, et al. Electrospinning fabrication of flexible Fe_3O_4 fibers by solgel method with high saturation magnetization for heavy metal adsorption [J]. Materials & Design, 2020, 186: 108298(1-11).

[36]LIU G, SONG W D, WANG J Z, et al. The effects of high temperature and fiber diameter on the quasi static compressive behavior of metal fiber sintered sheets [J]. Materials Science and Engineering: A, 2017, 690: 71-79.

[37]ZHOU F X, ZHUANG D W, LU T H, et al. Observation and modeling of droplet shape on metal fiber with gravity effect [J]. International Journal of Heat and Mass Transfer, 2020, 161: 120294(1-14).

[38]MOOSBURGER-Will J, LACHNER E, Löffler M, et al. Adhesion of carbon fibers to amine hardened epoxy resin: Influence of ammonia plasma functionalization of carbon fibers [J]. Applied Surface Science, 2018, 453: 141-152.

[39]PAN L, LIU Z H, KıZıLTAS O, et al. Carbon fiber/poly ether ether ketone composites modified with graphene for electro-thermal deicing applications [J]. Composites Science and Technology, 2020, 192: 108117(1-10).

[40]余正萍. 多壁碳纳米管/聚乙烯醇复合材料电磁屏蔽性能研究 [J]. 化工新型材料, 2020, 48(3): 55-59.

[41]RADZUAN N A M, ZAKARIA M Y, SULONG A B, et al. The effect of milled carbon fibre filler on electrical conductivity in highly conductive polymer composites [J]. Composites Part B: Engineering, 2017, 110: 153-160.

[42]WEST J. Extractable global resources and the future availability of metal stocks: "Known Unknowns" for the foreseeable future [J]. Resources Policy, 2020, 65: 101574(1-7).

[43]GERGELY N V, GUY A. E. Building materials and electromagnetic radiation: The role of material and shape [J]. Journal of Building Engineering, 2016, 5: 96-103.

[44] KOSTIC S, MERK V, BERG J K, et al. Timber-mortar composites: The effect of sol-gel surface modification on the wood-adhesive interface [J]. Composite Structures, 2018, 201: 828-833.

[45]杨蕊, 曹清华, 梅长彤, 等. 高孔隙率三维结构木材构建功能复合材料的研究进展 [J]. 复合材料学报, 2020, 37(8): 1796-1804.

[46]王成毓, 杨照林, 王鑫, 等. 木材功能化研究新进展 [J]. 林业工程学报, 2019, 4(3): 10-18.

[47]LIN Q Q, WU J Y, YU Y L, et al. Immobilization of ferric tannate on wood fibers to functionalize wood fibers/diphenylmethane di-isocyanate composites [J]. Industrial Crops and Products, 2020, 154: 112753(1-10).

[48]BOSE S, DAS C. Sawdust: From wood waste to pore-former in the fabrication of ceramic membrane [J]. Ceramics International, 2015, 41, 4070-4079.

[49]CHEN C, ZHANG Y, LI Y G, et al. Highly Conductive, Lightweight, Low-Tortuosity Carbon Frameworks as Ultrathick 3D Current Collectors [J]. Advanced Energy Materials, 2017, 7: 1700595.

[50]KODDENBERG T, ZANER M, MILITZ H. Three-Dimensional Exploration of Soft-Rot Decayed Conifer and Angiosperm Wood by X-Ray Micro-Computed Tomography [J]. Micron, 2020, 134: 102875(1-5).

[51]XU D, ZHANG Z, LIU W, et al. Nanocellulose-based conductive materials and their emerging applications in energy devices-A review [J]. Nano Energy, 2017, 35: 299-320.

[52]CHANDRA A, CHANDRA A, DHUNDHEL R S, et al. Synthesis and ion conduction mechanism of a new

sodiumion conducting solid polymer electrolytes [J]. Materials Today: Proceedings, 2020, 33(8): 5081-5084.

[53]KUMAR N, MULEY P D, BOLDOR D, et al. Pretreatment of waste biomass in deep eutectic solvents: Conductive heating versus microwave heating [J]. Industrial Crops and Products, 2019, 142: 111865(1-8).

[54]F GRACA M PEDRO, RUDNITSKAYA A, FARIAF A C, et al. Electrochemical impedance study of the lignin-derived conducting polymer [J]. Electrochimica Acta, 2016, 76: 69-76.

[55]长泽长八郎, 雄谷八百三. Niめっき木片を用いた木质系电磁波シールド材 [J]. 木材学会志, 1989, 35(12): 1092-1099.

[56]王丽. 木材表面化学镀镍基三元合金的研究[D]. 哈尔滨: 东北林业大学, 2015.

[57]贾晋. 木材表面化学镀铜/镀镍及其组织性能研究 [D]. 呼和浩特: 内蒙古农业大学, 2011.

[58]朱家琪, 罗朝晖, 黄泽恩. 金属网与木单板的复合 [J]. 木材工业, 2001, 15(3): 5-7.

[59]李景奎, 王亚男, 王若颖, 等. 磁控溅射镀铜木材单板导电性能和润湿性能 [J]. 东北林业大学学报, 2019, 47(4): 86-90.

[60]傅峰, 华毓坤. 抗静电木质复合板: ZL99217401.5[P]. 2007-07-12.

[61]徐凤娇. PVC 基木素复合材料抗静电及力学性能研究 [D]. 哈尔滨: 东北林业大学, 2016.

[62]LIN Y, CHEN J, JIANG. Wood annual ring structured elastomer composites with high thermal conduction enhancement efficiency [J]. Chemical Engineering Journal, 2020, 389: 123467(1-10).

[63]HUI B, LI J, WANG L J. Electromagnetic shielding wood-based composite from electroless plating corrosion-resistant Ni-Cu-P coatings on Fraxinus mandshurica veneer [J]. Wood Sci Technol, 2014, 48: 961-979.

[64]吕少一, 傅峰, 常焕君, 等. 柔性导电薄木的微观结构与导电性能研究 [J]. 木材工业, 2016, 30(6): 5-8.

[65]WAN C C, JIAO Y, Li J. In situ deposition of graphene nanosheets on wood surface byone-pot hydrothermal method for enhanced UV-resistant ability [J]. Applied Surface Science, 2015, 347: 891-897

[66]李树森, 陈强, 张岩. 木材金属接触式叠层靶板对杆弹的抗侵彻特性 [J]. 东北林业大学学报, 2018, 46(4): 49-53.

[67]宁国艳. 金属络合物改性木材的制备及其表征 [D]. 呼和浩特: 内蒙古农业大学, 2019.

[68]肖蔚鸿. 非金属材料表面金属化的方法 [J]. 矿产保护与利用, 2004(3): 28-31.

[69]李坚, 李桂玲. 金属化木材 [J]. 中国木材, 1994(6): 19-20.

[70]傅峰, 华毓坤. 刨花板抗静电性能的研究 [J]. 木材工业, 1994, 8(3): 10-13.

[71]徐高祥, 姚晓林, 刘盛全. 低温水热法制备金属 Cu 木材复合材料及其性能研究 [J]. 化工新型材料, 2014, 42(1): 124-126.

[72]姚晓林, 徐高祥, 刘盛全. 金属镍木材复合材料的制备及性能研究 [J]. 功能材料, 2013, 13(44): 1964-1968.

[73]LOU Z C, HAN H, ZHOU M, et al. Synthesis of Magnetic Wood with Excellent and tunable electromagnetic wave-absorbing properties by a facile vacuum/pressure impregnation method [J]. ACS Sustainable chemistry& Engineering, 2017, 6(1): 1000-1008.

[74]PARK J Y, SEO S A. Performances improvement of medium density fiberboard by combining with various nonwood materials [J]. The Research Reports of the Forestry Research Institute(Korea Republic), 1993, 47: 35-48.

[75]TREY S, JAFARZADEH S. In situ polymerization of polyaniline in wood veneers [J]. Acs Appl Mater Inter-

faces, 2012, 4(3): 1760-1769.

[76]胡娜娜, 傅峰. 木材高温炭化及导电功能木炭研究进展 [J]. 世界林业研究, 2010, 23(4): 51-55.

[77]石原茂久. 新しい机能性炭素材料炭素材としての木炭の利用 [J]. 木材工业(日), 2002, 51(1): 2-7.

[78]蔡旭芳, 王永松. 木炭板与木炭粉被覆木质复合板之电磁波屏蔽效应 [J]. 林产工业(台湾), 2002, 51(1): 2-7.

[79]江京辉, 吕建雄, 任海情, 等. 动态弹性模量用于评估不同等级规格材的研究 [J]. 南京林业大学学报, 2008, 32(2): 63-66.

[80]邵千钧, 徐群芳, 范志伟, 等. 竹炭导电率及高导电率竹炭制备工艺研究 [J]. 林产化学与工业, 2002, 22(2): 54-66.

[81]吴荣兵, 肖刚, 陈冬, 等. 木质素高温炭化制备导电焦炭特性研究 [J]. 浙江大学学报(工学版), 2014, 48(10): 1752-1757.

[82]胡娜娜, 林兰英, 傅峰. 炭化温度对木质导电炭粉导电性的影响[J]. 木材加工机械, 2011, 22(3): 17-20.

[83]OHZAWA Y, CHENG X, ACHIHA T, et al. Electro-conductive porous ceramics prepared by chemical vapor infiltration of TiN [J]. J Mater Sci, 2008, 43: 2812-2817.

[84]YOUSSEF A M, MOHAMED S A, Abdel-Aziz M S, et al. Biological studies and electrical conductivity of paper sheet based onPANI/PS/Ag-NPs nanocomposite [J]. Carbohydrate Polymers, 2016, 147: 333-343

[85] FUGETSU B, SANO E, SUNADA M, et al. Electrical conductivity and electromagnetic interference shielding efficiency of carbon nanotube/cellulose composite paper [J]. Carbon, 2008, 46(9): 1256-1258

[86]TENG N Y, DALLMEYER I, KADLA J F. Incorporation of Multiwalled Carbon Nanotubes into Electrospun Softwood Kraft Lignin-Based Fibers [J]. Journal of Wood Chemistry and Technology, 2013, 33: 299-316.

[87]司慧, 鹿振友, 王立昌. 含水率对落叶松材动态弹性模量的影响 [J]. 木材加工机械, 2007(1): 16-19.

[88]БРОНЗОВ О В, 郭幼庭. 木炭的性质一、木炭的元素组成和技术指标 [J]. 生物质化学工程, 1981(8): 23-28.

[89]WANG S Y, HUNG C P. Electromagnetic shielding efficiency of the electric field of charcoal from six wood species [J]. Journal of Wood Science, 2003, 49(5): 450-454.

[90]张文标, 叶良明, 华毓坤. 竹炭导电机理的研究 [J]. 南京林业大学学报(自然科学版), 2002, 26(4): 47-50.

[91]OHZAWA Y, SUZUKI T, ACHIHA T, et al. Surface-modification of anode carbon for lithium-ion battery using chemical vapor infiltration technique [J]. Journal of Physics & Chemistry of Solids, 2010, 71(4): 654-657.

[92]DU Y C, LIU T, YU B, et al. The electromagnetic properties and microwave absorption of mesoporous carbon [J]. Materials Chemistry and physics, 2012, 135(23): 884-891.

[93]BICERANO J, OYSHINSKY S R. Chemical bond approach to the structures of chalcogenide glasses with reversible switching properties [J]. Journal of Non-Crystalline Solids, 1985, 74(1): 75-84.

[94]徐卓言. 导电纤维网络构筑及其外场响应效应研究 [D]. 郑州: 郑州大学, 2017.

[95]郭同诚. 木质反射吸收一体化电磁屏蔽材料的制备与性能研究 [D]. 呼和浩特: 内蒙古农业大学, 2017.

[96]崔升，沈晓冬，袁林生，等．电磁屏蔽和吸波材料的研究进展［J］．电子元件与材料，2005，24(1)：57-61.

[97]WU C，ZHANG S，WU W，et al. Carbon nanotubes grown on the inner wall of carbonized wood tracheids for high-performance supercapacitors［J］．Carbon，2019，150：311-318.

[98]江谷．抗静电包装材料[J]．中国包装工业，2002(101)：26-30.

[99]DETLEF K，MARCO M，et al. Method for producing coated wood fiber materiai plates［P］：Germany，PCT/EP2013/051172，2013.

[100]常德龙，谢青，胡伟华，等．磁控溅射法薄木镀膜金属工艺参数的遴选[J]．东北林业大学学报，2016，44(6)：75-78.

[101]ROESSLER A，SCHOTTENBERGER H. Antistatic coatings for wood-floorings by imidazolium salt-based ionic liquids［J］．Progress in Organic Coatings，2014，77：579-582.

[102]TAO X. Wearable electronics and photonics［J］．Wearable Electronics & Photonics，2005，3：136-154.

[103]赵玉峰．抗静电、防紫外辐射、电磁屏蔽、保健多功能织物的研究［J］．纺织科学研究，2001(2)：1-8.

[104]马玉华，罗朝晖．抗静电和电磁屏蔽木材/金属复合材料的研究进展［J］．安徽化工，2006(3)：37-39.

[105]MONDAL S，NAYAK L，RAHAMAN M，et al. An effective strategy to enhance mechanical，electrical，and electromagnetic shielding effectiveness of chlorinated polyethylene-carbon nanofiber nanocomposites［J］．Composites Part B：Engineering，2017，109：155-169.

[106]SHI C H，ZHAO J，WANG L，et al. Preparation and characterization of conductive and corrosion-resistant wood-based composite by electroless Ni-W-P plating on birch veneer［J］．Wood Science and Technology，2017，51(3)：685-698.

[107]HE W，LI J，TIAN J，et al. Characteristics and Properties of Wood/Polyaniline Electromagnetic Shielding Composites Synthesized via In Situ Polymerization［J］．Polymer Composites，2016，39(2)：537-543.

[108]GAN W，LIU Y，GAO L K，et al. Growth of $CoFe_2O_4$ particles on wood template using controlled hydrothermal method at low temperature［J］．Ceramics International，2015，41(10)：14876-14885.

[109]AL-OQLA F M，SAPUAN S M，ANWER T，et al. Natural fiber reinforced conductive polymer composites as functional materials：A review［J］．Synthetic Metals，2015，206：42-54.

[110]ZHANG Y Y，LI Y G，ZHANG K，et al. Research and Development of High Temperature Electrothermal Materials［J］．Advanced Materials Research，2011，1453(339)：17-22.

[111]杨华兴．Fe-Cr-Al 电热合金制备工艺及性能研究[D]．镇江：江苏大学，2020.

[112]彭兰清，卫建勋，陈诺，等．基于超疏水表层的石墨烯电热除冰试验研究［J］．科学技术与工程，2021，21(15)：6513-6518.

[113]陆静，陆志强．家电常用电热材料和电热元器件分析［J］．电子元器件与信息技术，2020，4(3)：27-29.

[114]高宇．CF/PPS 复合材料的金属网电阻热连接技术研究［D］．天津：中国民航大学，2020.

[115]张英杰，王维，李雪．铺设雷电金属网的 CFRP 层合板雷击损伤研究［J］．机电信息，2019(23)：97-99.

[116]尹义锋．热得快火灾痕迹试验研究［J］．山西师大体育学院学报，2011，26(S1)：158-160.

[117]张舒，叶正浩，王烨．铜波导镀银层厚度的分析与研究［J］．中国设备工程，2022(3)：129-130.

[118]朱峰．金属陶瓷发热体的制备和电阻温度系数的调控［D］．武汉：武汉理工大学，2019.

[119]ITO Y，WAKISAKA K，KADO H，et al. Substrate Purity Dependence of Heating Characteristics for Ca-Doped-$LaCrO_3$ Thin Film Electric Heaters［J］．Key Engineering Materials，2005，532(301)：171-176.

[120]YANG K，ZHOU Y Z，LIU M，et al. Performance of plasma-sprayed MoSi 2-based coating as a heating element［J］．Ceramics International，2020，46(16)：25430-25439.

[121]张旗，刘太奇．环保型炭黑基电热碳浆的制备及石墨烯对其电热性能的影响［J］．高分子材料科学与工程，2018，34(9)：160-164.

[122]PASHA A，KHASIM S. Highly conductive organic thin films of PEDOT-PSS：silver nanocomposite treated with PEG as a promising thermo-electric material［J］．Journal of Materials Science：Materials in Electronics，2020，31(2020)：1-11.

[123]段英杰．碳纤维电热丝主动融雪系统路面铺装设计与研究［J］．山西交通科技，2020(2)：55-57.

[124]LIU Y H，TANG H P，WANG X Y，et al. Characterization of Joule heating and deconsolidation behavior of continuous carbon fiber reinforced polyamide 6 composites under self-resistance electric heating［J］．Polymer Composites，2021，42(12)：1-13.

[125]张梦杰．改性 MWCNTs 增强水泥基复合材料热电性能及融冰技术研究［D］．西安：西安建筑科技大学，2020.

[126]田文祥．典型电热聚合物基复合材料的设计与热性能研究［D］．合肥：中国科学技术大学，2020.

[127]MA J，PU H，HE P，et al. Robust cellulose-carbon nanotube conductive fibers for electrical heating and humidity sensing［J］．Cellulose，2021，28(12)：7877-7891

[128]Kim H，Lee S. Electrical Heating Performance of Graphene/PLA-Based Various Types of Auxetic Patterns and Its Composite Cotton Fabric Manufactured by CFDM 3D Printer［J］．Polymers，2021，13(12)：1-13.

[129]徐霞，王飞，毛健．定向排列石墨烯/丁苯橡胶复合材料的电热性能研究［J］．电子元件与材料，2020，39(3)：23-27.

[130]XIE J，PAN W，GUO Z. Preparation of highly conductive polyurethane/polypyrrole composite film for flexible electric heater［J］．Journal of Elastomers & Plastics，2020，53(2)：1-13.

[131]CHAI Y，LIANG S，ZHOU Y，et al. Low-melting-point alloy integration into puffed wood for improving mechanical and thermal properties of wood-metal functional composites［J］．Wood Science and Technology，2020，54(2020)：1-13.

[132]GREGORY S A，MCGETTIGAN C P，MCGUINNESS E K，et al. Single-Cycle Atomic Layer Deposition on Bulk Wood Lumber for Managing Moisture Content，Mold Growth，and Thermal Conductivity［J］．Langmuir：the ACS journal of surfaces and colloids，2020，36(7)：1633-1641.

[133]WU S S，TAO X，XU W. Thermal Conductivity of Poplar Wood Veneer Impregnated with Graphene/Polyvinyl Alcohol［J］．Forests，2021，12(6)：777-792.

[134]XU H，SONG G J，ZHANG L N，et al. Preparation and performance evolution of enhancement polystyrene composites with graphene oxide/carbon nanotube hybrid aerogel：mechanical properties，electrical and thermal conductivity［J］．Polymer Testing，2021，101：107283.

[135]KIM D H，NA I Y，JANG H K，et al. Anisotropic electrical and thermal characteristics of carbon nanotube-embedded wood［J］．Cellulose，2019，26(9)：5719-5730.

[136]袁全平．木质电热复合材料的电热响应机理及性能研究［D］．北京：中国林业科学研究院，2015.

[137]袁全平，梁善庆，傅峰．碳纤维电热功能复合纤维板的制备工艺［J］．木材工业，2017，31(4)：14-18.

[138]包永洁，梁善庆，王艳伟，等．碳纤维木质电热复合地板电热性能研究［J］．竹子学报，2018，37(2)：43-48.

[139]梁善庆，李思程，柴媛，等．内置电热层实木复合地板表面温度变化规律及模拟［J］．北京林业大学学报，2018，40(11)：112-122.

[140]包永洁，黄成建，陈玉和，等．碳纤维纸木质电热复合材料面层电热效果的纵向尺寸效应［J］．复合材料学报，2020，37(12)：3214-3219.

[141]李祯，张桂兰，李博，等．木基电热材料电热性能分析及板面温度模拟［J］．中南林业科技大学学报，2018，38(11)：117-122.

[142]陶冶，储富强．石墨烯电热地板的应用［J］．中国人造板，2018，25(10)：17-21.

[143]CHEN F，GONG A S，ZHU M，et al. Mesoporous，Three-Dimensional Wood Membrane Decorated with Nanoparticles for Highly Efficient Water Treatment［J］．ACS Nano，2017，11(4)：4275-4282.

[144]CHEN C，HU L. Nanocellulose toward Advanced Energy Storage Devices：Structure and Electrochemistry［J］．Accounts of Chemical Research，2018，51：3154-3165.

[145]SONG J，CHEN C，WANG C，et al. Superflexible Wood［J］．Acs Applied Materials & Interfaces，2017，9：23520-23527.

[146]MUZAFFAR A，AHAMCD M B，DESHMUKH K，et al. A review on recent advances in hybrid supercapacitors：Design，fabrication and applications［J］．Renewable & Sustainable Energy Reviews，2019，101：123-145.

[147]ZHANG M，YANG D，LI J. Ultrasonic and NH_4+ assisted Ni foam substrate oxidation to achieve high performance MnO2 supercapacitor［J］．Applied Surface Science，2021，541：148546.

[148]BAI X L，GAO Y L，GAO Z Y，et al. Supercapacitor performance of 3D-graphene/MnO2 foam synthesized via the combination of chemical vapor deposition with hydrothermal method［J］．Applied Physics Letters，2020，117(18)：183901.

[149]YANG C，GAO Q，TIAN W，et al. Superlow load of nanosized MnO on a porous carbon matrix from wood fibre with superior lithium ion storage performance［J］．Journal of Materials Chemistry A，2014，2：19975-19982.

[150]GAO S，SUN Y，LEI F，et al. Ultrahigh Energy Density Realized by a Single-Layer beta-Co(OH)(2) All-Solid-State Asymmetric Supercapacitor［J］．Angewandte Chemie-International Edition，2014，53：12789-12793.

[151]LU W，SHEN J，ZHANG P，et al. Construction of CoO/Co-Cu-S Hierarchical Tubular Heterostructures for Hybrid Supercapacitors［J］．Angewandte Chemie-International Edition，2019，58：15441-15447.

[152]ARMAND M，TARASCON J. M. Building better batteries. Nature，2008，451：652-657.

[153]ZHANG J，SUN B，ZHAO Y，et al. Modified Tetrathiafulvalene as an Organic Conductor for Improving Performances of LiO_2 Batteries［J］．Angewandte Chemie International Edition，2017，56(29)：8505-8509.

[154]SUN B，HUANG X，CHEN S，et al. Porous graphene nanoarchitectures：an efficient catalyst for low charge-overpotential，long life，and high capacity lithium-oxygen batteries［J］．Nano Letters，2014，14(6)：3145-3152.

[155]LUO J, WANG Z, XU L, et al. Flexible and durable wood-based triboelectric nanogenerators for self-powered sensing in athletic big data analytics [J]. Nature Communications, 2019, 10(1): 1-9.

[156]UMMARTYOTIN S, MANUSPIYA H. An overview of feasibilities and challenge of conductive cellulose for rechargeable lithium based battery [J]. Renewable and Sustainable Energy Reviews, 2015, 50: 204-213.

[157]PANDEY J K, TAKAGI H, NAKAGAITO A N, et al. An overview on the cellulose based conducting composites [J]. Composites Part B: Engineering, 2012, 43(7): 2822-2826.

[158]ZHU Z D, FU S Y, LAVOINE N. Structural reconstruction strategies for the design of cellulose nanomaterials and aligned wood cellulose-based functional materials-A review [J]. Carbohydrate Polymers, 2020, 247: 116722(1-14).

[159]PYRL J, SAARINEN N, KANKARE V, et al. Variability of wood properties using airborne and terrestrial laser scanning [J]. Remote Sensing of Environment, 2019, 235: 111474(1-14).

[160]覃引鸾，卢翠香，李建章，等．不同处理方法改善桉木渗透性研究 [J]. 林产工业，2020，57(4)：10-13，24.

[161]李永峰，刘一星．木材流体渗透理论与研究方法 [J]. 林业科学，2011，47(2)：134-144.

[162]翁翔，周永东，傅峰，等．微波处理木材微观构造变化及破坏机理研究进展 [J]. 木材工业，2020，34(02)：24-28.

[163]MACHMUDAH S, WICAKSONO D T, HAPPY M, et al. Water removal from wood biomass by liquefied dimethyl ether for enhancing heating value [J]. Energy Reports, 2020, 6: 824-831.

[164]曹金珍．木材保护剂分散体系及其液体渗透性研究概述 [J]. 林业工程学报，2019，4(3)：1-9.

[165]罗朋朋，斯泽泽，程若愚．前处理与后处理对木材糠醇浸渍中可渗透性的影响[J]. 安徽农业科学，2016，44(4)：224-226，240.

[166]毛逸群，徐伟，詹先旭．微波预处理对杨木渗透性的影响 [J]. 林产工业，2020，57(5)：7-10，20.

[167]CHEN L, SONG N, SHI L, et al. Anisotropic thermally conductive composite with wood-derived carbon scaffolds [J]. Composites Part A: Applied Science and Manufacturing, 2018, 112: 18-24.

[168]LI J, ZHANG A, ZHANG S, et al. High-performance imitation precious wood from low-cost poplar wood via high-rate permeability of phenolic resins [J]. Journal of Vinyl and Additive Technology, 2018, 39(7): 2431-2440.

[169]TIWARI S K, SAHOO S, WANG N N, et al. Graphene Research and their Outputs: Status and Prospect [J]. Journal of Science: Advanced Materials and Devices, 2020, 5(1): 10-29.

[170]IVANOSKA DACIKJ A, BOGOEVA GACEVA G, KRUMME A, et al. Biodegradable polyurethane/ graphene oxide scaffolds for soft tissue engineering: in vivo behavior assessment [J]. International Journal of Polymeric Materials and Polymeric Biomaterials, 2020, 69(17): 1101-1111.

[171]姚文乾，孙健哲，陈建毅，等．二维平面和范德华异质结的可控制备与光电应用 [J]. 物理学报，2021，70(2)：180-198.

[172]ZHU C C, HUANG Y X, TAO L Q. Graphene oxide humidity sensor with laser-induced graphene porous electrodes [J]. Sensors and Actuators: B. Chemical, 2020, 325: 128790.

[173]YU H T, ZHANG B W, BULIN C K, et al. High-efficient Synthesis of Graphene Oxide Based on Improved Hummers Method [J]. Scientific Reports, 2016, 6(1): 36143(1-7).

[174]ARSHAD A, JABBAL M, YAN Y, et al. A Review on Graphene based Nanofluids: Preparation, Characterization and Applications [J]. Journal of Molecular Liquids, 2019, 2791: 444-484.

[175]TIAN J, WU S, YIN X, et al. Novel preparation of hydrophilic graphene/graphene oxide nanosheets forsupercapacitor electrode [J]. Applied Surface Science, 2019, 496: 143696(1-11).

[176]ZHU M, LI T, DAVIS C S, et al. Transparent and haze wood composites for highly efficient broadband light management in solar cells [J]. Nano Energy, 2016, 26: 332-339.

[177]CHO K M, SO Y J, CHOI S E. Highly conductive polyimide nanocomposite prepared using a graphene oxide liquid crystal scaffold [J]. Carbon, 2020, 169: 155-162.

[178]LIU F Y, DONG Y B, SHI R K, et al. Continuous graphene fibers prepared by liquid crystal spinning as strain sensors for Monitoring Vital Signs [J]. Materials Today Communications, 2020, 24: 100909(1-9).

[179]SHAMAILA S, SSJJAD A K L, IQBAL A. Modifications in development of graphene oxide synthetic routes [J]. Chemical Engineering Journal, 2016, 294: 458-477.

[180]MOHAMADI M, KOWSARI E, Haddadi-Asl V, et al. Highly-efficient microwave absorptivity in reduced graphene oxide modified with PTA@ imidazolium based dicationic ionic liquid and fluorine atom [J]. 2020, 188: 107960(1-9).

[181]HAN B, GAO Y Y, ZHANG Y L, et al. Multi-field-coupling energy conversion for flexible manipulation of graphene-based soft robots [J]. Nano Energy, 2020, 104578(1-40).

[182]宋少花，宋晓乔，冯一舟，等．氧化石墨烯的改良制备及吸附性能研究［J］．节能，2020，39(2)：152-154.

[183]HE P, ZHOU J, TANG H X, et al. Electrochemically modified graphite for fast preparation of large-sized graphene oxide [J]. Journal of Colloid and Interface Science, 2019, 542: 387-391.

[184]刘建庄，谢辉，王悦辉，等．氧化石墨烯的制备及还原研究［J］．广州化工，2016，44(18)：90-92.

[185]王璇，贺晓莹．氧化石墨烯的制备与表征［J］．辽宁化工，2020，49(1)：36-37.

[186]SHEN H, WANG N, MA K, et al. Tuning inter-layer spacing of graphene oxide laminates with solvent green to enhance its nanofiltration performance [J]. Journal of Membrane Science. 2017, 527: 43-50.

[187]YIN J, YUAN T, YUN L, et al. Effect of compression combined with steam treatment on the porosity, chemical compositon and cellulose crystalline structure of wood cell walls [J]. Carbohydrate Polymers, 2017, 155: 163-172.

[188]董新秀．中高阶煤储层孔隙结构特征及综合评价方法研究［D］．秦皇岛：燕山大学，2015.

[189]TIWARI S K, SAHOO S, WANG N N, et al. Graphene Research and their Outputs: Status and Prospect [J]. Journal of Science: Advanced Materials and Devices, 2020, 5(1): 10-29.

[190]XU Z, GAO C. Aqueous Liquid Crystals of Graphene Oxide [J]. ACS Nano, 2011, 5(4): 2908-2915.

[191]孟昭瑞．石墨烯/聚合物导电纳米复合材料的制备与性能研究［D］．北京：中国石油大学(北京)，2018.

[192]ZHU J, ZhANG K, LIU K, et al. Adhesion characteristics of graphene oxide modified asphalt unveiled by surface free energy and AFM-scanned micro-morphology [J]. Construction and Building Materials, 2020, 244: 118404(1-12).

[193]ZHANG J J, ZHOU R F, MINAMIMOTO H, et al. Plasmon-induced metal restructuring and graphene oxidation monitored by surface-enhanced Raman spectroscopy [J]. Applied Materials Today, 2019, 15: 372-376.

[194]CHEN C, OLADELE O, TANG Y G, et al. Freestanding silver dendrite/graphene oxide composite membranes as high-performance substrates for surface-enhanced Raman scattering [J]. Materials Letters, 2018,

226: 83-86.

[195]WANG Y, WANG Y, XU C, et al. Domain-boundary independency of Raman spectra for strained graphene at strong interfaces [J]. Carbon, 2018, 134: 37-42.

[196]SEVERIN I, BOIKO V, MOISEYENKO V, et al. Optical properties of graphene oxide coupled with 3D opal based photonic crystal [J]. Optical Materials, 2018, 86: 326-330.

[197]WONG J X W, SAUZIER G, LEWIS S W. Forensic discrimination of lipsticks using visible and attenuated total reflectance infrared spectroscopy [J]. Forensic Science International, 2019, 298: 88-96.

[198]张少博. 木材纤维素修饰碳纳米管增强纤维素基复合材料研究 [D]. 呼和浩特: 内蒙古农业大学, 2018.

[199]CHEN W M, ZHOU X Y, ZHANG X T, et al. Fast formation of hydrophobic coating on wood surface via an energy-saving dielectric barrier discharges plasma [J]. Progress in Organic Coatings, 2018, 125: 128-136.

[200]WANG Z, KANG H, ZHAO S, et al. Polyphenol-induced cellulose nanofibrils anchored graphene oxide as nanohybrids for strong yet tough soy protein nanocomposites [J]. Carbohydrate Polymers, 2018, 180: 354-364.

[201]CROITORU C, SPIRCHEZ C, Lunguleasa A, et al. Surface properties of thermally treated composite wood panels [J]. Applied Surface Science, 2018, 438: 114-126.

[202]HAN X, YIN Y, ZHANG Q, et al. Improved wood properties via two-step grafting with itaconic acid(IA) and nano-SiO_2[J]. Holzforschung, 2018, 72(6): 499-506.

[203]KIM D H, NA I Y, JANG H W, et al. Anisotropic electrical and thermal characteristics of carbon nanotube-embedded wood [J]. Cellulose, 2019, 26: 5719-5730.

[204]LóPEZ-BULTó O. Wood analysis and beyond: Contribution of twice-neglected wooden materials to the wooden procurement and transformation processes at la Draga(Banyoles, Spain)[J]. Journal of Archaeological Science: Reports, 2020, 29: 102122(1-7).

[205]MKHOYAN K A, CONTRYMAN A W. Atomic and Electronic Structure of Graphene-Oxide [J]. Nano Letters, 2009, 9(3): 1058-1063.

[206]BI Y B, ZHANG H J, WANG H F, et al. Facile preparation of reduced GO modified porous ceramics with hierarchical pore structure as a highly efficient and durable sorbent material [J]. Journal of the European Ceramic Society, 2020, 40(5): 2106-2112.

[207]LIN H, DANGWAL S. Reduced wrinkling in GO membrane by grafting basal-plane groups for improved gas and liquid separations [J]. Journal of Membrane Science, 2018, 563: 336-344.

[208]曹川, 任瑞鹏, 吕永康. 水热还原氧化石墨烯制备阴极材料及其效率评价 [J]. 功能材料, 2020, 51(9): 9120-9125.

[209]HUANG H H, DE SILVA K K H, JOSHI R. Chemical reduction of graphene oxide using green reductants [J]. Carbon, 2017, 119: 190-199.

[210]李雪, 白延群, 孙悦. 石墨烯气凝胶的制备方法及在二次电池中的应用研究进展 [J]. 化工科技, 2020, 28(3): 78-86.

[211]ARADHANA R, MOHANTY S, NAYAK S K. Comparison of mechanical, electrical and thermal properties in graphene oxide and reduced graphene oxide filled epoxy nanocomposite adhesives [J]. Polymer, 2018, 141: 109-123.

[212]KUMAR R，KAUR A. Effect of various reduction methods of graphene oxide on electromagnetic shielding performance of reduced graphene oxide against electromagnetic pollution in X-band frequency [J]. Materials Today Communications，2018，16：374-379.

[213]王楠．不同还原程度的还原型氧化石墨烯体外促成骨研究 [D]. 长春：吉林大学，2020.

[214]李云珂，徐婷．不同还原剂种类对石墨烯结构与性能的影响 [J]. 化工新型材料，2017，45(2)：133-135.

[215]TORRISI L，HAVRANCK V，TORRISI A，et al. Laser and ion beams graphene oxide reduction for microelectronic devices [J]，2020，175(3-4)：226-240.

[216]王君，刘锦辉，范德松．高温还原氧化石墨烯膜及其导热性能 [J]. 工程热物理学报，2020，41(1)：180-185.

[217]MOON I K，LEE J，RUOFF R S，et al. Reduced graphene oxide by chemical graphitization [J]. Nature Communications，2010，1(6)：1-6.

[218]王哲，王喜明．木材多尺度孔隙结构及表征方法研究进展 [J]. 林业科学，2014，50(10)：123-133.

[219]YIN J，YUAN T，YUN L，et al. Effect of compression combined with steam treatment on the porosity，chemical compositon and cellulose crystalline structure of wood cell walls [J]. Carbohydrate Polymers，2017，155：163-172.

[220]HAENSEL T，COMOUTH A，LORENZ P，et al. Pyrolysis of cellulose and lignin [J]. Applied Surface Science，2009，255(18)：8183-8189.

[221]WU C，ZHANG S，WU W，et al. Carbon nanotubes grown on the inner wall of carbonized wood tracheids for high-performance supercapacitors [J]. Carbon，2019，150：311-318.

[222]FENG W D，LI X，LIN S，et al. Enhancing the Efficiency of Graphene Oxide Reduction in Low-Power Digital Video Disc Drives by a Simple Precursor Heat Treatment [J]. ACS applied materials & interfaces，2019，11(51)：48162-48171.

[223]XU Y，SCHOONEN M A A. The absolute energy positions of conduction and valence bands of selected semiconducting minerals [J]. American Mineralogist，2000，85(3-4)：543-556.

[224]KARAHANCER S. Investigating the performance of cuprous oxide nano particle modified asphalt binder and hot mix asphalt [J]. Construction and Building Materials，2019，212：698-706.

[225]YANG Y，CHEN S，LI W，et al. Reduced Graphene Oxide Conformally Wrapped Silver Nanowire Networks for Flexible Transparent Heating and Electromagnetic Interference Shielding [J]. ACS nano，2020，14(7)：8754-8765.

[226]王东，林兰英，傅峰．木材多尺度结构差异对其破坏影响的研究进展 [J]. 林业科学，2020，56(8)：141-147.

[227]王丽，王哲，宁国艳，等．木基导电电磁屏蔽材料的研究进展 [J]. 材料导报，2018，32(7)：2320-2328.

[228]S Young. Countermeasures to Electromagnetic Signal Compromises [J]. Information Security Science，2016：185-202.

[229]董友明，张世锋，李建章．木材细胞壁增强改性研究进展 [J]. 林业工程学报，2017，2(4)：34-39.

[230]SONG J，CHEN C，ZHU S，et al. Processing bulk natural wood into a high-performance structural [material [J]. Nature，2018，554(7691)：224-228.

[231]WU D Y，ZHOU W H，TANG L Y，et al. Micro-corrugated graphene sheet enabled high-performance all-

solid-state film supercapacitor [J]. Carbon, 2020, 16030: 156-163.

[232]YAN Y, ZHAI D, LIU Y, et al. van der Waals Heterojunction between a Bottom-Up Grown Doped Graphene Quantum Dot and Graphene for Photoelectrochemical Water Splitting [J]. ACS Nano, 2020, 14: 1185-1195.

[233]李泽鹏，郭根材，郝广辉．热阴极表面微观发射结构的密度泛函研究 [J]. 真空电子技术，2019(6)：72-79.

[234]SARKAR R, NASH B P, HONG Y S A. Interaction of magnesia-carbon refractory with ferrous oxide under flash ironmaking conditions [J]. Ceramics International, 2019, 46(6): 7204-7217.

[235]HU J Q, QI Q, ZHAO Y L, et al. Unraveling the impact of Pto4CL1 regulation on the cell wall components and wood properties of perennial transgenic Populus tomentosa [J]. Plant Physiology and Biochemistry, 2019, 139: 672-680.

[236]LI G L, LIU J P, XU X G, et al. Contact angle measurements in the refrigerant falling film evaporation process [J]. International Journal of Refrigeration, 2019, 112: 262-269.

[237]伍艳梅，黄荣凤，高志强．木材横纹压缩应力-应变关系及其影响因素研究进展 [J]. 林产工业，2018，45(11)：11-16.

[238]CHU D, MU J, AVRAMIDIS S, et al. Functionalized Surface Layer on Poplar Wood Fabricated by Fire Retardant and Thermal Densification [J]. Forests, 2019, 10(11): 955(1-14).

[239]OLSZOWSKA K, PANG J, WROBEL P S, et al. Three-dimensional nanostructured graphene: Synthesis and energy, environmental and biomedical applications [J]. Synthetic Metals, 2017, 234: 53-85.

[240]董彬，李华，魏汝斌．多尺度碳纳米材料/纤维增强体构筑及界面增强机制 [J]. 工程塑料应用，2020，48(9)：150-154.

[241]DOLBIN A V, KHLISTYUCK M V, ESEL'SON V B, et al. The effect of the thermal reduction temperature on the structure and sorption capacity of reduced graphene oxide materials [J]. Applied Surface Science, 2016, 361: 213-220.

[242]张越鹏．功能化氧化石墨烯/环氧树脂复合涂层的制备及防腐性能研究 [D]. 太原：中北大学，2020.

[243]张素玲，王松，徐强，等．三维石墨烯的可压缩性能及在超级电容器中的应用 [J]. 功能材料，2020，51(8)：8175-8182。

[244]CHEN G, LI T. A Highly Conductive Cationic Wood Membrane [J]. Advanced Functional Materials, 2019: 1902772(1-9)。

[245]阚帅．单层及薄层 As_ 2S_ 3 的制备及其光电性能研究 [D]. 北京：北京交通大学，2016.

[246]KUMAR R, KAUR A. Effect of various reduction methods of graphene oxide on electromagnetic shielding performance of reduced graphene oxide against electromagnetic pollution in X-band frequency [J]. Materials Today Communications, 2018: 374-379.

[247]ALAZMI A, RASUL S, PATOLE S P, et al. Comparative study of synthesis and reduction methods for graphene oxide [J]. Polyhedron, 2016, 116: 153-161.

[248]任学勇，杜洪双．基于 TG-FTIR 的落叶松木材热失重与热解气相演变规律研究 [J]. 光谱学与光谱分析，2012，32(4)：944-948.

[249]HO C Y, WANG H W. Characteristics of thermally reduced graphene oxide and applied for dye-sensitized solar cell counter electrode [J]. Applied Surface Science, 2015, 357: 147-154.

[250]ZHANG S，WU C，WU W，et al. High performance flexible supercapacitors based on porous wood carbon slices derived from Chinese fir wood scraps [J]. Journal of Power Sources，2019，424：1-7.

[251]WANG C，HAN X J，XU P，et al. The electromagnetic property of chemically reduced graphene oxide and its application as microwave absorbing material [J]. Applied Physics Letters，2011，98(7)：072906(1-3).

[252]武国峰．速生杨木原位聚合改性技术及机理的研究 [D]. 北京：北京林业大学，2012.

[253]MILITZ H，LANDE S. Challenges in wood modification technology on the way to practical applications [J]. Wood Material Science and Engineering，2009，4(1-2)：23-29.

[254]孙斌，王志新．木材-金属复合材料制备工艺研究 [J]. 中原工学院学报，2008，19(6)：23-25.

[255]李亚玲．基于蒸腾作用的速生杨活立木改性研究 [D]. 呼和浩特：内蒙古农业大学，2018.

[256]PANDEY K K. A study of chemical structure of soft and hardwood and wood polymers by FTIR spectroscopy [J]. Journal of Appllied Polymer Science. 2015，71(12)：1969-1975.

[257]TONG X J，LI J Y，YUAN J H. Absorption of Cu(Ⅱ)on rice straw char from acidic aqueous solution [J]. Environmental Chemistry. 2012，31(1)：64-68.

[258]秦静，赵广杰，商俊博，等．化学镀铜杨木单板的导电性与电磁屏蔽效能分析 [J]. 北京林业大学学报，2014，36(6)：149-153.

[259]孙丽丽．新型化学镀法制备木质电磁屏蔽材料的研究[D]. 哈尔滨：东北林业大学，2013.

[260]陈鹏．一种金属-EDTA 络合物溶液及其制备方法和应用：201610259497.2[P]. 2016-08-10.

[261]王勇，陈泽君，邓腊云，等．速生林杉木活立木改性研究 [J]. 中国林业科技大学学报，2016，36(1)：146-150.

[262]饭田生穗，野村隆哉，森囚茂胜．利用树液流对木材进行染色以及尺寸稳定化处理 [J]. 京都府大学报：农学，1989，40：64-70.

[263]陈利虹．毛白杨立木染色技术研究 [D]. 保定：河北农业大学，2008.

[264]王勇，陈泽君，邓腊云，等．速生林杉木活立木改性研究 [J]. 中国林业科技大学学报，2016，36(1)：146-150.

[265]王哲．杨树活立木生理干燥过程中水分传输和散失机理研究 [D]. 呼和浩特：内蒙古农业大学，2016.

[266]李合生．现代植物生理学 [M]. 北京：高等教育出版社，2002.

[267]潘瑞炽．植物生理学(第四版)[M]. 北京：高等教育出版社，1979.

[268]刘星岑．近 60 年来呼和浩特市气候变化特征分析 [J]. 内蒙古科技与经济，2018(3)：74-75.

[269]张岑．1988-2017 年呼和浩特市气候变化特征分析 [J]. 现代农业科技，2019(2)：166.

[270]张念椿，胡建强．铜/银合金纳米粒子的制备及表征 [J]. 贵金属，2014，35(2)：18-21.

[271]薛晓明，谢春平，孙小苗，等．樟和楠木的木材解剖结构特征和红外光谱比较研究 [J]. 四川农业大学学报．2016，34(2)：178-184.

[272]杨辉．导电高分子复合材料的导电网络构筑与性能 [D]. 杭州：浙江大学，2010.

[273]赵婉婉，梁睿，张耀丽．氮气吸附法评估杨树无性系木材细胞壁孔隙结构 [J]. 林业工程学报．2022，1-6

[274]李萍，张源，吴义强，等．基于原位浸渍法的酚醛树脂改性杉木木材研究 [J]. 材料导报，2021，35(22)：22193-22199.

[275]ZHANG X Y，ZHANG X，TAIRA H，et al. Error of Darcy′s law for serpentine flow fields：Dimensional analysis [J]. Journal of Power Sources，2019，412：391-397.

[276]ZHENG M, ZHU R X, ZHANG L X. Research on Preparation and Morphology of GO and GO/Fe_3O_4 Composite [J]. Materials Science Forum, 2021, 6239: 117-121.

[277]曹代勇，魏迎春，李阳，等．煤系石墨鉴别指标厘定及分类分级体系构建［J］．煤炭学报，2021，46(6)：1833-1846.

[278]XU X W, HUANG G Q, Qi S. Properties of AC and 13X zeolite modified with $CuCl_2$ and $Cu(NO_3)_2$ in phosphine removal and the adsorptive mechanisms [J]. Chemical Engineering Journal, 2017, 316(2017): 563-572.

[279]李坚，王清文，李淑君．木材波谱学［M］．2版．北京：科学出版社，2020.

[280]王兰喜，何延春，卯江江，等．真空退火对氧化石墨烯纸的还原特性研究［J］．表面技术，2021，50(10)：186-193.

[281]LI Y, CHEN Z, LAI S Q, et al. Infrared Spectroscopic Quantitative Analysis of Raw Material Used as Coal-Based Needle Coke in the Coking Process [J]. SPECTROSCOPY AND SPECTRAL ANALYSIS, 2020, 40(8): 2468-2473.

[282]邓雨希，关鹏飞，左迎峰，等．基于互穿交联结构的PVA-硅酸钠杂化改性杨木的制备与性能［J］．材料导报，2021，35(10)：10221-10226.

[283]CHEN Y, ZHAO J F, HU L, et al. Degradation of sulfamerazine by a novel CuxO@ C composite derived from Cu-MOFs under air aeration [J]. Chemosphere, 2021, 280: 1-9.

[284]石文．有机热电材料的理论研究［D］．北京：清华大学，2017.

[285]周芸华．电加热方式的分类、特征和节能途径［J］．能源技术，1986(2)：62-64，61.

[286]ZHANG F, FENG Y Y, FENG W. Three-dimensional interconnected networks for thermally conductive polymer composites: Design, preparation, properties, and mechanisms [J]. Materials Science & Engineering R, 2020, 142: 1-34.

[287]王舒婷．实木复合地板工艺及性能表征［D］．福州：福建农林大学，2016.

附录　已发表学术论文

[1]L. WANG, Y. PANG, Y. CHEN. Upgrading of diammonium hydrogen phosphate on wood and high-value as an efficient derived carbon[J]. Bioenerg. Res. (2023).
[2]L. WANG, X. ZHANG, X. WANG. Achieving highly anisotropic three-dimensional, lightweight, and versatile conductive wood/rGO composite, Materials Today Sustainability, 2022, 18: 100143.
[3]武静，王丽，单晓飞，等．利用热压还原法制备3D-W/rGO导电材料，林业工程学报，2021，6(2)：84-93.
[4]单晓飞，王丽，武静，等．木材-石墨烯复合材料的制备及其三维导电性能[J]．东北林业大学学报，2022，50(1)：123-130.
[5]王丽，王哲，宁国艳，等．木基导电电磁屏蔽材料的研究进展，材料导报，2018，32(7 A)：2320-2328.
[6]X. SHAN, J. WU, X. ZHANG, et al. Wood for Application in Electrochemical Energy Storage Devices, Cell Reports Physical Science, 2021, 2: 100654.
[7]王丽，王喜明，陈义胜，等．生物质高温水蒸气气化热力学模拟研究[J]．内蒙古科技大学学报，2017，36(4)：383-386，399.
[8]王丽，陈义胜，许嘉，等．两种典型农林废物炭化后的水蒸气气化实验研究[J]．内蒙古科技大学学报，2017，36(3)：293-297.
[9]王丽，延克军，陈义胜，等．交变电磁场在混凝技术中的运用[J]．安全与环境学报，2014，14(2)：154-157.
[10]王丽，延克军，敬双怡，等．交变电磁场对PFS溶解液电导率的影响研究[J]．硅酸盐通报，2013，32(9)：1872-1875，1881.
[11]庞赟佶，王宏东，陈义胜，等．管式炉中温度对玉米秸秆慢速热解特性的影响分析[J]．科学技术与工程，2017，17(19)：35-40.
[12]牛永红，韩枫涛，张雪峰，等．膨润土/褐铁矿改性白云石催化剂改善松木蒸汽富氢气化性能[J]．农业工程学报，2017，33(7)：213-219.
[13]牛永红，韩枫涛，张雪峰，等．白云石催化松木燃料棒水蒸气气化试验[J]．农业机械学报，2016，47(12)：246-252.
[14]牛永红，韩枫涛，陈义胜，等．林产废弃物高温水蒸气气化制取清洁燃气[J]．动力工程学报，2016，36(7)：551-555，588.
[15]暴苗苗，延克军，王利，等．稀土废渣混凝剂的制备及影响因素分析[J]．稀土，2014，35(2)：83-87.
[16]王丽，李卫平，庞赟佶，等．城市雨洪利用与防治课程的智能模拟一体化教学改革实践[J]．新课程教学，2022，10.